U0197695

计算机前沿技术丛书

人工智能技术导论

金雷 编著

清华大学出版社

北京

内 容 简 介

本书主要从基础、技术和应用等方面讲述人工智能。全书共 11 章,内容涵盖人工智能概述、人工智能的软硬件体系、人工智能与数据、计算机视觉、语音识别、自然语言理解、知识推理、经典机器学习、机器学习与深度学习、自动驾驶、智能问答及人工智能的社会问题等。

本书可作为高等院校智能科学与技术、计算机科学、电子科学与技术、控制科学与工程等专业本科生或专科生的教材,也可作为人文社科类各专业的通识课程教材,还可为对人工智能技术及其应用感兴趣的工程技术人员提供参考。

图书在版编目(CIP)数据

人工智能技术导论/金雷编著.—北京:清华大学出版社,2023.1
(计算机前沿技术丛书)
ISBN 978-7-302-61663-4

Ⅰ.①人… Ⅱ.①金… Ⅲ.①人工智能-高等学校-教材 Ⅳ.①TP18

中国版本图书馆 CIP 数据核字(2022)第 144416 号

责任编辑:王 芳
封面设计:刘 键
责任校对:韩天竹
责任印制:丛怀宇

出版发行:清华大学出版社
  网 址:http://www.tup.com.cn,http://www.wqbook.com
  地 址:北京清华大学学研大厦 A 座 邮 编:100084
  社 总 机:010-83470000 邮 购:010-62786544
  投稿与读者服务:010-62776969,c-service@tup.tsinghua.edu.cn
  质量反馈:010-62772015,zhiliang@tup.tsinghua.edu.cn
  课件下载:http://www.tup.com.cn,010-83470236
印 装 者:天津安泰印刷有限公司
经 销:全国新华书店
开 本:185mm×260mm 印 张:14.75   字 数:359 千字
版 次:2023 年 1 月第 1 版   印 次:2023 年 1 月第 1 次印刷
印 数:1~1500
定 价:49.00 元

产品编号:094913-01

职称	姓名	学　校
	张凯	长春财经学院
	陈佳	桂林理工大学
	何首武	桂林理工大学
	李莹	桂林理工大学
	李晓英	桂林理工大学
	韩振华	新疆师范大学
	裴志松	长春工业大学
	李熹	广西民族大学
	石云	六盘水师范学院
	王顺晔	廊坊师范学院
	苏布达	呼和浩特民族学院
	李娟	呼和浩特民族学院
	包乌格德勒	呼和浩特民族学院
	陈逸怀	温州城市大学
	李敏	荆楚理工学院
	徐刚	云南工商学院
	熊蜀峰	河南农业大学
	孟宪伟	辽宁科技学院
	董永胜	集宁师范学院
	刘洋	牡丹江大学
	任世杰	聊城大学
	李立军	聊城大学
	周帅	北京博海迪信息科技股份有限公司

  人工智能是引领新一轮科技革命和产业变革的战略性技术,正在对经济发展、社会进步和人类生活产生重大而深远的影响。加快发展新一代人工智能是赢得全球科技竞争主动权的重要战略抓手,是推动科技跨越式发展、产业优化升级、生产力整体跃升的重要战略资源。国务院印发了《新一代人工智能发展规划》,提出面向 2030 年的我国新一代人工智能发展的指导思想、战略目标、重点任务和保障措施,目标是构筑我国人工智能发展的先发优势,加快建设创新型国家和世界科技强国。

  本书以科技创新和产业应用为导向,系统全面地介绍了人工智能的理论知识、技术方法(如计算机视觉、语音识别、知识推理、机器学习、深度学习)以及新兴产业应用领域(如自动驾驶、智能问答),并对人工智能面临的社会问题、发展趋势进行了思考和探索。既是对人工智能知识体系的入门介绍,也是对其技术内容的深入研究,更是对其应用发展的先导探索。

  全书共 11 章。第 1~3 章为人工智能基础知识,分别介绍了人工智能的发展历史和基本概念,人工智能的软硬件环境,以及人工智能的数据处理基础。第 4~8 章介绍了人工智能的相关技术,包括图像处理技术、语音处理技术、文字处理技术等,从图像视觉、语音识别、自然语言处理等方面分别进行展开介绍。第 9~10 章介绍了人工智能的前沿应用。最后,第 11 章探讨了未来人工智能发展中可能面临的各种社会问题。

  本书对已有的人工智能基础知识进行了梳理和总结,在写作过程中,对人工智能的方法和应用案例进行了补充,并对相关实际操作案例进行了分析。团队成员金贝贝、徐梦婷、王银银、杨大鹏、罗苏欣、黄立荣、李春、冯榕、陈智楷等参与了本书的编撰工作。

  限于编者学识水平和能力,本书难免存在不足之处,恳请广大读者不吝指正。

编　者
2022 年 8 月

目 录

CONTENTS

## 第1章

人工智能技术概述

"人工智能"的概念诞生于 1956 年,是社会发展和技术创新的产物。维基百科上对于人工智能的定义为：人工智能就是机器展现出的智能。《人工智能标准化白皮书》中定义人工智能是利用数字计算机或者数字计算机控制的机器模拟、延伸和扩展人的智能,可以感知环境、获取知识并使用知识获得最佳结果的理论、方法、技术及应用系统。

在半个多世纪的发展历程中,由于受到智能算法、计算速度、存储水平等多种因素影响,人工智能技术的发展经历了多次高潮和低谷。近年来,随着深度学习技术的发展,人工智能技术在很多领域取得了突破性进展,其应用已经覆盖了社会的各个领域,如制造、家居、金融、交通、安防、医疗、物流等,人工智能与行业领域的深度融合正在改变甚至重塑传统行业。

本书面向具有一定数理基础和计算机基础的本科生,将从人工智能的发展现状、数理基础、技术领域、商业应用、社会问题以及未来展望等方面对人工智能做初步的介绍和分析,本书的重点在于人工智能的基础、常用的人工智能技术和应用以及人工智能技术面临的社会问题等。

人工智能的基础可用于分析人工智能的一些具体问题,了解人工智能的部分算法。人工智能的技术与应用为人工智能的落地、部分应用算法的实现提供了基础。而社会问题是研究人工智能过程中需要关注的重要方面,人工智能是一把双刃剑：处理妥当,会对社会产生积极的贡献；处理不妥当,则会对社会造成巨大的危害。本书将通过具体的工程案例,让读者熟悉基本的工具和技术,解决实际的应用问题,为后续的学习积累基础,为培养面向人工智能领域的工程师夯实基础。希望读者通过本书的学习,对人工智能有基本的了解,并能够尝试完成人工智能的简单操作。

1.1 从人类智能到人工智能

本节主要介绍人类智能到人工智能的转变,将从史前智能、声音智能、文字智能、信息智能等几个阶段进行阐述。

1.1.1 史前智能

史前壁画出现在约 2 万年以前的旧石器时代晚期,如图 1-1 所示的洞窟里的史前壁画是迄今为止人类发现最早的绘画作品,这意味着史前就有了智能。

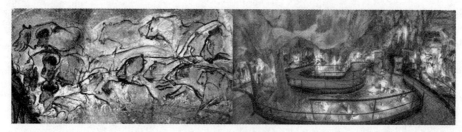

图 1-1　史前壁画

在原始社会,人类在很多大型动物面前处于弱势地位。在长期与动物的战斗中,人类掌握了火和石器的使用,完成了第一次弯道超车。古人类在雷火中发现了火的用处,可以烹饪,从而不再生食肉类,人类由此开始进化。古人类能用的火种不多,如果每一个火种都需要有一个称号,那么取自山火的火种叫天赐之火,钻木取火得到的火种叫艰难之火,而击石取火得到的火种则可以叫智慧之火。因为击石取火产生的需求已经不能用巧合来解释,所以可以说明在与自然的斗争中,人类智能得到了进一步的发展。

1.1.2　声音智能

声音也是智能的体现。在古代,通过鼓可以进行信息沟通。在乌干达王陵大门内有一个鼓室,里面保存着二三十个大小不等的牛皮鼓,国王出征时会根据军队需要,通过鼓指挥军队。鼓还有信息传递的作用,几十名鼓手在鼓室中昼夜不停地敲鼓,王陵正门里的炉火长燃不熄,标志着国王的健在和王国的兴旺。借助声音,可以实现人与人之间,动物与动物之间的沟通。声音对沟通产生了巨大的影响,是最早的一种通信工具。但是声音的语义问题为沟通的进一步发展造成了一定的障碍,而语言的产生是一个重要的里程碑。语言是一种结构化的信息组织形式,促进了人类的交流,推动了社会的进步。

1.1.3　文字智能

在绘画的基础上产生了文字,文字和语言为智能的传播提供了条件。图 1-2 所示的造纸术的出现,为文字智能提供了大众传播的基础。大众传播的产物众多,其中我们所熟悉的书籍、信件及杂志都是其具体产物,从而使文字智能的传播范围得到进一步扩大,但是语言的翻译问题却在一定程度上限制了文字智能的传播。

图 1-2　古代造纸流程图

推理是智能的基础之一，但也是如今智能发展的弱项。在 17 世纪，莱布尼茨（Leibniz）、托马斯·霍布斯（Tomas Hobbes）和笛卡儿（Descartes）尝试将理性的思考系统转化为代数或者几何学之类的体系。霍布斯在其著作《利维坦》中有一句名言："推理就是计算。"莱布尼茨设想了一种用于推理的朴素语言，能够将推理归为计算，从而使哲学家之间，就像会计师之间一样，不再需要争辩。他们只需要拿出铅笔放在石板上，然后向对方说："我们开始算吧。"

这些哲学家已经开始明确提出形式符号系统的假设，而这一假设将成为人工智能研究的指导思想。希尔伯特（Hilbert）向 20 世纪 20 年代和 20 世纪 30 年代的数学家，提出了一个基础性的难题：能否将所有的数学推理形式化？这个问题的最终答案由哥德尔不完备定理、图灵机和阿隆佐·邱奇（Alonzo Church）的 λ 演算给出。他们的答案令人震惊：首先他们证明了数理逻辑的局限性，其次他们的工作隐含了任何形式的数学推理都能在这些限制之下机械化的可能性。邱奇-图灵论题暗示，一台仅能处理 0 和 1 这样简单二元符号的机械设备能够模拟任意数学推理过程。其中最关键的灵感是图灵机，这一看似简单的理论构造，抓住了抽象符号处理的本质，同时也激发了科学家们对"让机器思考"这一问题的好奇心。

1.1.4　智能的计算形式

计算是智能的另一个必备基础。从接神祭祀到阿拉伯数字，再到算盘，人类在计算方面的水平有了巨大的提高。珠算口诀表为计算的传播提供了一定基础。通过阿拉伯数字以及珠算口诀表的传播，人类更容易学会怎么样快速计算，之后计算也传到了世界上各个大洲。人类早期的计算，主要针对一些比较简单的加法或乘法。而对于一些复杂的计算，需要用更复杂的计算形式。

对数计算发展于大航海时期，对数可以将乘法运算转换成加法运算，除法运算转换成减法运算。直到电子计算机出现以前，人类大部分的计算都是借助对数进行的。在此基础上，差分运算也将复杂的运算进一步的简单化。

现代计算机之父巴贝奇（Babbage）设计出第一台自动化计算的机器——差分机，如图 1-3 所示。由于机械加工精度不够，当时并没有成型，后人根据巴贝奇的图纸打造出一台完整的差分机引擎。

图 1-3　巴贝奇及差分机引擎

图 1-4 所示的雅卡尔提花机接受打孔卡片的指令，可以在布匹上精确地绘制图案。打孔卡片的信息从一个载体进入了另外一个载体，这给巴贝奇提供了思路。信息可以从物理

载体中抽象出来,用到分析机上,这些机械设备不仅可以处理数,还可以处理数的变量。不同的打孔卡片,可以提供不同的编程图案,这为编程提供了基础。

拜伦之女爱达(见图1-5)给出了更加先进的设想:分析机不仅能执行计算,还能执行运算。她在基于巴贝奇的计算器理论引擎上编写了一个完整的计算伯努利数的方法。爱达是世界公认的第一个程序员,第一种程序语言 ADA 由此而来。电子计算机借鉴了打孔卡片的思路,通过电子插图的重新连接,模拟不同的打孔卡片,从而产生不同的运算结果,这类似于产生了不同的绘制图案。早期的电子计算机占地很大,功耗很大,计算速度比较慢,但却开创了一个时代。

图1-4　雅卡尔提花机

图1-5　拜伦之女——爱达

1.1.5　信息智能的地球网络

信息的传播仅仅依靠文字、书本是不够的,将信息通过数据媒体等媒介进行传播,能够扩大信息的传播速度和范围。沙普信号塔为信号的远距离传播提供了一种手段,通过观察信号塔上的图案,并在另一个信号塔上重建,就能远距离地迅速传播信号,这比烽火通信传播的容量更大。为了提高信号的编码效率,摩斯抛弃了指针,用简单的电路的“通”和“断”,构建了摩斯电报系统,同时也催生了最早的压缩和密码。科幻作家凡尔纳、文学巨匠巴尔扎克也在自己的作品中加入了密码元素。电报、留声机、摄像机等信息的获取和传播工具相继出现,声音和图像也能记录和传播,人与自然的交互得到了进一步的提升,人的声音、自然的声音、人的图像及自然的图像都可以保存下来,这为后续的数字化提供了一定的基础。电视机、电话及磁带等的普及使用,进一步扩大了信息的表示内容和传播范围。在容量及声音、图像的精度等方面,都有了进一步的发展,计算机网络的出现进一步加强了传播手段。

图1-6是早期的以太网模型。在以太网的基础上,计算机网络得到了迅速的发展,地球变成了“地球村”,手机、平板电脑、智能音箱等设备相继出现,人类的沟通进入了密集阶段,人类也进入了移动互联网的新阶段。数据的大量产生进一步改变了智能的表现形式,数据本身蕴含了智能,有了电子计算机的帮助,智能计算能力得到了大幅提高;有了计算机网络的协助,智能的传播得到了大幅提升。人类智能进入了新阶段——人工智能阶段。

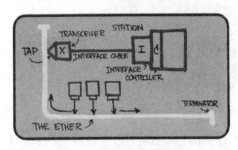

图1-6　以太网早期模型

1.2　人工智能的提出与发展

本节内容涵盖人工智能的提出和发展,将从人工智能的起源与第一次黄金时代、人工智能第一次寒冬、人工智能第二次繁荣期、人工智能第二次寒冬以及人工智能的稳健时代与新时代等几个阶段展开。

1.2.1　人工智能的起源与黄金时代

人工智能于二十世纪五六十年代正式提出。1950 年,马文·明斯基(Marvin Minsky)与他的同学迪恩·爱蒙德兹(Dean Edmonds)合作建造了世界上第一台神经网络计算机,接下来的五十年中,明斯基是 AI 领域中最重要的领导者和创新者之一。与此同时,阿兰·图灵(Alan M. Turing)提出了"图灵测试"。"图灵测试"的基本设想是:如果一台计算机器能够与人类开展对话而不被辨识出来,那么这一台机器就具备了智能。图灵还预演了真正具备智能计算的可行性,但"图灵测试"也受到了一定的质疑:不能通过"图灵测试"的机器就不具备智能吗?

1956 年,在达特茅斯学院召开了一个会议,会议中的一个提案断言:任何一种学习或者其他形式的人类智能都能够通过机器进行模拟,同时,约翰·麦卡锡(John McCarthy)为这种机器智能取了一个名字——人工智能(Artificial Intelligence,AI)。由此 AI 第一次被证明,这也是人工智能的诞生标志。

麦卡锡和明斯基共同创建了世界上第一个人工智能实验室——MIT AI LAB,麦卡锡开发的 LISP 语言,成为人工智能领域最主要的编程语言。LISP 语言中没有括号,这与人类的计算模式有很大区别。明斯基发现了简单神经网络的不足,仔细分析了以感知机为代表的单层神经网络系统的功能及局限,证明感知机不能解决简单的异或(XOR)等线性不可分问题,于是多层神经网络、反向传播算法开始出现,专家系统也开始出现,人工智能进入了第一次黄金时代。对许多人而言,这一阶段开发出的程序堪称神奇——计算机可以解决代数应用题、证明几何定理、进行学习以及使用英语。当时大多数人无法相信机器能够如此智能,研究者们在私下的交流和公开发表的论文中也表达出相当乐观的情绪。

早稻田大学研发的第一代机器人产品,有双手双脚,有摄像头视觉和听觉装置,但该机器人相当笨重,行走很缓慢。在人工智能发展的黄金时代,所有设想都很积极,如图 1-7 所示就是这一时代的部分具体产物。1968 年,经典科幻片《2001:太空漫游》曾预测在 3~8 年内将建造出与人一样智能的机器,10 年内计算机将成为国际象棋冠军,20 年内机器可以做任何人的工作。虽然这些设想部分已经实现,但还有一些设想的实现遥遥无期。

1958年
麦卡锡开发LISP语言

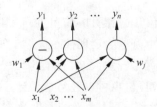

神经网络技术
感知器和多层网络

机器人Shakey
第一个自主移动机器人

图 1-7　人工智能的发展阶段

1.2.2　人工智能的第一次寒冬及第二次繁荣期

1973 年,英国的《莱特希尔报告》给人工智能泼了一盆冷水,报告指出:人工智能的研究已经完全失败。该报告特别提及指数爆炸问题,以此作为 AI 失败的一个原因。随后,因资金投入减少,人工智能进入了第一次寒冬。

人工智能需要大量的人类经验和真实世界的数据,程序应该知道它在看什么或者在说些什么,这要求程序对世界具有儿童水平的认知。但很快,研究者们发现这个要求太高了,当时,没有人能够做出如此巨大的数据库,也没有人知道一个程序怎样才能学到如此丰富的信息。人工智能,需要大量的计算能力,而当时的内存和处理计算能力远远不够。因此,汉斯·莫拉维克(Hans Moravec)认为人工智能需要强大的计算能力(见图 1-8),就像飞机需要大功率动力一样。

图 1-8　莫拉维克

莫拉维克悖论是由人工智能和机器人学者所发现的一个和常识相悖的现象,由莫拉维克、罗德尼·布鲁克斯(Rodney Brooks)、明斯基等于 20 世纪 80 年代提出。莫拉维克悖论指出:和传统假设不同,对计算机而言,实现逻辑推理等人类高级智慧只需要相对很少的计算能力,而实现感知、运动等低等级智慧却需要巨大的计算资源,这个问题直到现在依旧存在。

1969 年,MIT AI LAB 的两位开创者明斯基和西蒙·派珀特(Seymour Papert)共同出版了 *Perceptrons*,该书论证了一个简单的定理:感知器自身并不能判断一幅图像到底有没有被成功联结。这立刻在业界引起了轩然大波,人脑可以轻易判断出一幅图像到底有没有被成功联结,而配有合适程序的计算机也可以轻易地做到这一点,但感知器却做不到。由于明斯基在 *Perceptrons* 中的激烈批评,联结主义销声匿迹了 10 年,神经网络技术研究也进入了低谷。

1979 年,斯坦福大学制造了第一辆无人驾驶车,卡耐基-梅隆大学开发了一款能够帮助顾客自动选配计算机配件的软件程序 XCON。专家系统的出现为人工智能提供了另一个发展的机会,如图 1-9 所示的专家系统(Expert System)是模拟人类专家决策能力的计算机软件系统,可以根据人类专家编写的知识库,依照计算机程序设定的推理规则,回答特定专业领域的问题或提供知识。专家系统的能力来自它们成熟的专业知识,知识处理成为了主流 AI 研究的焦点。专家系统是一种程序,能够依据一组从专业知识中推演出的逻辑规则在某一特定领域回答或解决问题。专家系统的发展得益于著名计算机学家费根鲍姆(Feigenbaum),他开发了一个专家系统 Dendral,可以根据化学仪器的读数自动鉴定化学成分,他还开发了另外一个用于血液病诊断的专家程序——MYCIN(霉素),这可能是最早的医疗辅助系统软件。专家系统由专家规则和推理引擎组成,它只能局限于某个专业领域,模拟人类专家回答问题。实质上专家系统只是一个大型的字典工具。

1982 年,日本启动了第 5 代计算机系统(Fifth Generation Computer Systems,FGCS)研发计划,目的是制造大规模多处理器并行计算的硬件以及面向更大的人类知识库的专家系统,如图 1-10 所示。但是由于它低估了计算机发展的速度,最终项目没有成功。该研发计划推进了日本工业信息化进程,加速了日本工业的崛起。

图 1-9 专家系统

图 1-10 日本第 5 代计算机系统

1.2.3 人工智能的第二次寒冬

1982 年的 Cyc 项目目的是建造一个包含全人类知识的专家系统——"包含所有专家的专家"。但该系统依赖于人类专家手工整理知识和规则,发起和领导这一项目的道格·莱纳特(Doug Lenat)认为:别无捷径,让机器理解人类概念的唯一方法是一个一个教会它们。这一工程花费了几十年时间也没有完成,目前它受到了网络搜索引擎、自然语言处理以及神经网络等新技术的挑战。截至 2017 年,该项目积累了超过 150 万个概念数据和超过两千万条尝试规则,被认为是当今最强人工智能 IBM Watson 的前身。霍普菲尔德(Hopfield)和鲁梅尔哈特(Rumelhart)提出的具有学习能力的神经网络算法的出现为神经网络奠定了再一次兴起的基础,1986 年第一辆自动驾驶意义的汽车在奔驰公司面世,但由于硬件发展限制,车辆看起来非常笨重。

大象不玩象棋,但大象可以从现实中学会识别环境并作出判断;人类设置的智能的规则受到了质疑;专家系统进展也比较缓慢。DARPA 的领导认为 AI 并非下一个浪潮,人工智能再一次进入寒冬。

贝叶斯网络(Bayesian network)、隐马尔可夫模型(Hidden Markov Model,HMM)、信息论、随机模型等概率统计方法先后被引入到人工智能的推理过程之中,这对人工智能的发展产生了巨大的影响。IBM Watson 研究中心把概率统计方法引入到人工智能的语言处理中,试图使聊天程序更好地通过图灵测试。1992 年李开复设计了具有连续语音识别能力的助理程序 Casper,这也是 Siri 最早的原型,但当时识别率还不能满足人类的需求。尽管目前语音识别有了很大提高,但也经常出现一些意想不到的错误。

1.2.4　人工智能稳健时代与新时代

雷蒙德·库兹韦尔(Raymond Kurzweil)预测:2045 年计算机所创造的人工智能的数量将是当今存在的所有人工智能数量的大约 10 亿倍,"奇点"时刻就会出现。1993 年美国科幻小说作家弗诺·芬奇在著作《即将到来的奇点》中预言:30 年内人类将发明超越人类的智能,人类社会将被终结。但这些还只能滞留在科幻小说中,人工智能经历了高峰和低谷,人类慢慢意识到需要用更冷静的眼光看待人工智能。有些领域的人工智能概念慢慢被数据分析、知识系统、认知系统或计算智能所替代,人工智能进入了稳健时期。

1997 年,IBM 的深蓝(Deep Blue)战胜了象棋冠军卡斯帕罗夫(Каспаров),计算机依靠速度和蛮力,在规则明确、条件透明的游戏中取得了辉煌的胜利。随后围棋领域也被人工智能机器占领。为了获得真正的智能,机器必须具有躯体,它需要感知、移动、生存并与这个世界交互,这些自感知运动技能对于常识推理等高层次技能是至关重要的。宠物机器人、扫地机器人等相继出现,服务人类的领域也出现了人工智能的身影。

随着 GPU 等设备的出现,CPU 和 GPU 的分工愈发明显。在计算机网络的基础上产生了大量的数据,利用大量数据进行有监督和无监督的学习,让机器自主识别图像内容。2009 年李飞飞教授意识到专家系统在研究算法的过程中忽视了数据的重要性,于是开始构建大型图像数据集 ImageNet,图像识别大赛由此拉开帷幕。随后卷积神经网络(Convolutional Neural Network,CNN)、循环神经网络(Recurrent neural network,RNN)、长短时记忆(Long Short-Term Memory,LSTM)等不断出现,人工智能对人类的挑战越来越深入。

移动互联网、物联网为人工智能积累了超乎寻常的数据量,为人工智能的后续发展储备了充足的数据。深度学习的网络依赖于数据,这是本时代的技术主旋律,大数据智能化在各行各业中都得到了充分应用,生成对抗网络(Generative Adversarial Network,GAN)通过生成器和判别器的对抗训练拓宽了深度学习的应用领域,AI 换脸、自动作画等应用也出现了。在 2016 年和 2017 年,计算量比象棋更大的围棋领域也出现了 Alpha Go。随着科学技术的发展,人们的生产生活都将与网络息息相关,如图 1-11 所示。波士顿动力公司生产的双足机器人和四足机器狗都具有超强的环境适应能力和位置情况下的行动能力,能够做各种比较复杂的动作,其动作水平也不断接近人类水平。双足机器人是视觉机器人领域的深入综合应用系统,也可以代表相关领域的实力。

人脸识别、视频的语义提取、自动驾驶及自然语言理解等领域都不断有新的成果出现。目前是智能的时代,智能已经成为时代的标配。人类要正确认识到这个时代的发展方向,才能适应这个时代的发展。

图 1-11 人工智能＋大数据＋云计算

1.3 人工智能是什么

本节将从人工智能的定义、人工智能的任务域、人工智能的三大主义三方面进行展开。

1.3.1 人工智能的定义

人工智能与人类之间的关系密切。人类是怎么思考问题的? 人类是怎么对世界做出反应的? 人工智能从思考和行为方面,对人类智能做出响应。本节将从两个维度分别进行阐述。维度一:思考行为维度,即人类是怎么思考的? 人类的行为是怎么样的? 维度二:人性化和理性。人工智能对客观世界的反应可以从模仿人类展开,也可以从模拟理性展开。人类在对客观事物的一些具体响应的时候比较理性,如果人工智能也能够模仿理性,是不是也意味着具备了智能?

人工智能可以在围棋领域和象棋领域打败人类,可以在部分图像识别领域超过人类,但是总感觉人工智能还欠缺什么。人工智能到底能不能征服世界? 或者人工智能到底会不会给人类带来危险? 这是需要人类思考的重要问题。人工智能的发展无法一步到位,只有不断地从新的角度、新的方向进行尝试,未来的人工智能才会比现在的人工智能更为智能。但是将来的人工智能与人类智能之间的关系如何发展也是未知数,人类智能演化了几百万年,相对人类智能,人工智能只是个新生儿。

首先从人性化思考方面展开,让人工智能像人一样思考,学习人类解决问题的思考模式,而不是简单地在一个问题的解决上模拟人类或者超过人类,这就是认知模型需要解决的问题。人类能较好地进行推理,人类有较好的学习机制,即人类有较好的认知机制,而目前的人工智能与其还有很大的差距。所谓认知,通常包括感知与注意、知识表示、记忆与学习、语言、问题求解和推理等方面，建立认知模型的技术常称为认知建模。认知模型研究是从某些方面探索和研究人类的思维机制，特别是人类的信息处理机制，图 1-12 是常见的 3M 认知模型。

图 1-12　3M 认知模型

人类有较好的思维规律，即理性思考的规律。哲学家通过思辨事物的前因后果对整个世界有更合理的认识。有次孔融在外做客，人人皆赞他聪慧，唯独陈韪不以为意，说："小时候聪明长大了未必有才华。"孔融说："我猜你小时候一定很聪明吧！"陈韪听了十分尴尬。这个故事中就隐含着一定的逻辑规律。人工智能通过形式逻辑用精确的符号表示每个知识点，用规则将知识点之间的关系表达出来，机器就可以对问题进行推解。

正如前面所述，哲学家的智慧可以量化，哲学家的讨论像会计师一样拿着纸和笔就可以开始，但最核心问题还是如何量化智慧。现有的计算资源能不能做到这一点？图灵建立了"图灵测试"：人类与机器分别在两个独立的房间回答人类提出的问题。如果人类无法觉察出是人类还是机器，则该机器通过了"图灵测试"，就可以表示该机器所适用的算法具备了人性。

人工智能直接从环境中学习，如机器人可以适应各种环境，还可以上楼梯、躲避障碍物、走出迷宫等。人工智能不一定需要理解人类的行为和思想，也不一定要向人类学习怎么上楼梯、怎么躲避障碍物，它只需要针对环境做出适当的应对即可。

1.3.2　人工智能的任务域

从人性化的思考、理性思考、人性化的行为甚至理性行为，延伸到人工智能的一些具体的任务域，人工智能可以感知(包括视觉感知和言语感知)，可以理解和翻译自然语言，可以进行一些推理尝试，可以对机器人进行复杂的控制。目前，人工智能在视觉感知、自然语言理解、语音识别、定理证明及机器人的部分复杂操作等多个方面都做得比较成功。人工智能还可以完成一些思考性的操作，例如它可以下棋，不管是国际象棋还是围棋，目前来看，它都已经超越了人类。它还可以做一些程序的证明，高级人工智能可以协助人类进行医学诊断、财务分析、法律分析及科学分析等，还可以对工程中的故障进行查找，从而优化工程设计。

1.3.3 人工智能三大主义

人工智能在各行各业、各个产业中不断推进,成为产业进一步提升的指引。早期人工智能主要有三大主义:符号主义、联结主义和行为主义。

1. 符号主义

符号主义就是指将知识用符号表示,认知就是符号处理过程,如图 1-13 所示。符号主义认为人工智能起源于数理逻辑,数理逻辑在 19 世纪末得以迅速发展,至 20 世纪 30 年代开始用于描述智能行为,在计算机出现后,又在计算机上实现了逻辑演绎系统。

其有代表性的成果为启发式程序 LT 逻辑理论家,它证明了 38 条数学定理,表明了可以应用计算机研究人类的思维过程,模拟人类智能活动。后来又发展了启发式算法——专家系统——知识工程理论与技术,并在 20 世纪 80 年代取得巨大发展,尤其是专家系统的成功开发与应用,为人工智能走向工程应用奠定了重要的基础。这个学派的代表有纽厄尔、西蒙和尼尔逊等。如图 1-14 所示,专家系统包含知识库、推理机和解释器,解释器需要向用户解释,推理机根据从知识库获得的信息能够进行推理。用户给出的问题要怎么从知识库中获得回答,这是专家系统需要解决的一个重要问题。

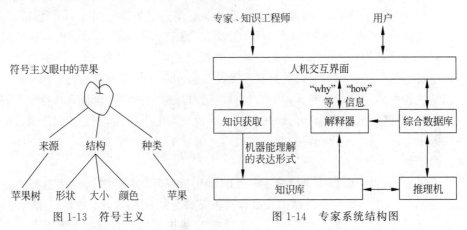

图 1-13 符号主义　　　　　图 1-14 专家系统结构图

2. 联结主义

联结主义认为人工智能起源于仿生学,特别是对人脑模型的研究。对于联结主义的基本思想——思维的基本是神经元,而不是符号处理过程。人脑不同于计算机,并提出联结主义的计算机工作模式,用于取代符号操作的计算机工作模式。联结主义中一个概念用一组数字、向量、矩阵或张量表示,概念由整个网络的特定激活模式表示。每个节点没有特定的意义,但是每个节点都参与整个概念的表示。

联结主义的代表性成果是 1943 年由生理学家麦卡洛克(McCulloch)和数理逻辑学家皮兹(Pitts)创立的脑模型即 M-P 模型,开创了用电子装置模仿人脑结构和功能的新途径。M-P 模型从神经元开始,进而研究神经网络模型和脑模型,开辟了人工智能的又一发展道路。二十世纪六七十年代,联结主义尤其是对以感知机为代表的脑模型的研究出现热潮,由于受到当时的理论模型、生物原型和技术条件的限制,脑模型研究在 20 世纪 70 年代后期至 80 年代初期跌入低谷,直到霍普菲尔德教授在 1982 年和 1984 年发表了两篇重要论文,提出用硬件模拟神经网络以后,联结主义才又重新抬头。1986 年鲁梅尔哈特等提出多层网络中的反向传播算法,此后联结主义发展迅速,从模型到算法,从理论分析到工程实践,为人工神经网络计算机走向市场打下基础。深度模型和深度计算是联结主义更进一步的产品。现在的脑机接口是从脑部获取电信号,然后直接把它的意义计算出来,这是未来的趋势,所以联结主义未来的发展一片光明。

从联结主义的角度看,能否构建出像人脑一样复杂的计算机? 如果联结主义能够直接反映智能的模式,那么这样的计算机是能够实现。只是现有的计算条件很有限,对比大脑的复杂度和计算机的复杂度,大脑的复杂度更高。

神经元或者神经细胞是基本的信息处理单元,在人脑中大约有 10^{12} 个神经元,有 10^{14} 个突触联结这些神经元,响应的时间是 10^{-3} 秒。而计算机有 10^8 个或者说更多的晶体管,超级计算机有数百个 CPU,处理时间是 10^{-9} 秒。理论上,如果联结主义有效,那么人类就能够制造出跟大脑一样的计算机,但是实际操作会有些不同。现在的网络有更为复杂的节点和连接,像大脑一样专注于人类知识体系的构建,只是这样的体系存在太多冗余信息,处理速度也会比单个计算机更慢。在能耗方面,生物计算机也就是人类大脑的计算的能耗会更低,所以能耗问题也是一个需要解决的大问题。

3. 行为主义

行为主义认为人工智能源于控制论。控制论思想早在二十世纪四五十年代就成为了时代思潮的重要部分,影响了早期的人工智能工作者。维纳和麦卡洛克等提出的控制论和自组织系统以及钱学森等提出的工程控制论和生物控制论影响了很多领域,控制论把神经系统的工作原理与信息理论、控制理论、逻辑以及计算机相联系。早期研究的工作重点是模拟人类在控制过程中的智能行为和作用,如对自寻优、自适应、自镇定、自组织和自学习等控制论系统的研究,并进行控制论动物的研制。到二十世纪六七十年代,上述控制论系统的研究才取得了一定进展,播下了智能控制和智能机器人的种子,并在 20 世纪 80 年代产生了智能控制和智能机器人系统。

行为主义是 20 世纪末以人工智能新学派的面孔出现的,引起了广泛关注,行为主义的基本思想如图 1-15 所示。这一学派的代表作首推布鲁克斯(Brooks)的六足行走机器人,它被视为新一代的控制论动物,是一个基于感知动物模式模拟昆虫行为的控制系统。布鲁克斯认为:要求机器人像人类一样思维太困难了,在做一个像样的机器人之前,不如先做一个像样的机器虫,由机器虫慢慢进化或许可以做出机器人,于是他在 MIT 的人工智能实验室研制出了一个由 150 个传感器和 23 个执行器构成的像蝗虫一样能六足行走的机器人试验系统。这个机器虫虽然不具备像人类那样的推理规划能力,但其应付复杂环境的能力远远超过了原有的机器人,在自然(非结构化)环境下具有灵活的防碰撞和漫游能力。

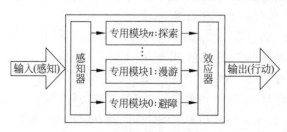

图 1-15 行为主义的基本思想

三个学派或者三个主义侧重点不同,符号主义认为认知过程在本体上就是一种符号处理过程,人类思维过程总可以用某种符号进行描述,其研究是以静态、顺序、串行的数字计算模型处理智能,寻求知识的符号表征和计算,它的特点是自上而下。而联结主义则是模拟发生在人类神经系统中的认知过程提供一种完全不同于符号处理模型的认知神经研究范式,主张认知是相互连接的神经元的相互作用。行为主义与前两种均不相同,行为主义认为智能是系统与环境的相互行为,是对外界复杂环境的一种适应。三大主义相互促进,为人工智能的进一步发展做出贡献。

1.4 本书主要内容

第2章介绍了人工智能的软硬件环境。人工智能是一个开放的环境,需要构建开放的平台、框架。在人工智能开发中,需要把软硬件一体化,以便进行产品的开发以及测试。本书以智能音箱为例介绍人工智能的软硬件环境。

第3章介绍了人工智能的数据处理基础,人工智能依赖很多相关的数学知识,如线性代数、概率论。数据必须要有内在的相关性,才能够对其做一些处理。人类不能够对一些"风马牛不相及"的数据做处理,那样会得到一些啼笑皆非的结果。数据有内在的相关性,人类能根据数据进行内在的预测,对数据进行逻辑处理。人工智能是一个比较复杂的工具,但是对于一些复杂的数据处理也不完全能够得心应手,例如对于股票数据,现在仍在努力寻找一个预测率很高的方法。如今人工智能在华尔街的应用比较广泛,一些交易都是通过模型进行处理,这比人类的操作会快很多,所以交易的频率都比较高。

第4~8章介绍了人工智能的相关技术,包括了图像的处理技术、语音的处理技术、文字的处理技术等,从图像视觉、语音识别、自然语言处理等方面分别进行展开介绍。计算机视觉中有图像的存储、图像的处理及图像的输出,人类要得到一个理想的处理的结果,就要依赖视觉处理的一些算法。

人类要对图像进行边缘检测,对图像进行特征提取,对图像中的一些区域进行分割,把一些具体的应用进行分析,最后得到相应领域里的一些算法。在语音识别方面,读者首先应该明确语音是什么?语音处理是什么?逻辑的语音进行数字化之后得到的数字语音就是语音处理。那么人类的声音有哪些特征?要识别某个人的声音特征,就要得到他的声纹特征,类似于指纹的特征。我们可以通过声纹识别某个人,正如用指纹识别某个人一样,常见的声纹特征有 LPCC 及 MFCC 等。每个词都有它的特征,所以若要识别说话人,可以从具体的单词入手进行识别。语音识别算法要对声音进行采集、声音去噪、特征提取、模板匹配等,算法需覆盖整个范围。语音识别算法的实现有对 MFCC 的特征的提取以及用神经网络进行模板匹配的方法。

自然语言处理中的文本是比较复杂的,是人类与大自然之间进行交流后产生的高级工具。在文本处理中,涉及的内容有分词、词性的处理、句子的处理及整段话的处理。进行自然语言处理时,要怎么分时?怎么对未登录词进行处理?同义词、反义词是怎么来的?Jieba 分词是怎么区分的?有什么样的区分方式?书中给出了一个综合的案例,包括怎么进行情感的识别?人类要了解情感是怎么产生的?它跟词之间是什么关系?语料库是怎么来的?怎么样去使用这样的一些语料库?神经网络怎么把词与情感相关联?

如何表示知识是一个很难的问题,人类首先需要从大量的噪声中提取数据,这并不是简单地跟数据打交道,还需要关联数据以外的世界。常见的知识表示有谓词逻辑表示(它对确定性的知识处理是比较方便的),还包括语义网络、知识图谱、状态空间的表示方法以及其他一些模糊的表示方法。至于粗糙级、模糊级的一些工具,本书没有涉及。人类有一系列的谓词逻辑分析方法,要进行知识推理、问题的求解,或对谓词逻辑表示的进行推理,相对来说比较简单。

对于迷宫、象棋、围棋的求解,很多都依赖搜索的方法,如宽度优先、深度优先、A 算法、A^* 算法、DJS 算法等,这些都可以对空间进行求解。Alpha Go 中使用了监督学习以及强化学习,甚至使用了蒙特卡罗的一些方法。人类通过双手互搏的方式,提高机器的战斗能力,在传统的学习智能技术中,向人类学习的学习方式始终无法超越人类。而 Alpha Go 通过强化学习以及蒙特卡罗的方法,力求超越人类,一方面从人类身上学习知识,另一方面用左右互搏的方式,自己提升自己的能力,最终机器围棋战胜了人类围棋。

图 1-16　机器学习与深度学习

如图 1-16 所示,人工智能的经典方法中,机器学习与深度学习是包含与被包含的关系。最初的机器学习网络层数比较浅,只能够完成一些简单的功能,但是随着非线性的要求越来越高,数据的关系越来越复杂,这时就需要使用深度学习的方法。

在深度学习中,经常用到的框架是 TensorFlow 以及 PyTorch。只要掌握了这些框架,知道应该使用的数据、模型和函数,就能够利用框架解决问题。优化函数和目标函数的定义都是需要在深度学习框架中了解的。书中提供了学习 TensorFlow 以及 PyTorch 的深度学习案例。

第 9 章介绍了人工智能在自动驾驶中的前沿应用。对于自动驾驶应用,根据国家发布的《汽车驾驶自动化分级》,可以将自动驾驶等级分成 L0、L1、L2、L3、L4、L5 六个级别,每级对应不同的驾驶情况。在自动驾驶中需要使用各种传感器,如视觉的传感器、GPS 传感器、雷达等,这些传感器可以协助人类做出决策。如图 1-17 所示为自动驾驶车辆模拟驾驶时的车辆内外情况。自动驾驶中安全性非常重要,所以自动驾驶还要从安全、信任等方面进行考虑。

图 1-17　自动驾驶车辆

第 10 章介绍人工智能的前沿应用：智能问答，即问答系统。最早的问答系统来自于图灵机。

智能问答系统首先要分析问题，提取问题中的一些关键词，然后整理问题的类型，再与收集到的数据库中的回答进行匹配。搜索引擎本身也是一个智能问答系统，智能问答系统的实际应用是比较多的，现在的一些智能音箱、客服，实际上都是机器人，如图 1-18 所示。它们都在完成人类的智能问答，苹果手机中的 Siri，微软的 Cortana，都是智能问答的典例。

图 1-18　智能问答

第 11 章介绍了人工智能的社会问题。在人类演变进化过程中，人工智能未来将占有重要的地位。而人工智能是一把双刃剑，其对社会的影响是很大的，有积极影响，也会有消极的影响，例如人工智能会影响就业环境，这可能会导致一些社会问题。

人工智能与国家的安全、真实的安全有着很密切的联系，与社会的安全也有很密切的联系。人工智能也存在着一些法律的定位问题。如果人工智能的算法出现问题，怎么样去追究它的法律责任。自动驾驶的车辆如果出现交通事故，怎么样去追究它的法律责任？人工智能用到的训练数据，是否涉及数据的隐私权？怎么保护数据的所有权？对人脸进行交互，会不会侵犯法律？这些都需要解读。

第2章

人工智能的软硬件体系

2.1　人工智能软件体系

本节从人工智能软件体系简介、部分框架介绍来展开。

2.1.1　人工智能的软件体系简介

人工智能可以做各种复杂的任务,如人脸检测、人脸识别、OCR 的文字处理、医疗图像识别、聊天机器人、推荐系统、画像挖掘、心电图识别等。从深度学习的框架来看,这些任务都可以用一个或者多个网络模型实现,根据任务的设定对输出做相应的设计,用不同的数据进行训练,应用在不同的任务上。可以看出,人工智能中间支撑的软件平台很重要,人工智能的实现离不开软件开发框架。

人工智能算法在从学术理论研究到生产产品的开发过程中,通常会涉及多个不同的步骤和工具,也就是人工智能算法的开发依赖环境的安装、部署、测试以及不断迭代来改进准确性和性能调优。为了简化、加速和优化这个过程,学术界和产业界都做了很多的努力,开发并完善了多个基础平台和通用工具,这些也被称为机器学习框架或深度学习框架。有了基础平台和通用工具,就可以只专注于技术研究和产品创新。

企业的软件框架实现有闭源和开源两种形式,目前主流的软件都是开源化的运营,从早期学术界走出的 Caffe、Torch 和 Theano,到后来由 Google 创建的 TensorFlow,Amazon 选择的深度学习框架 MXNet,Facebook 倾力打造的 PyTorch 等,都是广泛应用的深度学习框架。

2.1.2　部分框架介绍

这里简单地介绍两个框架,一个是 TensorFlow,另一个是 PyTorch。

1. 框架介绍:TensorFlow

Google 在 2015 年 11 月正式开源发布 TensorFlow,由 Google 大脑团队开发,用于处理其研究和生产目标,该项目构建了深度神经网络执行自然语言处理、图像识别和翻译等任务。由于它提供了大量的免费工具、库和社区资源,现在已经被 Uber、Twitter 和 eBay 等公司广泛接受。

TensorFlow 的运行机理大致如下:先用张量定义数据模型,再在计算图中定义数据模型和操作,使用会话运行计算。TensorFlow 名字的由来就是张量(Tensor)在计算图(Computational Graph)里的流动(Flow)。它的基础就是基于计算图的自动微分,除了自动求梯度之外,它也提供了各种常见的操作(也就是计算图的节点)、常见的损失函数以及优化算法。

TensorFlow 支持 Python、C++、Java、Go 等多种编程语言,以及 CNN、RNN 和 GAN 等深度学习算法。TensorFlow 除可以在 Windows、Linux、MacOS 等操作系统运行外,还支持 Android 和 iOS 移动平台的运行,适用于多个 CPU/GPU 组成的分布式系统中。

它有简单且灵活的 Python API 函数,内部使用 C++进行优化,提供丰富的算子,可以比较容易搭建各种深度学习模型,如 CNN 和 RNN 模型等,此外,还提供了可视化的工具 TensorBoard。

2. 框架介绍:PyTorch

2017 年 1 月由 Facebook 人工智能研究院(FAIR)基于 Torch 推出了 PyTorch。Torch 是一个有大量机器学习算法支持的科学计算框架,它非常灵活,但是由于采用了小众的编程语言——Lua,所以流行度不高,因此,PyTorch 应运而生。PyTorch 基于 Torch 做了底层修改和优化,并且支持 Python 语言调用,所以 Torch 是 PyTorch 的前身,它们的底层语言相同,但使用了不同的上层包装语言。

PyTorch 更有利于研究人员和爱好者,小规模项目可以快速推出原型;而 TensorFlow 更适合大规模部署,特别是需要跨平台和嵌入式部署的时候。

本书的很多应用,都是基于 TensorFlow 和 PyTorch。不管是 TensorFlow 还是 PyTorch,都有一些底层的相似性,因此掌握一个平台后,也可以比较容易转到另外一个平台。实际上,在深度学习的语言中,代码一般不是太长,所以无论用哪个框架,都不会有很大问题。

2.2 人工智能硬件体系

本节主要介绍人工智能硬件体系、AI 芯片及部分 AI 芯片技术。

2.2.1 人工智能的硬件体系简介

目前人工智能的主流趋势是依靠大数据驱动,因此需要耗费较大的计算资源,而人工智能的硬件着重于人工智能技术和相关算法的半导体芯片。一般来说 AI 芯片被称为 AI 加速器或者 AI 计算卡,即专门用于加速 AI 应用中的大量计算任务的模块(其他非计算任务仍由 CPU 负责)。以 GPU、FPGA、ASIC 为代表的 AI 芯片,是目前可大规模商用的技术路线,是 AI 芯片的"主战场"。

CPU 是计算机的灵魂,但目前主要的计算机体系都是基于冯·诺依曼体系架构的。CPU 分为运算器与控制器两部分,运算器是专门工作的,由算术逻辑单元 ALU 与各种寄存器所组成,寄存器就像做题时的草稿纸,是辅助 ALU 计算的;控制器是专门分配任务的,由控制单元 CU 与主要的两个寄存器 IR 和 PC 组成。

在整个运行体系中,CPU 每执行一条指令都需要从存储器中读取数据,根据指令对数据进行相应的操作,因此 CPU 不仅负责数据运算,而且需要执行存储读取、指令分析、分支跳转等命令。

在深度学习领域,程序指令相对较少,但对大数据的计算需求很大,需要进行海量的数据处理。当用 CPU 执行 AI 算法时,CPU 将花费大量的时间在数据/指令的读取分析上,在一定的功耗前提下,不能够通过无限制地加快 CPU 频率和内存带宽的方式达到指令执行速度无限制的提升,因此使用单 CPU 的架构不适合大数据式的人工智能算法的提升。

对此,AI 芯片目前的两种发展方向分别是:一是继续延续经典的冯·诺依曼计算架构,以加速计算能力为发展目标,主要分为并行加速计算的图形处理单元(GPU)、半定制化的现场可编程门阵列(FPGA)、全定制化的专用集成电路(ASIC);另一个方向就是颠覆传统的冯·诺依曼体系架构,采用基于类脑神经结构的神经拟态芯片来解决算力问题。

2.2.2　人工智能芯片简介

1. 从两个维度对 AI 芯片进行分类

第一个维度是芯片的部署,芯片可以部署在云端和终端,但终端计算能力较弱,大部分计算都要交给云端。近年来,虽然云计算的整合和集中化性质被证明具有成本效益和灵活性,但物联网和移动计算的兴起给网络带宽带来了不小的压力。并不是所有的智能计算都需要利用云计算来执行,在某些情况下,这种数据的往返也应该能够避免,因此边缘计算应运而生。

不同端的计算侧重点不同,对于芯片的功能要求也有些不同。从目前的计算来看,云端可以支撑极大的数据量和运算量,而终端和边缘计算端则无法完成这样的任务。

云端 AI 芯片性能强大,能够同时支持大量运算,并且能够灵活地支持图像、语音、视频等不同 AI 应用。

终端 AI 芯片体积小、耗电小,而且性能不需要特别强大,通常只需要支持一两种 AI 能力就可以了。

第二个维度可以从训练、推理等不同任务来进行。训练是指通过大数据训练出一个复杂的神经网络模型,即用大量标记过的数据"训练"相应的系统,使之可以适应特定的功能。训练需要极高的计算性能和较高的精度,需要处理海量的数据,还需要有一定的通用性,以便完成各种各样的学习任务。

推理是指利用训练好的模型,使用新数据推理出各种结论,即借助现有神经网络模型进行运算,利用新的输入数据一次性获得正确结论的过程。

训练集中在云端,推理的完成目前也主要集中在云端。但随着越来越多厂商的努力,很多的应用将逐渐转移到了终端。推理的结果直接提供给终端用户,更关注用户体验方面的优化。

2. AI 芯片的市场划分

AI 芯片目前在国外、国内都有一些成熟的产品。

由于 CPU 并行计算能力较弱,所以云端训练的芯片目前采用"CPU＋GPU"的方式较为成熟,除此之外,也可以采用 OpenCL 和 Google 的 TPU。

如果说云端训练芯片是 NVIDIA 一家独大,那么云端推理芯片则是"百家争鸣,各有千秋"。目前来看,竞争态势中 NVIDIA 依然占大头,但由于应用场景的特殊性,依据具体神经网络算法优化会带来更高的效率,FPGA/ASIC 的表现可能更突出。目前在芯片方面,国内的寒武纪、比特大陆等都在积极布局云端推理芯片业务。

在面向智能手机、智能摄像头、机器人/无人机、自动驾驶、VR、智能家居设备、各种 IoT 设备等设备的终端推理 AI 芯片方面,目前多采用 ASIC,但是暂时还未形成一家独大的态势。如图 2-1 所示是按照云端和终端训练推理整理的相应产品的信息。

	训练	推理
云端	GPU:NVIDIA、AMD FPGA:Intel、Xilinx ASIC:Google	GPU:NVUDIA FPGA:Intel、Xilinx、Amazon、Microsoft、百度、阿里、腾讯 ASIC:Google、寒武纪、比特大陆、Wave Computing、Groq
终端		GPU:NVIDIA、ARM FPGA:Xilinx ASIC:寒武纪、地平线、华为海思、高通、ARM

图 2-1 芯片产品信息

可以看到,NVIDIA 在云端训练推理和终端推理中都有更多的应用,对于 FPGA,Xilinx 在云端训练推理和终端推理中也都有涉及。

2.2.3 人工智能芯片技术

作为加速应用的 AI 芯片,主要的技术路线有 GPU、FPGA 和 ASIC 三种。普通的 CPU 主要面向单指令单数据流方式,当需要处理大量的统一数据时,CPU 表现不是很好,这个时候需要其他更合适的芯片代替。GPU 是单指令多数据处理,采用众多的计算单元进行数据处理。GPU 善于处理图像领域的运算加速,但无法单独工作,必须由 CPU 进行控制调用才能工作。FPGA 和 GPU 相反,FPGA 适用于多指令单数据流的分析,FPGA 是用硬件实现软件算法,因此在实现复杂算法方面有一定的难度,价格也比较高。

对比 FPGA 和 GPU 可以发现,FPGA 缺少内存和控制所带来的存储和读取部分,速度更快,因为缺少读取的部分,所以功耗低,而劣势是运算量并不是很大。FPGA 是专门为实现特定要求而定制的,除了不能扩展外,在功耗可靠性、体积方面都有优势,尤其是在高性能低功耗的移动端。

从定制化角度上来讲,ASIC 的硬件化程度较高,更适合定制化,但其灵活性最差。定制化适合大批量加工,因此成本会低一些,但前期投入成本比较高,研发周期比较长,这也是硬件产品的一个通病。

1. 并行加速计算的 GPU

GPU 是最早用于 AI 计算的,在数据中心获得了大量的应用。GPU 将任务分配到各个计算单元进行计算,因此构建较多的计算单元可以更好地完成相应任务,也就是更适用于密集型数据的并行处理。目前 GPU 已经发展到较为成熟的阶段,Google、Facebook、

Microsoft、Twitter、百度、众多汽车生产商及 VR/AR 相关产业都在使用 GPU 芯片。

2011 年 Google 大脑率先应用 GPU 芯片,当时 12 个 NVIDIA 的 GPU 可以提供约等于 2000 个 CPU 的深度学习性能,展示了其惊人的运算能力。GPU 也有其局限性。

(1) 应用过程中无法充分发挥并行计算优势。深度学习包含训练和推断两个计算环节,GPU 在深度学习算法训练上非常高效,但对于单一输入进行推断的场合,并行度的优势不能完全发挥。

(2) 无法灵活配置硬件结构,GPU 采用单指令多限制的并行计算模式,硬件结构相对固定。由于目前深度学习算法还未完全稳定,如果深度学习算法发生大的变化,GPU 无法像 FPGA 一样灵活地配置硬件结构。

(3) GPU 运行深度学习算法能效低于 FPGA。

2. "万能芯片" FPGA

"万能芯片"FPGA 是一种通过软件手段更改并配置器件内部连接结构和逻辑单元,完成既定设计功能的数字集成电路。顾名思义,其内部的硬件资源都是呈阵列排列的、功能可配置的基本逻辑单元以及连接方式可配置的硬件连线。简单来说就是一个可以通过编程改变内部结构的芯片,所以说它的灵活性是比较高的。

传统上,硬件开发人员使用 Verilog HDL 和 VHDL 等硬件描述语言(Hardware Description Language,HDL)在寄存器传送级(Register Transfer Level,RTL)设计并验证 FPGA 数字电路。虽然这些传统的方法能够有效地保证器件的使用效率,但是对于实现基因排序等复杂算法却无能为力。2012 年年初,Altera 推出了面向 OpenCL 的 Altera SDK,这一软件开发套件支持使用 OpenCL 编程语言把 Altera 的 FPGA 作为计算加速器进行编程。2014 年年底,另一家领先的 FPGA 供应商 Xilinx 公司宣布也为 OpenCL 开发了编译器。面向 OpenCL 的 Altera SDK 已经在各种计算领域中应用于多种算法。FPGA 可以采用 OpenCL 等更高效的编程语言,降低了硬件编程的难度。FPGA 是用硬件实现软件算法,因此在实现复杂算法方面有一定的难度,但是速度会比相应的软件实现更快。

FPGA 也经常用于定制 CPU 和其他的应用,很多使用通用处理器或者 ASIC 难以实现的底层硬件控制操作技术,利用 FPGA 可以很灵活地实现。在芯片需求还未成规模、深度算法还未稳定,需要不断迭代改进的情况下,利用 FPGA 芯片具备可重构的特性可以实现半定制的人工智能芯片。功耗方面,从体系结构而言,FPGA 也具有天生的优势,FPGA 在深度学习的推理阶段有着更高的效率和更低的成本,使得全球科技巨头纷纷布局云端 FPGA 生态。

FPGA 的局限性如下。

(1) 基本单元的计算能力有限,为了实现可重构特性,FPGA 内部有大量极细粒度的基本单元,但是每个单元的计算能力(主要依靠 LUT 查找表)都远远低于 CPU 和 GPU 中的 ALU 模块。

(2) 计算资源占比相对较低,为实现可重构特性,FPGA 内部大量资源被用于可配置的片上路由与连线。

(3) 速度和功耗相对 ASIC 仍然存在不小差距。

(4) FPGA 价格较为昂贵,在规模放量的情况下单块 FPGA 的成本要远高于 ASIC。

3. 全定制化的 ASIC

ASIC,即专用集成电路,是一种为专用目的设计的,面向特定用户需求的定制芯片,在大规模量产的情况下具备性能更强、体积更小、功耗更低、成本更低、可靠性更高等优点。

从服务器、计算机到无人驾驶汽车、无人机,再到智能家居的各类家电,海量的设备需要引入人工智能计算能力和感知交互能力。ASIC 在这一块有很大的市场优势。

从 GPU 这样的通用设计,到 FPGA 这样的可编程器件,再到专用的特定领域芯片 ASIC(如 TPU),速度越来越快,但可扩展性越来越低。

在做具体的选型时,需要根据应用类型进行合适的选择,如图 2-2 给出了每种类型的最主要的特性。通用计算硬件 CPU、GPU,定制化计算硬件 FPGA、ASIC 各具特色,CPU 的低时延,GPU 的大吞吐量,FPGA 的可再编程,ASIC 的固定逻辑,都是实际的需求选择芯片的依据。

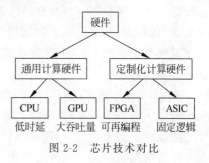

图 2-2 芯片技术对比

4. 类脑芯片

除此之外,类脑芯片也进入了 AI 芯片的领域。类脑芯片主要根据脑认知与神经计算的原理,从生物医学角度进行大脑信息处理。硬件方面主要是内脑神经形态芯片,如脉冲神经网络芯片、忆阻器、忆容器及忆感器等。软件包含核心算法(脉冲神经网络、增强学习、对抗神经网络等)和通用技术(视觉感知、听觉感知、多模态融合感知、自然语言理解、推理决策等)。产品方面主要有交互产品和整机产品,我们常听说的脑机接口、智能假体、脑控设备、类脑计算机及类脑机器人均属此类别。

2020 年 9 月 1 日,我国首台基于自主知识产权类脑芯片的类脑计算机重磅发布。作为当前全球范围内神经元规模最大的类脑计算机,这台由浙江大学和之江实验室共同研制的类脑计算机含 792 颗"达尔文 2 代"类脑芯片、1.2 亿个脉冲神经元和近千亿的神经突触。

类脑计算被称为下一代人工智能的重要方向,主要原因在于计算机技术正面临着两方面的问题,一是摩尔定律失效,在 CPU 发展的瓶颈阶段,如何提高 CPU 的速度;二是冯·诺依曼架构读取、存储、处理数据能效低下。

冯·诺依曼体系结构与人脑的处理架构有很多不同,因此研究人员将目光投向了人类大脑。在进行学习、认知等复杂计算时,人脑功耗仅 20W。大脑会重复利用神经元,是可重构的、专门的、容错的生物基质,并且人脑记忆数据与进行计算的边界是模糊的。

2.3 人工智能软硬件一体化

本章节从 AI 软件软硬件一体化简介、AI 软硬件一体化应用两方面来展开。

2.3.1 人工智能软硬件一体化简介

早期的终端设备有单片机、计算机、ARM 系列等,后来逐渐出现了智能手机及平板系列,编程语言和算法也从最早的汇编语言、C 语言、Java 发展到了神经网络算法,自然软件和硬件之间的关系也会有一定的变化。

　　虽然以前的软件和硬件也是紧密结合的,但是结合的紧密性比现在要小得多。一方面,终端芯片闪存的快速发展使得终端存储的容量和性能更优;另一方面,深度学习算法的模型创新加速,好的算法模型带来学习能力的提升。原来的计算机要与软件结合,首先要有硬件,然后再安装软件,而现在有些设备的硬件和软件是打包在一起的,不需要用户重新安装。当然一些设备需要用户进行升级维护,但是升级也是通过固定模式实现的,操作性相对来说比较低。从外观看与以前没有发生太大的变化,但是底层却发生了很大的变化,信息框架、深度学习能力都发生了一系列深刻的变革。因此设备的交互方式也发生了变化,这些变化促使现在真正实现了"人工智能+软件+硬件"的完美结合。目前部分设备已经包含了复杂的人工智能的逻辑。

　　AI软硬件一体化的一个很好的例子就是在树莓派上部署AI算法。树莓派是一块只有信用卡大小的微型计算机,问世之后,受到了很多发烧友的追捧。树莓派的外形比较小,但是它的功能很强大,可以处理视频和音频,做到了"麻雀虽小,五脏俱全"。

　　因为树莓派满足了硬件的需求,再结合AI的软件算法,就可以实现很多的复杂功能。例如,车辆识别检测系统,就可以用树莓派结合一些相应的传感器实现。用树莓派采集传感器的信息,然后进行处理,如图2-3所示,可以看到在树莓派中集成了GPS天线、4G天线和摄像头。将树莓派放在汽车的后视镜的前面,利用相应的算法就可以进行检测。这就是软件和硬件一体化的,专用的、针对汽车车牌进行识别的一个定制系统。

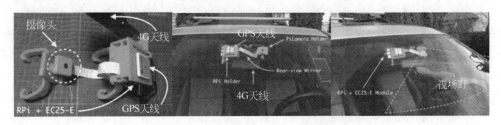

图 2-3　基于树莓派的车辆识别检测系统

　　AI软硬件一体化的商用解决方案在智能手机、智能安防、智能家居、新零售及工业智联网等领域均具有不俗表现。这些解决方案一般采用商业化等级的CNN模型,适配主流的CNN网络以及2D和3D视觉应用与音频应用,同时结合优化方法减少模型尺寸和计算成本。

2.3.2　人工智能软硬件一体化应用

　　人工智能软硬件一体化的应用实例可以参看智能安防。以前的安防就是应用摄像头,多个摄像头的正面接到控制室,安全管理员就盯着控制室里面的大屏幕看,观察哪个地方出现异常情况。如果采用智能安防摄像头,在中间加入AI设备之后,智能安防就可以自动检测意外发生等异常。

　　另一个应用案例可以参考独居老人监控。例如,独居老人在家摔倒了,如果没有及时呼叫救护车,会对老人的生命造成威胁。把摔倒检测算法和摄像头结合起来进行摔倒检测,就可以解决这样的问题。摔倒检测可以在计算机上设计和开发,然后在开发板上进行调试和优化,之后部署到摄像头上,最后将成品投放市场。在开发的过程中,要注意开发的语言、开发的工具是跨平台的。由于计算机和开发板是不同的系统架构,所以需要搭建交叉编译的环境实现连接。在计算机上开发时,算法的设计和开发不能按照计算机的能力来衡量,要考虑开发板的能力是否能够支持计算量,算法的准确率和检测率能不能满足要求。

目前,有很多的应用采用深度学习的方式实现,能够得到很准确的结果,但是从另一方面来讲,这样的一个深度学习网络,在产品中能不能部署下去,开发板能不能支持,都是需要考虑的。另外要考虑的是成本问题,如果加入一些复杂的模型,则开发板的成本也会增加。要知道应用能否支持这样的成本,需要进行算法测试,使用开发板在实际的居家环境中进行测试,然后再结合各种出现的意外情况反馈优化算法,最后获得一个符合市场需求的算法。测试完成后,把算法部署到产品中,再设置自启动的脚本,才可以将产品投放市场,以上就是AI软硬件一体化应用的整个开放流程。

2.4 智能音箱的软硬件

本节将从智能音箱的技术原理、硬件、软件和算法等方面进行介绍。

2.4.1 智能音箱技术原理

智能音箱是初级泛人工智能产品的一个经典例子,智能音箱中的"智能"一般是指它的语音识别算法,目前语音识别技术已经比较成熟了,科大讯飞已经将语音识别做到了世界前列。百度、Amazon、小米等都推出了自己的智能音箱的产品。智能音箱一方面可以作为家庭人机交互的入口,另一方面是相关的算法比较单一,相对于其他智能应用,智能音箱比较简单。

智能音箱语音控制的流程主要有声音采集、降噪、语音唤醒、语音转文字、语义理解、维护文字和指令、文字转声音、播放声音等,比如说用户说:"天猫精灵,今天天气怎么样?"天猫精灵的语音唤醒模块接收语音并判断为唤醒时,开始将后续的"今天天气怎么样"这道语音并发送给云端服务器,服务器把这段语音转换成文字"今天天气怎么样"交给语义理解服务器,语义理解服务器把"今天天气怎么样"这段文字拆解成"事件等于查询天气,时间等于今天"这段控制指令回传给设备,设备根据时间和本机地理位置找天气服务器查询天气并获得天气的文本数据"今天要下雨",设备把"今天要下雨"这几个字发给文字转声音的服务器,服务器返回"今天要下雨"这段声音,由设备喇叭播放出来。由此可知,计算的进行可位于云端或者终端。例如,唤醒词判断是在终端进行的,"今天天气怎么样"的语句理解则要交给云端的语义理解服务器,要查询天气服务器,先把信息送到云端,云端获取今天的天气情况,云端通过文字转声音的服务把"今天要下雨"这个几个字转换成相应的语音,最后设备播放,整个过程是终端和云端交替进行完成的。

目前,各个厂商都在推出自身的智能音箱产品,目的是抢夺人机交互的入口,抢夺万物互联的入口。万物互联的未来是非常确定的,全社会各产业互联互通的一个应用场景,一个确定但有待开发的蓝海,从互联网的发展来看这个是非常重要的。

智能音箱的核心是拥有语音交互能力,语音技术涉及大数据分析、深度神经网络等,本身是属于人工智能技术的一种。同时,语音助手也是人工智能应用的具体表现,语音交互是最自然的交流方式。喜马拉雅FM的小雅AI音箱核心是音频内容,小米的AI音箱的布局是物联网和硬件生态,天猫精灵则尝试把它用于购物平台入口。

智能音箱的技术原理并不复杂,硬件主要包括主控板、通信组件、麦克风阵列、扬声器以及按键、灯光指示等,硬件构成和普通手机、平板电脑等产品类似。智能音箱更专注于语音处理,智能音箱需要获取更准确的语音信号,麦克风阵列和去噪处理就比较重要,使用语音阵列可以得到各个方向的信号,因此语音获取更为全面准确。通过硬件和软件的协同去噪,可以为后续的语音识别提供更干净的信号。语音处理中最复杂的是方言识别,同时也可能遇到因为环境中的某些噪声被误认为了唤醒信号,使智能音箱无缘无故地被唤醒的情况,评价智能产品的时候需要综合考虑这些因素。

智能音箱的输出是将用户输入的问题送到云端,云端的服务器根据用户的输入匹配答案,最后通过扬声器给出,或者识别后控制相应的智能家居设备启动相应的操作。

智能音箱的硬件固定了,现在就需要软件的处理。软件主要包括语音活性检测(Voice Activity Detection,VAD)、降噪、唤醒、识别、理解、产生语言及合成语音等过程。

语音检测用于判断是否有人类的语音,准确检测音频信号的语音段起始位置,从而分离出语音段和非语音段。VAD算法可以分为三类:基于阈值的VAD、基于分类器的VAD和模型VAD。基于阈值的VAD提取时域(短时能量、短期过零率等)或频域(MFCC、谱熵等)特征,通过合理地设置阈值,达到区分语音和非语音的目的,这是传统的VAD方法。基于分类器的VAD可以将语音检测分为语音和非语音两类问题,再使用机器学习方法训练分类器,达到检测语音的目的。模型VAD可以利用一个完整的声学模型(建模单元的粒度可以很粗),在解码的基础,通过全局信息,判别语音段和非语音段。

VAD作为整个流程的最前端,需要在本地实时完成。由于计算资源非常有限,因此,VAD一般会采用阈值法中的某种算法或者经过工程优化的分类法,而模型VAD目前难以在本地部署应用。

如果检测到人类语言,就要对这部分信号进行降噪,然后识别其中是否有唤醒词,如果没有则丢弃,如果有则进入交互状态。交互状态主要包括识别、理解、产生语言、语音合成等部分。其中识别和理解主要依靠云端的服务,理解意图后就可以发送一些控制信号搜索相关信息,查找相关内容,然后产生应答的语言,再通过语音合成变成自然语言由智能音箱的喇叭输出,如此就完成了交互过程。

2.4.2 智能音箱的硬件

智能音箱的主要硬件如下。

(1) 首先是主控板,本质上和手机等移动设备的主板并无差别,包括主板、CPU和存储器等,主控板的选择要在满足响应延迟的前提下,尽量压缩成本和功耗。

(2) 麦克风阵列(以下简称麦列)是由一定数量的麦克风组成,可以对声场的空间特性进行采样并处理的系统。

(3) 其他的硬件包括蓝牙、Wi-Fi模块、扬声器和电源等,基本的操作系统一般是在Linux或Android等开源操作系统基础上进行针对性的定制。

音箱从听取用户话语到做出相应的语音回答,背后是一个庞大的云服务体系所处理的千万个工作任务线程中的一个,智能语音涉及的知识库非常庞大,涵盖了数学、声学、计算机等。

2.4.3 智能音箱的软件和算法

软件和算法部分主要包含前端信号处理和后续交互过程。麦克风阵列一直处于适应状态,如果得到唤醒信号,则会调用唤醒模块,经过前端处理后会得到较为干净的语音信号,送到后续的交互处理过程。

1. 前端信号处理——VAD

前端信号处理(或者单点检测模块)是从带有噪声的语音中准确地定位语音的开始点和结束点。因为语音中包含很长的静音,VAD 就是把静音和实际语音分离。

由于能够滤除不相关的非语音信号,高效准确的 VAD 不仅能够减轻后续处理的计算量,提高整体实时性,还能有效提高下游算法的性能。

静音检测一是涉及背景噪声问题,二是前后沿剪切问题。所谓前后沿剪切就是还原语音时,由于从实际讲话开始到检测到语音之间有一定的判断阈值和时延,有时语音波形的开始和结束部分作为静音被丢掉,还原的语音会出现变化,因此需要在突发语音分组前面或者后面增加一个语音分组进行平滑以解决这一问题。有时还需要发送一些舒适噪声,让用户感觉到自然。

2. 前端信号处理——降噪

噪声是无所不在的,包括频谱稳定的白噪声、不稳定的脉冲噪声和起伏噪声等,在语音应用中,稳定的背景噪声最为常见,降噪技术最成熟,效果也最好。

噪声抑制的关键是提取出噪声的频谱,再将含噪语音根据噪声的频谱做一个反向的补偿运算,从而得到降噪后的语音。降噪可以用专门的 DSP 芯片进行处理。

实际应用中降噪使用的噪声频谱通常不是一成不变的,而是随着降噪过程的进行被持续修正,即降噪过程也是自适应的。修正噪声频谱的方法是使用后继音频中的静音,重复噪声频谱提取算法,得到新的噪声频谱,并将之用于修正降噪所用的噪声频谱。

3. 其他的前端信号

(1) 波束形成:利用空间波的方法将多路声音信号整合成一路信号。通过波束形成,一方面可以增强原始的语音信号,另一方面可以抑制旁路信号起到降噪和去混响的作用。麦克风有双麦降噪、七麦阵列等阵列技术,在各个方向的麦克风获得的信号经过加权、延时及求和等处理后获得了一个有声场空间指向性的音频信号。由于抑制了主声音方向以外的其他声音(包括其他方向上其他人同时在说的话),通过麦克风阵列的波束形成,可以判断说话人的方向,增强哪个方向的适应效果,这样在 5m 之内就能听到人在说话,足够房间中的智能音箱使用了。

(2) 唤醒:出于保护用户隐私和减少误识别两个因素的考虑,智能音箱一般在检测到唤醒词之后,才会开始进一步的复杂信号处理(声源定位、波束形成)和后续的语音交互过程。唤醒智能音箱的麦克风可以 7×24 小时接收外部声音,持续分析这些声音,查看是否能检测到唤醒词,例如前面讲的天猫精灵,一旦检测到了唤醒词,就把之后的语音传送给语音识别服务器。

4. 语音交互过程一:自动语音识别

自动语音识别(Automatic Speech Recognition,ASR)技术是一种将人的语音转换为文本的技术。目前技术已经比较成熟,但是在智能音箱开放性的真实环境下,语音识别还是一个不小的挑战。

要对声音进行分析,需要对声音进行分帧,也就是把声音分割成多个小段,每个小段为一帧。分帧操作不是简单的切开,而是用移动窗口实现,帧和帧之间是有交叠的,逐段进行分析并通过声学特征提取成一组特征码。对于语言学来说,单字和单词的发音由因素构成,复杂性在于一个字和两个字的连读,中间会有一些不同,发音跟模型库中的声音延续时间也有所不同,所以相对来说比较复杂,需要用存储了巨大参考数据的声学模型和语言模型进行概率计算。

声学模型的参数建立需要用大量的语音数据进行训练,还要应对各类地区的口音差异。而语言模型则是通过海量文本的训练得出的统计规律让转换过程能正确理解特定的语义环境和上下文的关联,通过这些步骤音频信号最终转换成了文字。

5. 语音交互过程二:自然语言理解

自然语言理解(Natural Language Understanding,NLU)可以让机器理解文本。与自然语言处理(Natural Language Processing,NLP)不完全相同,自然语言理解是其中的一个分支。与 NLP 相似,NLU 也要使用各种算法让人类言语简化为一个结构化的本体。NLP 和NLU 之间最大的不同就是,NLU 超越了对单个词语的理解,它试图通过处理读音错误、字母或者词语顺序调换来理解的意义。

NLU 包含以下几部分。

(1) 词性还原:将一个词的变化形式划归为一个简单形式,以便分析。

(2) 词干提取:将一个词的变化形式简化为词根的形式。

(3) 语素切分:将词语划分为不同的语素。

(4) 词语切分:将一个连续的文本划分为不同的语群。

(5) 语法分析:从语法中分析一个句子。

(6) 词性标注:确定每一个词的词性。

(7) 句子成分划分:在一个连续的句子中标注分界,也就是把获取的一段话转换成一个句子并且把它的语义抽取出来,最后才能够进行交互。

但是 NLU 仍然存在很多问题,符合语法的不一定有语义,符合语义的有可能语法不对,人类能够较好地分辨出的语句,对机器可能仍然是个问题。比如说"无色的、绿色的想法正迅猛地沉醉",这个句子没有语义却符合语法,因此 NLU 还有很长的路需要走。

NLU 可以分为三个子问题去解决:一是领域问题,识别出用户命令所属的领域,如音乐、天气等,而每个领域都只支持无限预设的查询方式和交互方式;二是意图分类,在相应的领域,识别用户的意图,如播放音乐、暂停或者切换等,意图往往对应着实际的操作;三是实体提取,也就是确定意图的参数。

6. 语音交互过程三:从文本到语音

从文本到语音(Text To Speech,TTS)系统由两部分组成:前端和后端。前端有两个主要任务。首先,它将包含数字和缩写等符号的原始文本转换为相当于输出的单词,这个过程通常称为文本规范化、预处理或者标记化。其次,前端为每个单词分配语音转录,并将文本划分和标记为韵律单位。后端通常被称为合成器,将符号语言转换成声音。评价实用的语音合成系统的两个主要标准:一是可懂度(人能够听懂),二是自然度(使人听得舒服)。目前,可懂度的问题已基本得到解决。

参数合成和拼接合成是 TTS 的两种主要合成方法。整体来看,音箱智能软硬件中,硬件和软件一起负责采集信号的精度,软件则在采集精度的基础上包含了后续处理,可以更好地识别出内容以及交互,因此软硬件一体化选择尤为重要。

全球销量最大的智能音箱是 Amazon 的 Echo 系列,几年时间卖了近三千万台,直接导致 2017 年以来国内智能音箱公司大量涌现。Echo 和其他智能音箱最大的区别是所有的控制都放在云端。把控制放到云端的好处是智能音箱本身不需要升级任何程序就可以支持所有的智能硬件,但如果把控制放在本地,需要增加一些功能时,智能音箱的升级是必不可少的。智能音箱这样的设备,虽然硬件相对比较简单,但在未来的升级过程中可能也会遇到硬件基础不够的问题。

第3章

人工智能与数据

3.1 人工智能的数学基础

本节内容为人工智能的数学基础,人工智能需要一定的数学基础,主要涉及线性代数、概率论与数理统计、最优化理论和信息论与形式逻辑等。

3.1.1 线性代数

1. 线性代数:如何将研究对象形式化

线性代数不仅仅是人工智能的基础,更是现代数学和以现代数学作为主要分析方法的众多学科的基础。在向量和矩阵背后,线性代数的核心意义在于提供了一种看待世界的抽象视角:万事万物都可以被抽象成某些特征的组合,并在由预置规则定义的框架之下以静态和动态的方式加以观察。而深度学习框架中,TensorFlow 的基础是张量,这是线性代数中的一个重要概念。

线性空间(linear space)中的元素、元素的运算等构成了线性代数的基础。首先看空间,线性空间是比较初级的,如果在里面定义了范数,就成了赋范线性空间(normed linear space)。赋范线性空间满足完备性就成了巴那赫空间(Banach space),而当赋范线性空间定义了角度后,就有了内积空间(inner product space),内积空间再满足完备性,就得到了希尔伯特空间(Hilbert space)。由此可见,"存在一个集合,在这个集合上定义某某概念,然后满足某些性质",就可以被称为空间。

常见的三维空间的定义为:由很多位置点组成;这些点之间存在相对的关系;可以在空间中定义长度、角度;这个空间可以容纳运动,这里所说的运动是从一个点到另一个点的移动或者变换。

1)标量、向量、矩阵、张量的概念

(1)标量亦称"无向量"。有些物理量,只具有数值大小而没有方向,部分有正负之分。用通俗的说法,标量是只有大小,没有方向的量。

(2)一个向量表示一组有序排列的数,只要找到合适的基之后,可以用向量表示线性空间里任何一个对象。

（3）矩阵是由一组向量组成的,特别是 n 维线性空间里的矩阵是由 n 个 n 维向量组成的,是具有相同特征和维度的对象的集合,表现为一张二维数据表。在线性空间中,当选定一组基后,不仅可以用一个向量描述空间中的任何一个对象,还可以用矩阵描述该空间里的任何一个运动或者变化。而使某个对象发生对应运动的方法,就是用代表那个运动的矩阵,乘以代表那个对象的向量。简而言之,在线性空间中选定基之后,向量刻画对象,矩阵刻画对象的运动,并用矩阵与向量的乘法施加运动。

（4）若一个数组中的元素分布在若干维坐标的规则网格中,则称其为张量。

2）标量、向量、张量之间的联系

标量、张量与向量之间的区别与联系如下：标量知道棍子的长度,但不知道棍子指向哪儿；向量不但知道棍子的长度,还知道棍子指向前面还是后面；张量不但知道棍子的长度,也知道棍子指向前面还是后面,还能知道这棍子又向上/下和左/右偏转了多少。张量相对来说比较难以理解,先从 0 维张量开始描述,0 维张量就是标量。张量是现代机器学习的基础。它的核心是一个数据容器,多数情况下,它包含数字,有时候也包含字符串,但这种情况比较少,因此可以把它想象成一个数字的水桶。整体来看,张量不随其他因素变化,可用以表示世间万物能量。

2. 向量

1）向量的定义

标量比较简单,这里就不展开叙述。首先来看向量,若 2 维空间中有一个点移动到另一个点,那么可用向量表示这个运动的直线。顾名思义,向量中的"向"表示方向,"量"表示大小,综合而言,向量就是一个既有大小又有方向的量,如图 3-1 所示。

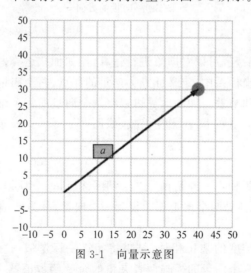

图 3-1 向量示意图

2 维坐标空间中的点可以用从原点到该点的向量表示,进一步将其扩展到 3 维坐标空间,直至推广到 n 维坐标空间。

2）向量的大小

向量的大小也称为范数,由其各分量的平方和的平方根定义,写成 $\|a\|$,长度为 0 的向量称为零向量。在二维坐标空间中,它的定义来自于毕达哥拉斯定理：

$$\| \boldsymbol{a} \| = \sqrt{a_1^2 + a_2^2} \tag{3-1}$$

扩展到 n 维空间,讨论欧几里得范数:

$$\| \boldsymbol{a} \| = \sqrt{a_1^2 + a_2^2 + \cdots + a_i^2 + \cdots + a_n^2} = \sqrt{\sum_{i=1}^{n} a_i^2} \tag{3-2}$$

3)向量的方向

除了向量的大小,向量的方向也是向量的关键属性,可以用向量与极坐标之间的角度来表示,如图 3-2 所示,箭头所指表示向量的方向,指向同一方向的所有向量是相互之间的标量形式,零向量没有方向。

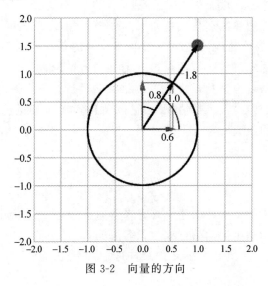

图 3-2　向量的方向

4)向量的加减

有了向量的定义之后,就可以对向量进行运算,比如加减运算。向量的加减就是向量对应分量的加减。在直角坐标系中,定义原点为向量的起点,两个向量和与差的坐标分别等于这两个向量相应坐标的和与差。加法运算可以将两个向量的每个维度相加,如图 3-3 所示。减法运算则可以将两个向量的每个维度相减,如图 3-4 所示。通过运算,就得到一个新的向量。

5)向量乘法

向量乘法的定义有两种:一种是两个向量相乘得到一个标量,称为标量积,又称为点乘、点积或数量积;另一种是两个向量相乘得到一个向量,称为向量积,又称叉积、叉乘或向量积。

将两个向量中每个维度的乘积相加,结果将始终是标量值,这就是向量的标量积或点积。可以将点积定义为两个向量的模与两者夹角的余弦函数值的乘积,因此两个向量方向越一致,同等模的向量的乘法值越大。

(1)代数定义:设二维空间内有两个向量 $\boldsymbol{a} = (x_1, y_1)$ 和 $\boldsymbol{b} = (x_2, y_2)$,定义它们的点积为实数:$\boldsymbol{a} \cdot \boldsymbol{b} = x_1 x_2 + y_1 y_2$,而 n 维向量的点积定义如下:

$$\boldsymbol{a} \cdot \boldsymbol{b} = \sum_{i=1}^{n} x_i y_i = x_1 y_1 + x_2 y_2 + \cdots + x_n y_n \tag{3-3}$$

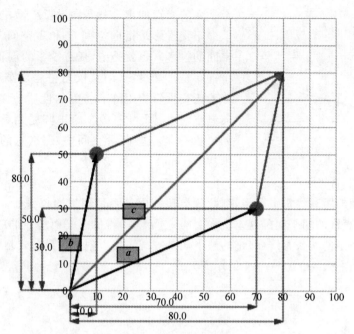

图 3-3　向量的加法运算

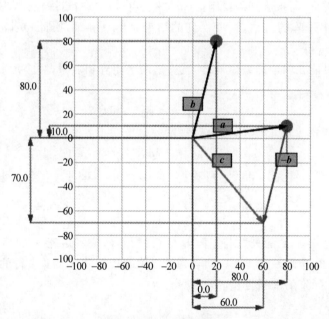

图 3-4　向量的减法运算

（2）几何定义：设二维空间内有两个向量 a 和 b，用 $|a|$ 和 $|b|$ 表示向量 a 和 b 的大小，它们的夹角为 $\theta(0\leqslant\theta\leqslant\pi)$，则点积定义为以下实数：

$$a \cdot b = |a||b|\cos\theta \tag{3-4}$$

6）向量的正交投影

向量的投影，形象地说就是将需要投影的向量上的每个点向要投影的平面做垂线，垂线

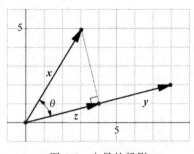

图 3-5　向量的投影

与平面的交点的集合就是向量投影,如图 3-5 所示。

正交投影是指向空间 U 和零空间 W 相互正交子空间的投影。也就是说,任意投影的点积都等于 0。一个投影是正交投影,当且仅当它是自伴随的变换,这意味着正交投影的矩阵有特殊的性质。如果投影是在实向量空间中,那么它对应的矩阵是对称矩阵 $P = P^T$。如果投影是在虚向量空间中,那么它的矩阵则是埃尔米特(Hermite)矩阵 $P = P^*$。

7)点到超平面的距离

点到超平面的距离经常于分类,判断分类超平面是否是理想的超平面。首先明确超平面的概念,一条直线的超平面是这条直线上的一个点(一维的超平面是 0 维),一个平面的超平面是这个平面上的一条直线(二维的超平面是一维),可以根据距离公式计算,空间中任意一点 x_0 到超平面 $S: w \cdot x + b = 0$ 的距离公式:

$$\frac{1}{\|w\|} |w \cdot x_0 + b| \tag{3-5}$$

3. 矩阵

图像空间中图像的平移、旋转都可以用矩阵运算来进行处理。矩阵加减法只能对同样行列大小的矩阵进行,而乘法则需要满足 $(m \times n) \times (n \times p)$ 的组织模式,也就是前一个矩阵的列数等于后一个矩阵的行数,最后得到的结果是 m×p 维,因此,矩阵的乘法不满足交换率。

矩阵的加法只能在两个同型矩阵之间进行,两个矩阵相加时,对应元素进行相加,如:

$$\begin{bmatrix} 1 & 2 & 3 \\ 4 & 5 & 7 \end{bmatrix} + \begin{bmatrix} 0 & 0 & 2 \\ 2 & 1 & 3 \end{bmatrix} = \begin{bmatrix} 1 & 2 & 5 \\ 6 & 6 & 10 \end{bmatrix}$$

数 λ 与矩阵 A 的乘积记作 λA 或 $A\lambda$,规定为:

$$\lambda A = A\lambda = \begin{bmatrix} \lambda a_{11} & \lambda a_{12} & \cdots & \lambda a_{1n} \\ \lambda a_{21} & \lambda a_{22} & \cdots & \lambda a_{2n} \\ \vdots & \vdots & \ddots & \vdots \\ \lambda a_{m1} & \lambda a_{m2} & \cdots & \lambda a_{mn} \end{bmatrix} \tag{3-6}$$

乘法必须满足矩阵 A 的列数与矩阵 B 的行数相等,或者矩阵 A 的行数与矩阵 B 的列数相等。记 $C = AB$,矩阵 C 的第 i 行第 j 列的元素等于矩阵 A 的第 i 行的所有元素与矩阵 B 的第 j 列的对应元素的乘积之和,即

$$C_{ij} = \sum_{k=1}^{n} a_{ik} b_{kj} \tag{3-7}$$

注意:矩阵的乘法不满足交换律。

4. 张量

1)张量的概念

下面介绍最重要的概念——张量,张量在不同的运用场景下有不同的定义。张量可以是具有同一类型(称为 dtype)的多维数组,也可以是某种几何对象,也可以是多重线性映射。

2) 张量的分类

(1) 1维张量,1维张量称为"向量"。

(2) 2维张量,2维张量称为矩阵。以图 3-6(a)所示的 3 行 4 列的矩阵,在 TensorFlow 中可以表示为如图 3-6(b)的形式。

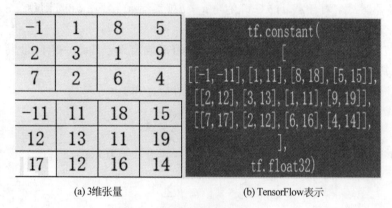

(a) 2维张量　　　　　　　　　　(b) TensorFlow表示

图 3-6　2维张量的举例和定义

(3) 3维张量,可以理解为矩阵数组,图 3-7(a)所示的矩阵数组,在 TensorFlow 中可以表示为如图 3-7(b)的形式。

-1	1	8	5
2	3	1	9
7	2	6	4
-11	11	18	15
12	13	11	19
17	12	16	14

```
tf.constant(
[
[[-1, -11], [1, 11], [8, 18], [5, 15]],
[[2, 12], [3, 13], [1, 11], [9, 19]],
[[7, 17], [2, 12], [6, 16], [4, 14]],
],
tf.float32)
```

(a) 3维张量　　　　　　　　　　(b) TensorFlow表示

图 3-7　3维张量的举例和定义

(4) 4维张量,可以理解为多个 3 维张量,如图 3-8(a)所示,将 2 个 3 维张量视为一个整体,就是 1 个 4 维张量,在 TensorFlow 中可以表示为如图 3-8(b)的形式。

-1	1	8	5		5	1	6	2
2	3	1	9		7	5	7	9
7	2	6	4		6	3	4	2
-11	11	18	15		-21	21	18	25
12	13	11	19		22	23	21	19
17	12	16	14		27	22	26	14

```
[[-1,
11], [1, 11], [8, 18], [5, 15]],
[[2, 12], [3, 13], [1, 11], [9, 1
9]],
[[7, 17], [2, 12], [6, 16], [4, 1
4]],
],
[
[[5, -
21], [1, 21], [6, 18], [2, 25]],
[[7, 22], [5, 23], [7, 21], [9, 1
9]],
[[6, 27], [3, 22], [4, 26], [2, 1
```

(a) 4维张量　　　　　　　　　　(b) TensorFlow表示

图 3-8　4维张量的举例和定义

依次类推,可以有多维的向量。

3) 深度学习中的张量

在深度学习框架 TensorFlow 中,所有节点之间传递的数据都为 Tensor 对象,张量主要有三个属性：名字、维度和类型。

秩	数学实体
0	标量（只有大小）
1	向量（有大小和方向）
2	矩阵（由数构成的表）
3	3维张量（由数构成的方体）
n	n 维张量

图 3-9　不同的秩和数学实体

tf. Tensor 对象的秩就是维度的数量,秩也可以称为阶数或度数,TensorFlow 里的秩和数学中矩阵的秩是不一样的,如图 3-9 所示,TensorFlow 中不同的秩代表不同的数学实体。

张量的形状是其各个维度元素的数量,TensorFlow 能够在图的构建过程中自动推断张量的形状,这些推断出的形状的秩可能是已知的,也可能是未知的。但是,即使张量的秩已知,其各个维度的大小也可能是未知的。

5. 范数

范数有多种类型,它是根据性质定义的。设 V 是数域 P 上的线性空间,$\|a\|$ 是以 V 中的向量 a 为自变量的非负实值函数,则满足以下 3 条性质的都可以称为范数。

（1）非负性：当 $a \neq 0$ 时,$\|a\| > 0$；当 $a = 0$ 时,$\|a\| = 0$。

（2）齐次性：对任意 $k \in P, a \in V$,$\|ka\| = \|k\| \|a\|$。

（3）三角不等式：对任意 $a, b \in V$,有 $\|a+b\| \leqslant \|a\| + \|b\|$,则称 $\|a\|$ 为向量 a 的范数,并定义范数的线性空间为赋范线性空间。

向量的范数有几种定义,这里给出几个常用的范数定义。任意一组向量设为 $x = (x_1, x_2, \cdots, x_n)$,其不同范数求解如下。

（1）向量的 L_1 范数为向量的各个元素的绝对值之和：

$$L_1 = \|x\|_1 = \sum_{i=1}^{n} |x_i| \tag{3-8}$$

（2）向量的 L_2 范数为向量的每个元素的平方和再开平方根：

$$L_2 = \|x\|_2 = \sqrt{\sum_{i=1}^{n} |x_i|^2} \tag{3-9}$$

（3）向量的负无穷范数 $L_{-\infty}$ 为向量的所有元素的绝对值中最小的：

$$L_{-\infty} = \|x\|_{-\infty} = \min |x_i| \tag{3-10}$$

（4）向量的正无穷范数 $L_{+\infty}$ 为向量的所有元素的绝对值中最大的：

$$L_{+\infty} = \|x\|_{+\infty} = \max |x_i| \tag{3-11}$$

（5）向量的 L_p 范数为：

$$L_p = \|x\|_p = \sqrt[p]{\sum_{i=1}^{n} |x_i|^p} \tag{3-12}$$

从这些例子可以看出,不同的范数有不同的结果和几何物理意义,因此在选择范数的时候需要提前做好准备。

6. 特征值

1）特征值分解

特征值和特征向量是矩阵中两个关键的属性值。矩阵是否可以进行特征值分解？如何计算特征值？如何计算大矩阵的特征值？这就需要总结关于矩阵的解决方法。

对于矩阵 A,如果可以对角化的话,可以通过相似矩阵进行下面的特征值分解：

$$A = P \Delta P^{-1} \tag{3-13}$$

其中,Λ 为对角线矩阵,每一条对角线上的元素就是一个特征值,P 的列向量是单位化的特征向量。

如果一个方块矩阵 A 相似于对角矩阵,也就是说,如果存在一个可逆矩阵 P 使得 $P^{-1}\Lambda P$ 是对角矩阵,则称 A 是可对角化的。

2) 矩阵对应的线性变换

从特征值的求解上来看,$P^{-1}A = \Lambda P^{-1}$;从向量运算的角度来看,矩阵对于向量的推动作用等价于常量对于向量的推动作用。将向量乘以一个矩阵就可以看出,对这个向量在进行一些推动或者变换时,特征值对应的变换比较特殊。这其实就是一个线性变换,因为一个矩阵乘以一个向量后得到的向量,其实就相当于对这个向量进行了线性变换,如矩阵 $M = \begin{bmatrix} 3 & 0 \\ 0 & 1 \end{bmatrix}$ 对应的线性变换的形式如图 3-10 所示。

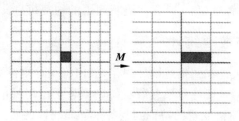

图 3-10 变换形式

因为这个矩阵 M 乘以一个向量 (x, y) 的结果是:

$$\begin{bmatrix} 3 & 0 \\ 0 & 1 \end{bmatrix} \begin{bmatrix} x \\ y \end{bmatrix} = \begin{bmatrix} 3x \\ y \end{bmatrix}$$

如果 $M = \begin{bmatrix} 1 & 1 \\ 0 & 1 \end{bmatrix}$,则它对应的线性变换形式如图 3-11 所示。

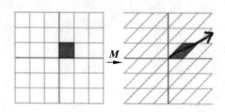

图 3-11 变换形式

7. 奇异值

1) 奇异值分解

矩阵的奇异值分解(Singular Value Decomposition, SVD)是矩阵分解的一个重要方法,奇异值分解在数据降维中有较多的应用。对于较大的矩阵,需要对其进行一些分解,从而可以更好地得到该矩阵的一些特性。奇异值分解是一种能适用于任意矩阵的分解方法:

$$A = U \sum V^{\mathrm{T}} \tag{3-14}$$

假设 A 是一个 $M \times N$ 的矩阵,那么得到的 U 是一个 $M \times M$ 的方阵(里面的向量是正交的,U 里面的向量称为左奇异向量),Σ 是一个 $M \times N$ 的矩阵(除了对角线的元素都是 0,对角线上的元素称为奇异值）。V^T 是一个 $M \times N$ 的矩阵（里面的向量也是正交的，V 里面的向量称为右奇异向量）。

将奇异值从小到大排列，取前一部分奇异值重构矩阵，可以得到原始图像的一些近似估计。当奇异值越大时，代表的信息越多，因此取前面若干个最大的奇异值，就可以基本上还原出数据本身。

2）奇异值分解用于从视频中删除背景

可以用 SVD 进行视频的背景删除，视频的背景基本上是静态的，看不出很多变化，所有的变化都在前景中出现，这是将背景与前景分开的一个基本出发点。可以将 M 视为两个矩阵的总和，水平线表示背景，波浪线显示变化并代表前景。背景矩阵没有看到像素的变化，即它没有很多独特的信息，因此是多余的，所以，背景矩阵是一个低秩矩阵。因此，M 的低秩近似是背景矩阵。使用 SVD，可以通过简单地从矩阵 M 中减去背景矩阵获得前景矩阵，即可以删除视频中的一些背景信息，从而得到视频中的物理信息。

3.1.2 概率论与数理统计

概率论关注可能性，关注如何描述统计规律，如何将统计规律进行传递。概率论跟数理统计经常一起出现，但是两者研究对象有所不同。概念论作用的前提是随机变量的分布已知，根据已知的分布分析随机变量的特征与规律；数理统计的研究对象则是未知分布的随机变量，研究方法是对随机变量进行独立重复的观察，根据得到的观察结果对原始分布作出推断。用一句不严谨但直观的话讲：数理统计可以看成是逆向的概率论。

1. 条件概率与全概率公式

概率论中，条件概率和全概率是最基本的公式。

条件概率是指事件 A 在事件 B 发生的条件下发生的概率。条件概率表示为：$P(A|B)$，即 A 在 B 发生的条件下发生的概率。若只有两个事件，那么 $P(A|B)=P(AB)/P(B)$。

全概率公式将对一复杂事件 A 的概率求解问题转化为在不同情况下发生的简单事件的概率的求和问题。如果事件组 $B_1, B_2, \cdots, B_n$ 满足

（1）$B_1, B_2, \cdots, B_n$ 两两互斥，即

$$B_i \cap B_j = \varnothing$$

其中，$i,j=1,2,\cdots,i \neq j$，且 $P(B_i)>0, i=1,2,\cdots$。

（2）如果

$$B_1 \cup B_2 \cup \cdots = \Omega$$

则称事件组 $B_1, B_2, \cdots, B_n$ 是样本空间 Ω 的一个划分，设 $B_1, B_2, \cdots, B_n$ 样本空间 Ω 的一个划分，A 为任一事件，则：

$$P(A) = \sum_{i=1}^{\infty} P(B_i)P(A|B_i) \tag{3-15}$$

2. 贝叶斯公式

在全概率公式的假定公式之下，有：

$$P(B_i|A) = \frac{P(B_i)P(A|B_i)}{\sum_{j=1}^{n} P(B_j)P(A|B_j)} \tag{3-16}$$

贝叶斯公式是在全概率公式基础上的一个扩展,使用范围更为广泛,其神奇之处在于:如果把事件 A 看成结果,完备事件群 B_1,B_2,…看成导致这个结果可能的原因,则可以把全概率公式看成"由原因推结果",而贝叶斯公式则是"由结果推原因"。

一个简单的例子,比如拼音 shanghai,可选选项比较多,有可能是地名"上海",有可能是动词"伤害",也有可能是名词"商海"等。如果判断输入的到底是哪个内容,这就需要概率决定,比如在地名中"上海"的概率比较大,"伤害"在动词中概率比较大,但是如果在指向学校名"上海大学"的时候,使用概率和贝叶斯则无效。如果输入"上",那么"上海"的概率提升了,而"伤害"的概率则大幅下降。

3. 隐马尔可夫模型

HMM 在语言智能、图像处理中都有很广泛的应用。HMM 是关于时序的概率模型,图 3-12 描述由一个隐藏的马尔可夫链(Markov chain)随机生成不可观测的状态随机序列,再由各个状态生成一个由观测产生观测随机序列的过程。隐藏的马尔可夫链随机生成的随机序列称为状态序列。每个状态生成一个观测,而由此产生的观测随机序列,称为观测序列。

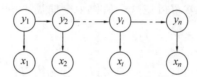

图 3-12　隐马尔可夫模型

4. 贝叶斯公式在搜索中的应用

这里介绍一个概率论在搜索领域的典型应用。1968 年 5 月,美国海军的天蝎号核潜艇在大西洋亚速海海域突然失踪。在搜寻潜艇的问题上,Craven 提出的方案使用了贝叶斯公式。他把各位专家的意见综合到一起,得到了一张 20mi(1mi=1.61km)海域的概率图。整个海域被划分成了很多个小格子,每个小格子有两个概率值 p 和 q,p 表示潜艇躺在这个格子中的概率,q 表示如果潜艇在这个格子中被搜索到的概率。如果一个格子被搜索后,没有发现潜艇的踪迹,那么按照贝叶斯公式,这个格子潜艇存在的概率就会降低。由于所有格子概率的总和是 1,这时其他格子潜艇存在的概率就会上升。

每次寻找时,先挑选整个区域内潜艇存在概率最高的一个格子进行搜索,如果没有发现,概率分布图会被"洗牌"一次,搜寻船只就会驶向新的"最可疑格子"进行搜索,这样一直下去,直到找到天蝎号为止。经过几次搜索,潜艇果然在爆炸点西南方的海底被找到了。由于这种基于贝叶斯公式的方法在后来多次搜救实践中被成功应用,现在已经成为海难空难搜救的通用做法。

3.1.3　最优化理论

1. 如何找到最优解?

绝大多数人工智能的问题都会归结于优化问题的求解,也就是掌握部分信息的前提下寻找一个最优路径。最优化理论研究的问题是判定给定目标函数的最大值(最小值)是否存在,并找到令目标函数取得最大值(最小值)的数值。如果把给定的目标函数看成一座山脉,最优化的过程就是判断顶峰的位置并找到到达顶峰路径的过程。通常情况下,最优化问题是在无约束情况下求解给定目标函数的最小值。在线性搜索中,确定寻找最小值时的搜索方向需要使用目标函数的一阶导数和二阶导数。置信域算法的思想是先确定搜索步长,再确定搜索方向。以人工神经网络为代表的启发式算法是另外一类重要的优化方法。

人工智能的目标就是最优化:在复杂环境与多体交互中做出最优决策。要实现最小化或最大化的函数被称为目标函数或代价函数,大多数最优化问题都可以通过使目标函数 $f(x)$ 最小化解决,最大化问题则可以通过最小化 $-f(x)$ 实现。

实际的最优化算法既可能找到目标函数的全局最小值,也可能找到局部极小值。两者的区别在于全局最小值比定义域内所有其他点的函数值都小,而局部极小值只是比所有邻近点的函数值都小。

理想情况下,最优化算法的目标是找到全局最小值。但找到全局最优解意味着在全局范围内执行搜索,在实际应用中,可能会付出很大的代价,甚至可能找不到最优解。目前实用的最优化算法都是找局部极小值。

当目标函数的输入参数较多且解空间较大时,绝大多数实用算法都不能满足全局搜索对计算复杂度的要求,因而只能求解局部极小值。但在人工智能和深度学习的应用场景下,只要目标函数的取值足够小,就可以把这个值作为全局最小值使用,作为对性能和复杂度的折中。

2. 无约束优化和约束优化

约束优化问题是最优解问题,这个问题可以通过无约束优化问题进行求解,其中多利用拉格朗日函数解决。将约束问题转化为无约束问题,在无约束问题领域中,使用梯度下降(gradient descent)法进行求解,这是一种常用的思路。

线性规划是一类典型的约束优化,其解决的问题通常是如何在有限的成本约束下取得最大的收益。约束优化问题通常比无约束优化问题更加复杂,但通过拉格朗日乘子的引入可以将含有 n 个变量和 k 个约束条件的问题转化为含有 $(n+k)$ 个变量的无约束优化问题。拉格朗日函数最简单的形式如下:

$$L(x,y,\lambda) = f(x,y) + \lambda \phi(x,y) \tag{3-17}$$

其中,$f(x,y)$ 为目标函数,$\phi(x,y)$ 则为等式约束条件,λ 是拉格朗日乘数。从数学意义上讲,由原目标函数和约束条件共同构成的拉格朗日函数与原目标函数具有共同的最优点集和共同的最优目标函数值,从而保证了最优解的不变性。

求解无约束优化问题最常用的方法是梯度下降法。

3. 梯度下降法

梯度下降法的主要根据是多元函数沿其负梯度方向下降最快,在梯度下降算法中,另一个重要的影响因素是步长(stride),也就是每次更新 $f(x)$ 时 x 的变化值。较小的步长会导致收敛过程较慢,但当 $f(x)$ 接近最小值点时,步长太大可能会导致一步迈过最小值点。因而在梯度下降法中,步长选择的整体规律是逐渐变小的。当可用的训练样本有多个时,样本的使用模式就分为两种,一种是批处理模式,另一种是随机梯度下降(Stochastic Gradient Descent,SGD)。

1)梯度下降算法的数学解释

在梯度下降法中,将爬山过程变换为寻找山谷的过程,所以其中的梯度需要乘以一个负号。因为梯度的方向实际就是函数在此点上升最快的方向,而我们需要朝着下降最快的方向走,自然就是负梯度的方向,所以此处需要加上负号。

根据梯度函数求解目标函数,学习率的选择是一个比较关键的因素。利用学习率和梯度的乘积得到下一个函数值,逐步迭代,直至得到最优结果,如图 3-13 所示。

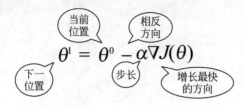

图 3-13　梯度优化

α 在梯度下降算法中被称作为学习率或者步长。如果学习率过大,有可能跳过最优解,进而找到次优解;而学习率过小,则可能会陷入漫长的寻优过程。

2）单变量函数的梯度下降

这里介绍一个单变量函数的梯度下降。假设有一个单变量的函数:

$$J(\theta) = \theta^2$$

函数的微分:

$$J'(\theta) = 2\theta$$

初始化起点为 $\theta^0 = 1$,学习率 $\alpha = 0.4$。

根据梯度下降的计算公式,开始梯度下降的迭代计算过程:

$$\theta^0 = 1$$
$$\theta^1 = \theta^0 - a \times J'(\theta^0)$$
$$= 1 - 0.4 \times 2$$
$$= 0.2$$
$$\theta^2 = \theta^1 - a \times J'(\theta^1)$$
$$= 0.04$$
$$\theta^3 = 0.008$$
$$\theta^4 = 0.0016$$

初始起点 θ^0 经过 4 次运算,也就是走了 4 步,基本就抵达了函数的最低点。如果设定阈值更小,则需要更多的寻优步骤。

3）不同的学习率对应的梯度下降结果

如图 3-14 所示,学习率过大和过小的问题都会增加寻优步骤,不同的学习率会导致不同的结果。图 3-14 给出的示例比较简单,针对复杂的问题,学习率设置不合适,有可能会错过最优解。

4）多变量函数的梯度下降

多变量的梯度下降较为接近。假设有一个目标函数:

$$J(\theta) = \theta_1^2 + \theta_2^2$$

初始起点为 $\theta^0 = (1, 3)$,初始的学习率 $\alpha = 0.1$,函数的梯度为:

$$\nabla J(\theta) = \langle 2\theta_1, 2\theta_2 \rangle$$

进行多次迭代后,已经基本靠近函数的最小值点。

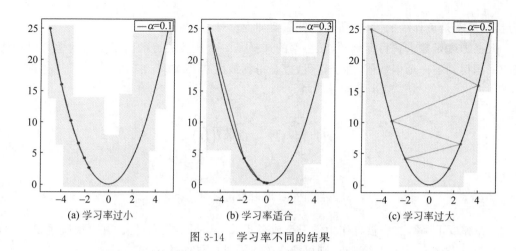

(a) 学习率过小　　　　(b) 学习率适合　　　　(c) 学习率过大

图 3-14　学习率不同的结果

4. 学习率与衰减率

学习率作为监督学习以及深度学习中的重要超参数,其决定着目标函数能否收敛到局部最小值以及何时收敛到最小值。合适的学习率能够使目标函数在合适的时间内收敛到局部最小值。当学习率设置得过小时,收敛过程将变得十分缓慢。而当学习率设置得过大时,梯度可能会在最小值附近来回振荡,甚至可能无法收敛。但是,固定的学习率有时会产生不好的结果,因此,这里引入衰减率的概念。衰减率是指每经过一个波动周期,被调量波动幅值减少的百分数,也就是同方向的两个相邻波的前一个波幅减去后一个波幅之差与前一个波幅的比值。

用衰减率控制学习率,开始时学习率较大,然后使用衰减率让学习率慢慢减小,这样就可以控制学习率。

学习率和衰减率变化情况下的结果,如图 3-15 所示。

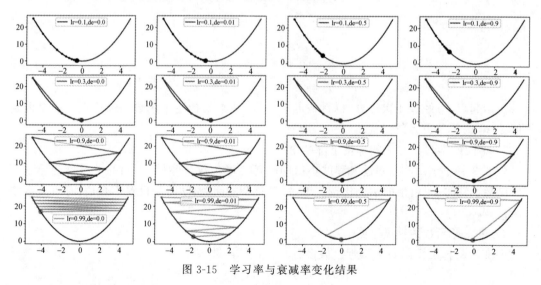

图 3-15　学习率与衰减率变化结果

因此在很多优化问题中,如何通过设置参数达到更好的优化结果是在实际操作中需要考虑的一个很重要的问题。

5. 随机梯度下降法

SGD算法是一种简单但非常有效的方法,多用于支持向量机(Support Vector Machine, SVM)、逻辑回归(logistic regression)等凸损失函数下的线性分类器的学习。SGD已成功应用于解决文本分类和自然语言处理中经常遇到的大规模和稀疏机器学习问题。

SGD算法是从样本中随机抽出一组,训练后按梯度更新一次,然后抽取一组再更新一次,在样本量极大的情况下,可能不用训练完所有的样本就可以获得一个损失值在可接受范围之内的模型。SGD的迭代公式为:

$$\begin{cases} L(\theta;x_i,y_i) = L[f(x_i,\theta),y_i] \\ \nabla L(\theta;x_i,y_i) = \nabla L[f(x_i,\theta),y_i] \end{cases} \tag{3-18}$$

6. 最优化理论在人工神经网络中的应用

人工神经网络是一个由大量简单的处理单元广泛连接组成的非线性系统,用来模拟人脑神经系统的结构和功能,具有非常好的非线性映射能力、并行信息处理能力和自适应学习能力。神经网络第一次出现危机在于没有更好的学习策略,而后续增加了反向传播(Back Propagation,BP)机制,通过优化目标函数来优化模型。

人工神经网络理论的应用已经涉及很多领域,如智能控制、模式识别、自适应滤波、信号处理、传感技术和机器人等。人工神经网络从结构上可分为多层前向神经网络和动态递归网络两种。其中,多层前向网络是最重要的神经网络模型之一,且结构简单、易于编程,是一个非常强的学习空间。BP神经网络是多层前向神经网络的一种,也是人工神经网络模型中最典型的一种神经网络模型,如图3-16所示。

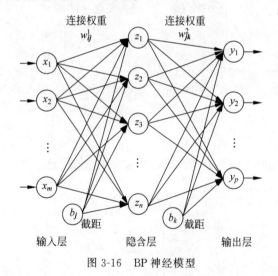

图 3-16　BP 神经模型

7. 驻点与鞍点

优化问题的一个主要方面是最优解的问题,一般通过迭代方式寻找最优解。

1) 驻点

驻点(stationary point)是指函数 $f(x)$ 的一阶导数 $\dfrac{\partial f}{\partial x}=0$ 所在的点。例如,函数 $f(x)=(x-1)^2$ 的驻点在 $x=1$ 处,函数 $f(x)=-(x+1)^2$ 的驻点在 $x=-1$ 处,函数 $f(x)=x^3$ 的驻点在 $x=0$ 处,如图3-17所示。

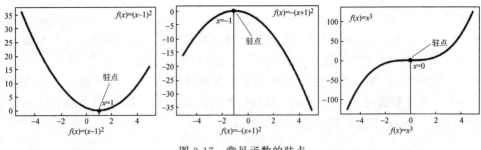

图 3-17　常见函数的驻点

在驻点上，x 的微小变化不能带来 y 的微小变化。因此，在有些优化问题中，优化到这个点附近，就不能再进一步优化，从而有可能被当成最优，在研究距离问题的时候要回避这种情况。

2）鞍点

鞍点是一个不是局部最小值的驻点，可以通过黑塞（Hessian）矩阵对鞍点进行分析。

假设函数 $f(x)$ 在 $x=\bar{x}$ 处的一阶导数等于 0，即在 $x=\bar{x}$ 处为驻点，且 $f(x)$ 在 $x=\bar{x}$ 处的二阶导数 $f''(\bar{x})=0$，则 $f(x)$ 在 $x=\bar{x}$ 处为鞍点，如图 3-18 所示。

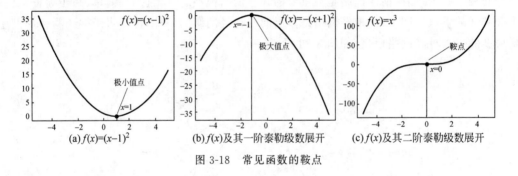

图 3-18　常见函数的鞍点

3）多变量函数的驻点

多变量的驻点表现形式较为复杂。同单变量函数类似，对于多变量函数 $f(x)$，f 关于 x 的梯度 $\nabla f(x)=0$ 的点称为驻点。

例如，求 $f(x_1,x_2)=6x_1^2+2x_2^2+24x_1$ 的驻点。

$$\nabla f = \begin{bmatrix} \dfrac{\partial f}{\partial x_1} \\[2mm] \dfrac{\partial f}{\partial x_2} \end{bmatrix} = \begin{bmatrix} 12x_1 - 24 \\[1mm] 4x_2 \end{bmatrix} = 0$$

求得 $x_1=2$，$x_2=0$，即 $f(x_1,x_2)$ 在 $(2,0)$ 处为驻点。

4）多变量函数的鞍点

多变量的鞍点，可以用 Hessian 矩阵进行研究。假设 x 为 $f(x)$ 的驻点，如果 $f(x)$ 在 x 处的 Hessian 矩阵的特征值有的大于 0，有的小于 0，则 x 为 $f(x)$ 的鞍点。

以二元函数 $f(x_1,x_2)=x_1^2-x_2^2$ 为例，首先计算该函数的驻点：

$$\nabla f = \begin{bmatrix} \dfrac{\partial f}{\partial x_1} \\ \dfrac{\partial f}{\partial x_2} \end{bmatrix} = \begin{bmatrix} 2x_1 \\ -2x_2 \end{bmatrix} = 0$$

则 $f(x_1,x_2)$ 在 $(0,0)$ 处为驻点。接着计算 $f(x_1,x_2)$ 在 $(0,0)$ 处的 Hessian 矩阵:

$$\nabla^2 f(0,0) = \begin{bmatrix} 2 & 0 \\ 0 & -2 \end{bmatrix}$$

显然,该矩阵的特征值一个大于 0,一个小于 0,所以 $f(x1,x2)$ 在 $(0,0)$ 处为鞍点,如图 3-19 所示。

8. 凸函数

假设函数 $f(x)$ 满足以下关系:

$$f[ax_1 + (1-a)x_2] \leqslant af(x_1) + (1-a)f(x_2), a \in [0,1] \tag{3-19}$$

则称函数 $f(x)$ 为凸函数。如图 3-20 所示的函数 $f(x) = x^2$ 为凸函数。

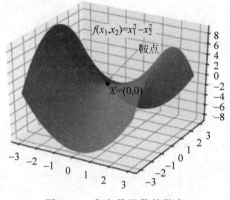

图 3-19 多变量函数的鞍点

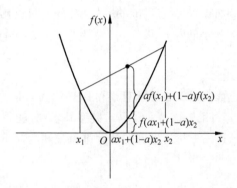

图 3-20 函数 $f(x) = x^2$

优化问题涉及的相应函数需要满足凸函数的要求,这样在优化过程中能较快得到结果。因此在做优化的时候,需要将问题函数向凸函数方向靠拢。

3.1.4 信息论

1. 信息论定义

信息是关于事物的运动状态和规律的认识,它可以脱离具体的事物被摄取、传输、存储、处理和变换。不确定性是客观世界的本质属性,不确定性的世界只能使用概率模型来描述,这促成了信息论的诞生。

信息论就是用数理统计方法研究信息的基本性质以及度量方法,研究最佳解决信息的摄取、传输、存储、处理和变换的一般规律的科学。它的成果将为人们广泛而有效地利用信息提供基本的技术方法和必要的理论基础。

在信息论中,熵表示的是不确定性的量度。信息论的创始人香农(Shannon)在著作《通信的数学理论》中提出了建立在概率统计模型上的信息度量。他把信息定义为"用来消除不确定性的东西"。信息论使用"信息熵"的概念,对单个信源的信息量和通信中传递信息的数量与效率等问题做出了解释,并在世界的不确定性和信息的可测量性之间搭建起一座桥梁。

2. 熵

在信息论中,熵是接收的每条消息中包含的信息的平均量,又被称为信息熵、信源熵或平均自信息量。直观来说,熵就是表示事情不确定性的因素度量,熵越大,不确定性就越大。不确定性越大,带来的信息则越多,所以熵越高,带来的信息越多;确定的东西带来的不确定性很小,信息也很少,所以熵很低。熵、不确定性和信息量之间呈正比。

熵的单位通常是比特,如果有一枚理想的硬币,其出现正面和反面的机会相等,则抛硬币事件的熵等于其能够达到的最大值。我们无法知道硬币抛掷的下一个结果是什么,每一次抛硬币都是不可预测的。因此,使用一枚正常硬币进行若干次抛掷,这个事件的熵是 1 比特,因为结果不外乎两个——正面或者反面,可以表示为(0,1)编码,而且两个结果彼此之间相互独立。若进行 n 次独立实验,则熵为 n,可以用长度为 n 的比特流表示。

3. 信息熵和条件熵

1)信息熵

信息熵表示随机生成器产生某种信息的频率,表示无序性,和熵对应的是信息量(有序程度)。

如果 X 所有可能的取值(对分类问题就是所有可能的类别)为 $X=\{x_1,x_2,\cdots,x_n,\}$,其概率分布为 $P(X=x_i)=P_i(i=1,2,\cdots,n)$,则随机变量的信息熵定义为:

$$H(X)=-\sum_{i=1}^{n}p(x_i)\log p(x_i) \tag{3-20}$$

根据式(3-20),信息熵可以理解为自信息量的数学期望,自信息量表示某个事件的信息量,通过乘以该事件发生的概率并求和,就是所有可能发生事件的信息量的期望。如图 3-21 所示是一个对信息熵的计算进行描述的简单例子。

$P(Y\text{=T})=\dfrac{5}{6}$

$P(Y\text{=F})=\dfrac{1}{6}$

$H(Y)=-\dfrac{5}{6}\log_2\dfrac{5}{6}-\dfrac{1}{6}\log_2\dfrac{1}{6}=0.65$

x_1	x_2	y
T	T	T
T	F	T
T	T	T
T	F	T
F	T	T
F	F	F

图 3-21　信息熵的计算

2)条件熵

条件熵衡量某个变量条件下,另一个变量的不确定性。条件熵 $H(y|x)$ 表示给定 x 后,y 的不确定性是多少:

$$H(y\mid x)=-\sum_i p(x_i)H(y\mid x=x_i) \tag{3-21}$$

如图 3-22 所示就是一个对条件熵的计算进行描述的简单例子。

4. 信息增益

直观来说,信息增益就是当给了一条信息 X,这条信息对理解另一条信息 Y 有没有帮助,如果有帮助,则会加深对信息 Y 的理解,从而不理解的信息减少。则信息增益就等于 Y 的熵减去给定 X 后 Y 的熵,则有:

x_1	x_2	y
T	T	T
T	F	T
T	T	T
T	F	T
F	T	T
F	F	F

$$P(x_1=T)=\frac{4}{6}$$

$$P(x_1=F)=\frac{2}{6}$$

$$H(Y/x_1)=-\frac{4}{6}(1\log_2 1+0\log_2 0)-\frac{2}{6}\left[\frac{1}{2}\log_2\frac{1}{2}+\frac{1}{2}\log_2\frac{1}{2}\right]=\frac{2}{6}$$

图 3-22 条件熵的计算

$$IG(Y\mid X)=H(Y)-H(Y\mid X) \tag{3-22}$$

信息增益作为决策树模型的核心算法,是决策树模型中非叶节点选择特征的重要评判标准。决策树模型作为基于实例的模型,主要包括叶节点(目标值或者目标类别)和非叶节点(用于判断实例的特征属性)。

信息增益大于零,则表示存在一定的信息增益。以拼音"shanghai"为例,当出现"shanghai"的时候,信息熵还很混乱,有可能是地名"上海",也有可能是动词"伤害",还有可能是"商海"。当出现 3 个选项的时候,那么得到这 3 个选项的概率都均等,因此信息熵还比较大。当输入"上"后,信息熵会发生了很大变化,因为确定性的东西多了,相应的信息熵降低。如果只有这 3 个选项,这时信息熵就变成了 0,因为结果已经确定。相应地,信息发生了信息增益,这对最终结果的确定有很大的影响。与概念问题类似,只是描述问题的方式有些变化,前面使用概率进行衡量,这里使用熵的方式表示。

5. 信息增益率与互信息

概率中两个随机变量的互信息是描述两个变量之间依赖性的度量。互信息可以用来做一个随机变量中关于另一个随机变量的信息量,或者说是一个随机变量。由于已知另一个随机变量而减少的不可能性,衡量信息之间的关系可以用于类别的配准工作。它也决定着两个变量的联合概率密度 $P(XY)$ 与各自边际概率 $P(X)$ 和 $P(Y)$ 乘积的相似程度。从概率学的知识中可以了解到,如果 X 和 Y 之间相互独立,则 $P(X)P(Y)=P(XY)$。和相关系数不同,它不仅能获得线性关系,还可以获得非线性关系。互信息公式如下:

$$I(X;Y)=\sum_{y\in Y}\sum_{x\in X}p(x,y)\log\left[\frac{p(x,y)}{p(x)p(y)}\right] \tag{3-23}$$

式(3-24)为连续型随机变量互信息的公式:

$$I(X;Y)=\int_Y\int_X p(x,y)\log\left[\frac{p(x,y)}{p(x)p(y)}\right]\mathrm{d}x\mathrm{d}y \tag{3-24}$$

6. 熵的小故事:麦克斯韦妖

这里以一个熵的小故事——麦克斯韦妖(Maxwell's demon)为例对信息熵进行描述。麦克斯韦妖是一种能够区分单个气体分子速度的假想物,如图 3-23 所示。并且它能够让一个容器内运动快("热")的分子和运动慢("冷")的分子分别占据不同的区域,从而使容器中不同区域的温度不同。这个结论似乎与热力学第二定律违背,因为可以把高温和低温分子集合当成两个

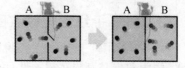

图 3-23 "信息熵"示意图

热源,然后在它们之间放置一个热机,让热机利用温差对外做功。综合来看,由于麦克斯韦妖的引进,可以从单一热源吸热,并把它完全转化为对外做功。在这里出现了违反热力学第二定律的第二类永动机。

1961 年,IBM Watson 研究所的物理学家罗夫·兰道尔(R. Landauer)在研究计算的热力学的时候提出了一个著名的把信息理论和物理学的基本问题联系起来的定理:擦除 1 比特的信息将会导致 kTln2(k 为玻尔兹曼常数,T 为环境温度)的热量耗散。这就是今天所说的 Landauer 定理。在这个定理被提出后不久,Landauer 的同事,同样在 IBM Watson 研究所的贝内特(C. H. Bennett)意识到这个问题与麦克斯韦妖悖论问题有极其重要的关系。他在 1982 年利用 Landauer 定理解决了麦克斯韦妖悖论。信息是有能量的(负熵),信息消除之时,会释放出相应的能量,从而增加了熵的值。

7. 形式逻辑:如何实现抽象推理

在人工智能诞生初期,各位奠基者包括麦卡锡、西蒙、明斯基等未来的图灵奖得主,他们的愿景是让"具备抽象思考能力的程序解释合成的物质如何能够拥有人类的心智"。通俗地说,理想的人工智能应该具有抽象意义上的学习、推理与归纳能力,其通用性将远远强于解决国际象棋或围棋等具体问题的算法。

如果将认知过程定义为对符号的逻辑运算,人工智能的基础就是形式逻辑;谓词逻辑是知识表示的主要方法;基于谓词逻辑系统可以实现具有自动推理能力的人工智能;不完备性定理向"认知的本质是计算"这一人工智能的基本理念提出挑战。

形式逻辑可以用来进行推理,先将一些知识用符号表示,而符号之间的关系用未知逻辑表示,这样就可以进行一些推理。后续章节会进行详细介绍,这里就不再进一步展开了。

8. 布尔代数

布尔代数又称逻辑代数,是英国逻辑学家 Boole(布尔)把代数的方法应用于逻辑学研究所得的逻辑成果。可以说,没有这一成果,就没有现代的电子计算机的诞生。

布尔代数是逻辑史上第一个逻辑演算,它是关于 0 和 1 两个数的逻辑代数,布尔把它解释为类演算和命题演算,并给出对类或命题作合取、析取和否定三种运算形式。对于类和命题,1 和 0 分别对应于"全"与"空""真"与"假"。这样,布尔逻辑代数被解释成二值代数系统。布尔的二值逻辑思想对计算机硬件的设计具有重要意义,这主要表现在它仅有两个数值 0 和 1。只要能够设法区别两个状态(如高压和低压,正向电流和负向电流,通和不通),便可指定其中一种表示 0,另一种表示 1,这样就可以利用二进制表示一切数了。

3.2　数据具有内在相关性

本节内容主要关于数据的内在相关性,主要从折线图及散点图、协方差及协方差矩阵和相关系数三方面进行分析。

3.2.1　折线图与散点图

1. 问题描述

因为数据具有内在相关性且有些复杂性很高,用传统的数学方式进行描述可能会比较困难,因此需要进行更为复杂的研究。通过听觉和视觉能够得到一些直观的认识,并且能感知它们之间存在的内在相关性,但是无法去描述它,那么就需要人工智能利用一些手段研究其内在相关性并展现出来。如果没有内在相关性,人工智能也无能为力。

这里介绍一个简单例子,表 3-1 中是一段时间内广告曝光量和费用成本的一些数据,使用这些数据做相关性分析。

表 3-1 广告曝光量和费用成本等基本数据

投放时间	广告曝光量(y)	费用成本(x)
2016/7/1	18481	4616
2016/7/2	15094	4649
2016/7/3	17619	4600
2016/7/4	16825	4557
2016/7/5	18811	4541
2016/7/6	10430	568
2016/7/7	18	...
2016/7/8	...	...
2016/7/9	...	...

2. 图表相关分析

第一种相关分析方法是将数据进行可视化处理。为了更清晰地对比这两组数据的变化和趋势,使用双坐标轴折线图,其中主坐标轴绘制广告曝光量数据,次坐标轴绘制费用成本的数据。通过图 3-24 所示的折线图可以发现,费用成本和广告曝光量两组数据的变化和趋势大致相同。从整体趋势来看,费用成本和广告曝光量两组数据都呈现增长趋势。从规律性来看,费用成本和广告曝光量数据每次的最低点都出现在同一天。从细节来看,两组数据的短期趋势的变化也基本一致。

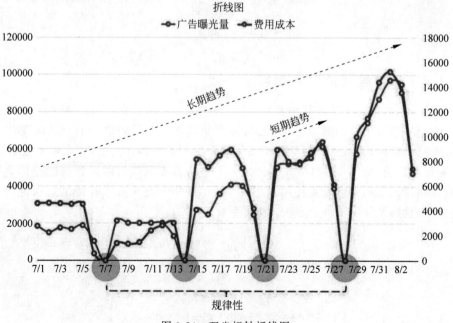

图 3-24 双坐标轴折线图

从图 3-24 来看,最低点、长期趋势和短期趋势有相对应的感觉,所以说可视化是做相关性研究的第一步。首先,会得到一些基本的感觉,在这个基础上再去做更细致的研究,所以内在相关性是非常重要的。如果在图中找不到它们的关联性,或说图上显示的数据就像噪声一样,完全没有内在相关性,就可以放弃进一步分析的必要性。

散点图中去除了时间维度的影响,只关注广告曝光量和费用成本两组数据间的关系。在绘制散点图之前,将费用成本标示为 x,也就是自变量,将广告曝光量标示为 y,也就是因变量。从数据点的分布情况可以发现,自变量 x 和因变量 y 有着相同的变化趋势,当费用成本增加后,广告报告量也随之增加,如图 3-25 所示。通过散点图可以看到数据内在的关系:这些点是分布在对角线上,还是分布在偏右或者偏左? 还是其他的分布? 若要通过具体数字度量两组或两组以上数据间的相关关系,需要使用第二种方法:协方差。

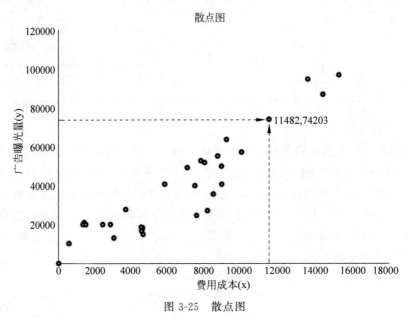

图 3-25 散点图

3.2.2 协方差及协方差矩阵

第二种相关分析方法是计算协方差,协方差用来衡量两个变量的总体误差,如果两个变量的变化趋势一致,协方差就是正值,说明两个变量正相关。如果两个变量的变化趋势相反,协方差就是负值,说明两个变量负相关。如果两个变量相互独立,那么协方差就是 0,说明两个变量不相关,式(3-25)为协方差公式。但是协方差只能对两组数据进行相关性的分析,当有两组以上数据时就需要使用式(3-26)所示的协方差矩阵。若要衡量和对比相关性的密切程度,就需要使用下一个方法:相关系数。

$$\text{cov}(x,y) = \frac{\sum\limits_{i=1}^{n}(x_i - \bar{x})(y_i - \bar{y})}{n-1} \tag{3-25}$$

$$\boldsymbol{C} = \begin{pmatrix} \text{cov}(x,x) & \text{cov}(x,y) & \text{cov}(x,z) \\ \text{cov}(y,x) & \text{cov}(y,y) & \text{cov}(y,z) \\ \text{cov}(z,x) & \text{cov}(z,y) & \text{cov}(z,z) \end{pmatrix} \tag{3-26}$$

协方差矩阵的计算公式是把变量之间的关系表示出来,也可以用色度图表示,例如,用深色表示正相关系数,用浅色表示负相关系数,可以通过色度图更清楚地观察变量之间的关系。

从表 3-2 中,可以计算得出协方差为 106332720,表示变量正相关,与图表相关分析结果一致。

表 3-2 协方差结果

投放时间	广告曝光量(y)	费用成本(x)	$y_i - y$	$x_i - x$	$(x_i - x)(y_i - y)$
2016/7/1	18481	4616	−16344	−1283	20966307
2016/7/2	15094	4649	−19731	−1250	24663380
2016/7/3	17619	4600	−17206	−1299	22350167
2016/7/4	16825	4557	−18000	−1342	24154482
2016/7/5	18811	4541	−16014	−1358	21741416
2016/7/6	10430	568	−24395	−5331	130058373
2016/7/7	18000	...	−34807	−5899	205327475
...	...	...	...	...	...
...	...	...	...	...	...
均值:	34825	5899		求和:	3508979770
				$n=34$	106332720

3.2.3 相关系数

第三个相关分析方法是相关系数。相关系数是反映变量之间关系密切程度的统计指标,相关系数的取值区间为$[-1,1]$,1 表示两个变量完全线性相关;−1 表示两个变量完全负相关,0 表示两个变量不相关。数据越趋近于 0 表示相关系数越弱。r_{xy} 表示样本的相关系数,S_{xy} 表示样本的协方差,S_x 表示 x 的样本标准差,S_y 表示 y 的样本标准差。相关系数的缺点是没有办法利用这种关系对数据进行预测,简单地说就是没有对变量间的关系进行提炼和固化,形成模型。

相关系数计算公式:

$$r_{xy} = \frac{S_{xy}}{S_x S_y} \tag{3-27}$$

S_{xy} 计算公式:

$$S_{xy} = \frac{\sum_{i=1}^{n}(x_i - \bar{x})(y_i - \bar{y})}{n-1} \tag{3-28}$$

S_x 样本标准差计算公式:

$$S_x = \sqrt{\frac{\sum(x_i - \bar{x})^2}{n-1}} \tag{3-29}$$

S_y 样本标准差计算公式:

$$S_y = \sqrt{\frac{\sum(y_i - \bar{y})^2}{n-1}} \tag{3-30}$$

根据前面的数据,可以计算中间的结果,最后得到最终的相关性值,如表 3-3 所示。r_{xy} 为 0.936,接近 1,与之前分析结果一致,为正相关,且相关程度较高。通过这样的方法为后续的人工智能的计算进行准备,如果数据之间存在一些相关性,或者说数据之间没有相关性,那么在后续的操作中会有些区别。

表 3-3　相关系数结果

投放时间	广告曝光量(y)	费用成本(x)	$y_i-\bar{y}$	$x_i-\bar{x}$	$(x_i-\bar{x})(y_i-\bar{y})$	$(y_i-\bar{y})^2$	$(x_i-\bar{x})^2$
2016/7/1	18481	4616	−16344	−1283	20966307	267109992	1645712
2016/7/2	15094	4649	−19731	−1250	24663380	389292630	1562532
2016/7/3	17619	4600	−17206	−1299	22350167	296029230	1687435
2016/7/4	16825	4557	−18000	−1342	24154482	323982000	1800838
2016/7/5	18811	4541	−16014	−1358	21741416	256432182	1843330
2016/7/6	10430	568	−24395	−5331	130058373	595091630	28424497
2016/7/7	18000	...	−34807	−5899	205327475	1211492442	34799533
...	...	...	...	...	...	...	...
...	...	...	...	...	...	...	...
$n=34$					S_{xy}	S_y	S_x
					106332720	26615	4266
					r_{xy}		
					0.936447666		

3.3　数据具有内在预测性

本节内容为数据的内在预测性,将从一元回归及多元回归、神经网络等方面展开。

3.3.1　一元回归及多元回归

第 2 章,介绍了数据之间具有内在的相关性,发现了数据之间存在规律,在实际应用中,需要利用这些规律进行预测。根据以前的规律预测以后的发展情况,会给后面的决策带来很大的影响。

回归分析是预测的一个基本方法,是确定两组或者两组以上变量间关系的统计方法。回归分析根据变量的数量分为一元回归和多元回归。两个变量使用一元回归,两个以上的变量使用多元回归。进行回归分析之前有两个准备,第一是确定变量的数量,第二是确定自变量和因变量。

还是用之前的例子,y 表示广告曝光量,x 表示费用的成本,b_0 为方程的截距,b_1 为斜率,可通过公式表示两个变量之间的关系。其一元回归方程为:

$$y=b_0+b_1x \tag{3-31}$$

其中,

$$b_1 = \frac{\sum(x_i - \bar{x})(y_i - \bar{y})}{\sum(x_i - \bar{x})^2} \tag{3-32}$$

$$b_0 = \bar{y} - b\bar{x} \tag{3-33}$$

同理,可以得到多元回归方程为:

$$y = b_0 + b_1 x_1 + b_2 x_2 + \cdots + b_n x_n \tag{3-34}$$

通过回归方程可计算方程斜率,表 3-4 所示为一元线性方程斜率。

表 3-4　一元线性方程斜率($b_1 = 5.841954536$)

投放时间	广告曝光量(y)	费用成本(x)	$y_i - \bar{y}$	$x_i - \bar{x}$	$(x_i - \bar{x})(y_i - \bar{y})$	$(x_i - \bar{x})^2$
2016/7/1	18481	4616	−16344	−1283	20966307	1645712
2016/7/2	15094	4649	−19731	−1250	24663380	1562532
2016/7/3	17619	4600	−17206	−1299	22350167	1687435
2016/7/4	16825	4557	−18000	−1342	24154482	1800838
2016/7/5	18811	4541	−16014	−1358	21741416	1843330
2016/7/6	10430	568	−24395	−5331	130058373	28424497
2016/7/7	18000	...	−34807	−5899	205327475	34799533
...	...	...	...	...	...	...
...	...	...	...	...	...	...
	$\bar{y}$	$\bar{x}$			$\sum(x_i - \bar{x})(y_i - \bar{y})$	$\sum(x_i - \bar{x})^2$
	34825	5899			3508979770	600651674

在 3.2 节中,根据表 3-3 中的数据可计算得出 r_{xy} 为 0.936,现在可计算出 b_1 的值为 5.84,即一元线性方程(一元线性函数)的斜率是 5.84。

将自变量和因变量的均值以及斜率 b_1 代入到式(3-33)中,求出一元回归方程截距 b_0 的值为 374。将截距 b_0 和斜率 b_1 代入到一元回归方程中就获得了自变量与因变量的关系。费用成本每增加 1 元,广告曝光量会增加 379.84 次。通过这个关系可以根据成本预测广告曝光量数据,也可以根据转化所需的广告曝光量来反推投入的费用成本。

3.3.2　神经网络

神经网络是模拟人脑生物过程的具有人工智能的系统,是由大量非线性处理单元连接而成的网络,具有高度非线性等特点。根据给定的学习样本,不需要进行任何假设,神经网络就可以建立系统的非线性输入/输出的映射关系。神经网络具有自学习、容错能力强、并行计算等优点,被广泛应用于线性系统的建模。

神经网络模型可以分为前馈网络、反馈网络、自组织网络和混合神经网络。其中,前馈网络的神经元分层排列,有输入层、隐含层和输出层,每一层神经元只接收前一层的输入,并输出到下一层,网络中没有反馈,实现信号从输入空间到输出空间的变换,其信息处理能力来源于简单非线性函数的多次复合。这种结构的网络通畅比较适合预测、模式识别、非线性函数的逼近等,误差反向传播(BP)网络、线性网络和径向基函数(Radial Basis Function,

52　人工智能技术导论

RBF)网络就属于此类网络。

神经网络最令人激动的一个性质,就是可以实现任意功能的函数,即可以逼近(拟合)任意函数,但有两个前提。

(1) 并不可以完全准确地计算原函数的值,但是通过增加隐含层神经元的值可以越来越逼近原函数。

(2) 被模拟的函数是连续函数,不过有的时候对于非连续函数,神经网络得到的连续近似已经足够满足要求。

3.4　数据具有逻辑可分性

3.4.1　逻辑回归方法

1. Logistic 分布

Logistic 分布是一种连续型的概率分布,其分布函数和密度函数分别为

$$F(x) = P(X \leqslant x) = \frac{1}{1 + e^{-(x-\mu)/\gamma}} \tag{3-35}$$

$$f(x) = F'(X \leqslant x) = \frac{e^{-(x-\mu)/\gamma}}{\gamma(1 + e^{-(x-\mu)/\gamma})^2} \tag{3-36}$$

其中,μ 表示位置参数,$\gamma > 0$ 为形状参数,如图 3-26 为其图像特征。

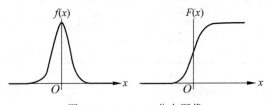

图 3-26　Logistic 分布图像

Logistic 分布是由其位置和尺度参数定义的连续分布。Logistic 分布的形状与正态分布的形状相似,但是 Logistic 分布的尾部更长,所以可以使用 Logistic 分布建模比正态分布具有更长尾部和更高波峰的数据分布。深度学习中常用的 Sigmoid 函数就是 Logistic 分布函数在 $\mu = 0,\gamma = 1$ 时的特殊形式。

2. Logistic 回归

之前说到 Logistic 回归主要用于分类问题,以二分类为例,对于所给数据集假设存在这样的一条直线可以将数据完成线性可分。

决策边界可以表示为

$$w_1 x_1 + w_2 x_2 + b = 0 \tag{3-37}$$

假设某个样本点:

$$h_w(x) = w_1 x_1 + w_2 x_2 + b > 0 \tag{3-38}$$

那么可以判断它的类别为 1,这个过程其实就是感知机。

Logistic 回归还需要加一层,它要找到分类概率 $P(Y=1)$ 与输入向量 x 的直接关系,然后通过比较概率值来判断类别。考虑二分类问题,给定数据集:

$$D = (x_1, y_1), (x_2, y_2), \cdots, (x_N, y_N), x_i \subseteq R^n, y_i \in 0, 1, \quad i = 1, 2, \cdots, N$$

考虑到 $\boldsymbol{\omega}^T \boldsymbol{x} + b$ 取值是连续的,因此它不能拟合离散变量。可以考虑用它来拟合条件概率 $P(Y=1|\boldsymbol{x})$,因为概率的取值也是连续的。但是对于 $\boldsymbol{\omega} \neq \boldsymbol{0}$(若等于零向量则没有什么求解的价值),$\boldsymbol{\omega}^T \boldsymbol{x} + b$ 取值为 R,不符合概率取值为 $0 \sim 1$,因此考虑采用广义线性模型。最理想的是单位阶跃函数:

$$p(Y=1 \mid \boldsymbol{x}) \begin{cases} 0, & z < 0 \\ 0.5, & z = 0, \quad z = \boldsymbol{\omega}^T \boldsymbol{x} + b \\ 1, & z > 0 \end{cases} \tag{3-39}$$

但是这个阶跃函数不可微,对数概率函数是一个常用的替代函数:

$$y = \frac{1}{1 + e^{-(\boldsymbol{w}^T \boldsymbol{x} + b)}} \tag{3-40}$$

于是有

$$\ln \frac{y}{1-y} = \boldsymbol{\omega}^T \boldsymbol{x} + b \tag{3-41}$$

将 y 视为 $\boldsymbol{x}$ 为正例的概率,则 $1-y$ 为 $\boldsymbol{x}$ 的反例的概率。两者的比值称为概率(odds),指该事件发生与不发生的概率比值。若事件发生的概率为 p,则对数概率:

$$\ln(\text{odds}) = \ln \frac{y}{1-y} \tag{3-42}$$

将 y 视为类后验概率估计,重写公式有:

$$\boldsymbol{\omega}^T \boldsymbol{x} + b = \ln \frac{P(Y=1 \mid \boldsymbol{x})}{1 - P(Y=1 \mid \boldsymbol{x})} \tag{3-43}$$

$$P(Y=1 \mid \boldsymbol{x}) = \frac{1}{1 + e^{-(\boldsymbol{\omega}^T \boldsymbol{x} + b)}} \tag{3-44}$$

也就是说,输出 $Y=1$ 的对数概率是由输入 $\boldsymbol{x}$ 的线性函数表示的模型,这就是逻辑回归模型。当 $\boldsymbol{\omega}^T \boldsymbol{x} + b$ 的值越接近正无穷,$P(Y=1|\boldsymbol{x})$ 概率也就越接近 1。因此逻辑回归的思路是,先拟合决策边界(不局限于线性,还可以是多项式),再建立这个边界与分类的概率联系,从而得到了二分类情况下的概率。在这思考问题,使用对数概率的意义在哪?通过上述推导可以看到,Logistic 回归实际上是使用线性回归模型的预测值逼近分类任务真实标记的对数概率,其优点如下。

(1) 直接对分类的概率建模,无须实现假设数据分布,从而避免了假设分布不准确带来的问题(区别于生成式模型)。

(2) 不仅可预测出类别,还能得到该预测的概率,这对一些利用概率辅助决策的任务很有用。

(3) 对数概率函数是任意阶可导的凸函数,有许多数值优化算法都可以求出最优解。

3.4.2 支持向量机

SVM 是一种二分类模型,它的基本模型是定义在特征空间上的间隔最大的线性分类器,间隔最大使它有别于感知机。SVM 还包括核技巧,这使它成为实质上的非线性分类器。SVM 的学习策略就是间隔最大化,可形式化为一个求解凸二次规划的问题,也等价于正则化的合页损失函数的最小化问题。SVM 的学习算法就是求解凸二次规划的最优化算法。

SVM 学习的基本想法是求解能够正确划分训练数据集并且几何间隔最大的分离超平面。如图 3-27 所示，$\boldsymbol{\omega}x+b=0$ 即为分离超平面，对于线性可分的数据集来说，这样的超平面有无穷多个（即感知机），但是几何间隔最大的分离超平面却是唯一的。

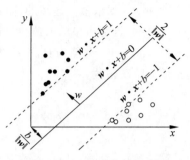

图 3-27　SVM 分离超平面图

在推导之前，先给出一些定义。假设给定一个特征空间上的训练数据集

$$T=\{(\boldsymbol{x}_1,y_1),(\boldsymbol{x}_2,y_2),\cdots,(\boldsymbol{x}_N,y_N)\}$$

其中，$\boldsymbol{x}_i$ 为第 i 个特征向量，$\boldsymbol{x}_i\in R^n$；y_i 为类标记，$y_i\in\{+1,-1\}$，$i=1,2,\cdots,N$，为 +1 时为正例；为 -1 时为负例。同时假设训练数据集 T 是线性可分的。

对于给定的数据集 T 和超平面 $\boldsymbol{\omega}x+b=0$，超平面关于样本点 $(\boldsymbol{x}_i,y_i)$ 的几何间隔为：

$$\gamma_i=y_i\left(\frac{\boldsymbol{\omega}}{\|\boldsymbol{\omega}\|}\cdot\boldsymbol{x}_i+\frac{b}{\|\boldsymbol{\omega}\|}\right) \tag{3-45}$$

超平面关于所有样本点的几何间隔的最小值为 $\gamma=\min\limits_{i=1,2,\cdots,N}\gamma_i$，实际上这个距离就是支持向量到超平面的距离。

根据以上定义，SVM 模型的求解最大分割超平面问题可以表示为约束最优化问题：

$$\max_{\boldsymbol{\omega},b}\gamma$$
$$\text{s.t. } y_i\left(\frac{\boldsymbol{\omega}}{\|\boldsymbol{\omega}\|}\cdot\boldsymbol{x}_i+\frac{b}{\|\boldsymbol{\omega}\|}\right)\geqslant\gamma,i=1,2,\cdots,N$$

将约束条件两边同时除以 γ，得到：

$$y_i\left(\frac{\boldsymbol{\omega}}{\|\boldsymbol{\omega}\|\gamma}\cdot\boldsymbol{x}_i+\frac{b}{\|\boldsymbol{\omega}\|\gamma}\right)\geqslant 1$$

因为 $\|\boldsymbol{\omega}\|$、γ 都是标量，所以为了表达式简洁，令 $\boldsymbol{\omega}=\frac{\boldsymbol{\omega}}{\|\boldsymbol{\omega}\|\gamma}$，$b=\frac{b}{\|\boldsymbol{\omega}\|\gamma}$，得到

$$y_i(\boldsymbol{\omega}\cdot\boldsymbol{x}_i+b)\geqslant 1,\quad i=1,2,\cdots,N$$

又因为最大化 γ 等价于最大化 $\frac{1}{\|\boldsymbol{\omega}\|}$，也就等价于最小化 $\frac{1}{2}\|\boldsymbol{\omega}\|^2$（$\frac{1}{2}$ 是为了后面求导以后形式简洁，不影响结果），因此 SVM 模型的求解最大分割平面问题又可以表示为约束最优化问题：

$$\min_{\boldsymbol{\omega},b}\frac{1}{2}\|\boldsymbol{\omega}\|^2$$
$$\text{s.t. } y_i(\boldsymbol{\omega}\cdot\boldsymbol{x}_i+b)\geqslant 1,\quad i=1,2,\cdots,N$$

这是一个含有不等式约束的凸二次规划问题，可以对其使用拉格朗日乘子法得到其对偶问题（dual problem）。首先将有约束的原始目标函数转换为无约束的新构造的拉格朗日目标函数：

$$L(\boldsymbol{\omega},b,\boldsymbol{\alpha})=\frac{1}{2}\|\boldsymbol{\omega}\|^2-\sum_{i=1}^N\alpha_i(y_i(\boldsymbol{\omega}\cdot\boldsymbol{x}_i+b)-1) \tag{3-46}$$

其中 α_i 为拉格朗日乘子,且 $\alpha_i \geqslant 0$,现在令

$$\theta(\boldsymbol{\omega}) = \max_{\alpha_i} L(\boldsymbol{\omega}, b, \boldsymbol{\alpha})$$

当样本点不满足约束条件时,即在可行解区域外:

$$y_i(\boldsymbol{\omega} \cdot \boldsymbol{x}_i + b) < 1$$

此时,将 α_i 设置为无穷大,则 $\theta(\boldsymbol{\omega})$ 为原函数本身。将两种情况合并可以得到新的目标函数:

$$\theta(\boldsymbol{\omega}) = \begin{cases} \dfrac{1}{2} \parallel \boldsymbol{\omega} \parallel^2, & \boldsymbol{x} \in \text{可行区域} \\ +\infty, & \boldsymbol{x} \in \text{不可行区域} \end{cases} \tag{3-47}$$

于是原约束问题就等价于:

$$\min_{\boldsymbol{\omega}, b} \theta(\boldsymbol{\omega}) = \min_{\boldsymbol{\omega}, b} \max_{\alpha_i \geqslant 0} L(\boldsymbol{\omega}, b, \boldsymbol{\alpha}) = p^* \tag{3-48}$$

对新目标函数,先求最大值,再求最小值。首先要面对带有需要求解的参数 $\boldsymbol{\omega}$ 和 b 的方程,而 α_i 又是不等式约束,这个求解过程不好做,所以需要使用拉格朗日函数对偶性,进行最小和最大位置的交换:

$$\max_{\alpha_i \geqslant 0} \min_{\boldsymbol{\omega}, b} L(\boldsymbol{\omega}, b, \boldsymbol{\alpha}) = d^* \tag{3-49}$$

如果 $p^* = d^*$,需要满足两个条件:①优化问题是凸优化问题;②满足 KKT 条件。

首先,此优化问题是一个凸优化问题,所以条件①满足,要满足条件②的 KKT 条件如下:

$$\begin{cases} \alpha_i \geqslant 0 \\ y_i(\omega_i \boldsymbol{x}_i + b) - 1 \geqslant 0 \\ \alpha_i [y_i(\omega_i \boldsymbol{x}_i + b) - 1] = 0 \end{cases}$$

为了得到求解对偶问题的具体形式,$L(\boldsymbol{\omega}, b, \boldsymbol{\alpha})$ 对 $\boldsymbol{\omega}$ 和 b 的偏导为 0,可得

$$\boldsymbol{\omega} = \sum_{i=1}^{N} \alpha_i y_i \boldsymbol{x}_i, \quad \sum_{i=1}^{N} \alpha_i y_i = 0 \tag{3-50}$$

将式(3-50)带入式(3-46)的拉格朗日目标函数,消去 $\boldsymbol{\omega}$ 和 b,得

$$\min_{\boldsymbol{\omega}, b} L(\boldsymbol{\omega}, b, \boldsymbol{\alpha}) = \frac{1}{2} \sum_{i=1}^{N} \sum_{j=1}^{N} \alpha_i \alpha_j y_i y_j (\boldsymbol{x}_i \cdot \boldsymbol{x}_j) - \sum_{i=1}^{N} \alpha_i y_i \left(\left(\sum_{j=1}^{N} \alpha_j y_j \boldsymbol{x}_j \right) \cdot \boldsymbol{x}_i + b \right) + \sum_{i=1}^{N} \alpha_i$$

$$= -\frac{1}{2} \sum_{i=1}^{N} \sum_{j=1}^{N} \alpha_i \alpha_j y_i y_j (\boldsymbol{x}_i \cdot \boldsymbol{x}_j) + \sum_{i=1}^{N} \alpha_i$$

即

$$\min_{\boldsymbol{\omega}, b} L(\boldsymbol{\omega}, b, \boldsymbol{\alpha}) = -\frac{1}{2} \sum_{i=1}^{N} \sum_{j=1}^{N} \alpha_i \alpha_j y_i y_j (\boldsymbol{x}_i \cdot \boldsymbol{x}_j) + \sum_{i=1}^{N} \alpha_i \tag{3-51}$$

求 $\min\limits_{\boldsymbol{\omega}, b} L(\boldsymbol{\omega}, b, \boldsymbol{\alpha})$ 对 $\boldsymbol{\alpha}$ 的极大值,即是对偶问题:

$$\max_{\alpha} -\frac{1}{2} \sum_{i=1}^{N} \sum_{j=1}^{N} \alpha_i \alpha_j y_i y_j (\boldsymbol{x}_i \cdot \boldsymbol{x}_j) + \sum_{i=1}^{N} \alpha_i$$

$$s.t. \sum_{i=1}^{N} \alpha_i y_i = 0; \quad \alpha_i \geqslant 0, \quad i = 1, 2, \cdots, N$$

给目标式加一个负号,将求解极大转换为求解极小

$$\min_{\boldsymbol{\alpha}} \frac{1}{2}\sum_{i=1}^{N}\sum_{j=1}^{N}\alpha_i\alpha_j y_i y_j(\boldsymbol{x}_i \cdot \boldsymbol{x}_j) - \sum_{i=1}^{N}\alpha_i$$

$$\text{s.t.} \sum_{i=1}^{N}\alpha_i y_i = 0, \alpha_i \geqslant 0, \quad i=1,2,\cdots,N$$

现在优化问题变成了如上的形式。对于这个问题,有更高效的优化算法,即序列最小优化(Sequential Minimal Optimization,SMO)算法。这里暂时不展开关于使用 SMO 算法求解以上优化问题的细节。通过 SMO 算法能得到 $\boldsymbol{\alpha}^*$,再根据 $\boldsymbol{\alpha}^*$,就可以求解出 $\boldsymbol{\omega}$ 和 b,进而求得最初的目的:找到超平面,即"决策平面"。

前面的推导都是假设满足 KKT 条件下成立的。另外,根据前面的推导,还需要满足式(3-50),由此可知在 $\boldsymbol{\alpha}^*$ 中,至少存在一个 $\alpha_j^* > 0$(反证法可以证明,若全为 0,则 $\boldsymbol{\omega}=\boldsymbol{0}$,矛盾),对此 j 有 $y_j(\boldsymbol{\omega}^* \boldsymbol{x}_j + b^*) - 1 = 0$,因此可以得到:

$$\boldsymbol{\omega}^* = \sum_{i=1}^{N}\boldsymbol{\alpha}^* y_i \boldsymbol{x}_i; \quad b^* = y_j - \sum_{i=1}^{N}\boldsymbol{\alpha}^* y_i(\boldsymbol{x}_i \cdot \boldsymbol{x}_j)$$

对于任意训练样本 $(\boldsymbol{x}_i, y_i)$,总有 $\alpha_i = 0$ 或者 $y_j(\boldsymbol{\omega}^* \boldsymbol{x}_j + b^*) = 1$。若 $\alpha_i = 0$,则该样本不会在最后求解模型参数的式子中出现。若 $\alpha_i > 0$,则必有 $y_j(\boldsymbol{\omega}^* \boldsymbol{x}_j + b^*) = 1$,所对应的样本点位于最大间隔边界上,是一个支持向量。这显示出支持向量机的一个重要性质:训练完成后,大部分的训练样本都不需要保留,最终模型仅与支持向量有关。到这里都是基于训练集数据线性可分的假设下进行的,但是实际情况下几乎不存在完全线性可分的数据,为了解决这个问题,引入了"软间隔"的概念,即允许某些点不满足约束 $y_j(\boldsymbol{\omega}\boldsymbol{x}_j + b) \geqslant 1$。

采用 Hinge 损失,将原优化问题改写为:

$$\min_{\boldsymbol{\omega},b,\xi_i} \frac{1}{2}\|\boldsymbol{\omega}\|^2 + C\sum_{i=1}^{m}\xi_i$$

$$\text{s.t.} y_i(\boldsymbol{\omega}\boldsymbol{x}_i + b) \geqslant 1-\xi_i, \quad \xi_i \geqslant 0, \quad i=1,2,\cdots,N$$

其中,ξ_i 为"松弛变量",$\xi_i = \max[0, 1-y_i(\boldsymbol{\omega}\boldsymbol{x}_i + b)]$,是一个 Hinge 函数。每一个样本都有一个对应的松弛变量,表征该样本不满足约束的程度。$C>0$ 成为惩罚参数,C 越大,对分类的惩罚越大。跟线性可分求解的思路一致,同样,这里先用拉格朗日乘子法得到拉格朗日函数,再求其对偶问题。

综合以上讨论,可以得到线性支持向量机学习算法。

(1)输入训练数据集:

$$T = \{(\boldsymbol{x}_1, y_1), (\boldsymbol{x}_2, y_2), \cdots, (\boldsymbol{x}_N, y_N)\}$$

其中,$\boldsymbol{x}_i \in R^n, y_i \in \{+1,-1\}, i=1,2,\cdots,N$。

(2)输出为分离超平面和分类决策函数。首先选择惩罚参数 $C>0$,构造并求解凸二次规划问题:

$$\min_{\boldsymbol{\alpha}} \frac{1}{2}\sum_{i=1}^{N}\sum_{j=1}^{N}\alpha_i\alpha_j y_i y_j(\boldsymbol{x}_i \cdot \boldsymbol{x}_j) - \sum_{i=1}^{N}\alpha_i$$

$$\text{s.t.} \sum_{i=1}^{N}\alpha_i y_i = 0, \quad 0 \leqslant \alpha_i \leqslant C, \quad i=1,2,\cdots,N$$

得到最优解 $\boldsymbol{\alpha}^* = (\alpha_1^*, \alpha_2^*, \cdots, \alpha_N^*)^T$。计算：

$$\boldsymbol{\omega}^* = \sum_{i=1}^{N} \alpha_i^* y_i x_i$$

选择 $\boldsymbol{\alpha}^*$ 的一个分量 α_j^* 满足条件 $0 < \alpha_j^* < C$，计算：

$$b^* = y_j - \sum_{i=1}^{N} \boldsymbol{\alpha}^* y_i (x_i \cdot x_j)$$

求分离超平面 $\boldsymbol{\omega}^* x + b^* = 0$ 和分类决策函数 $f(\boldsymbol{x}) = \mathrm{sign}(\boldsymbol{\omega}^* \cdot \boldsymbol{x} + b^*)$。

3.4.3　决策树和随机森林算法

1. 决策树算法

决策树(Decision Tree,DT)是附加概率结果的一个树状地决策图,是直观地运用统计概率分析的图法。机器学习中决策树是一个预测模型,它表示对象属性和对象值之间的一种映射,树中的每一个节点表示对象属性的判断条件,其分支表示符合节点条件的对象。树的叶节点表示对象所属的预测结果。所以说决策树需要根据相应的问题进行展开。

例如,如果要预测贷款用户是否具有偿还贷款的能力,那么需要查看用户有没有房产,如果有房产,那么他是可以偿还的。如果没有房产,那么这个人是否结婚了?如果结婚了,他可能会有责任感,从而也可以偿还。再来看,如果他没有结婚,那么月收入大于 4000 是一种情况,月收入小于 4000 是另一种情况。

所以决策树是根据具体问题进行的。决策树中间是一个二叉树,而二叉树分支方法可以有效地进行分类。在一棵结构合理的决策树中,每个问题都可以把种类的可能性减半,即使是对大量种类进行决策时,也可以很快地缩小选择范围。决策树的关键就是如何设计对象和判断条件,机器学习算法中,问题通常应分类边界与特征族平行的形式分割数据而造成的。

决策树根据对象特征的阈值,在每一个节点上将数据分成两组。按照前面的例子,决策树的构成,是否有房产和是否结婚哪个设为更高级别,都是在设计决策树过程中要考虑的问题。

决策树的原理比较简单,所以它的训练和预测速度都比较快。而且由于每棵决策树都是完全独立的,因此多任务还可以直接并行计算。

2. 随机森林算法

随机森林(Random Forest)是从原始训练样本集 N 中有放回地重复随机抽取 k 个样本生成新的训练样本集合,然后根据自助样本集生成 k 个分类树组成随机森林,新数据的分类结果按分类树投票多少形成的分数而定。其实质是对决策树算法的一种改进,将多个决策树合并在一起,每棵树的建立依赖于一个独立抽取的样品,森林中的每棵树具有相同的分布,分类误差取决于每一棵树的分类能力和它们之间的相关性。特征选择采用随机的方法去分裂每一个节点,然后比较不同情况下产生的误差。能够检测到的内在估计误差、分类能力和相关性决定选择特征的数目。单棵树的分类能力可能很小,但在随机产生大量的决策树后,一个测试样品可以通过每一棵树的分类结果经统计后选择最可能的分类。

在建立每一棵决策树的过程中,首先是两个随机采样的过程,随机森林对输入的数据要进行行、列的采样。对于行采样,采用有放回的方式,因为在采样得到的样本集合中,可能有重复的样本。假设输入样本为 N 个,那么采样的样本也为 N 个。这样使得在训练的时候,每一棵树的输入样本都不是全部的样本,从而相对不容易出现过拟合。然后进行列采样,从 M 个特征中,选择 m 个($m \ll M$)。之后对采样后的数据使用完全分裂的方式建立决策树,这样决策树的某一个叶节点要么是无法继续分裂的,要么里面的所有样本都指向同一个分类。

算法流程如下。

(1) 训练总样本的个数为 N,则单棵决策树从 N 个训练集中有放回地随机抽取 n 个作为单棵树的训练样本。

(2) 令训练样例的输入特征的个数为 M,m 远远小于 M,则在每棵决策树的每个节点上进行分裂时,从 M 个输入特征中随机选择 m 个输入特征,然后从这 m 个输入特征中选择一个最好的进行分裂。注意,m 在构建决策树的过程中不会改变。要为每个节点随机选出 m 个特征,然后选择最好的那个特征进行分裂。决策树中分裂属性的两个选择度量分别是信息增益和基尼指数。

(3) 每棵树都一直这样分裂下去,直到该节点的所有训练样例都属于同一类,不需要剪枝。由于之前的两个随机采样的过程保证了随机性,所以就算不剪枝,也不会出现过拟合。

结果判定:

(1) 目标特征为数字类型:取 t 个决策树的平均值作为分类结果。

(2) 目标特征为类别类型:少数服从多数,取单棵树分类结果最多的那个类别作为整个随机森林的分类结果。

3.4.4 神经网络算法

机器学习(Machine Learning,ML)是人工智能的核心,是使计算机拥有智能的根本途径,深度学习(Deep Learning,DL)是机器学习领域的一个新的研究方向,是用于建立、模拟人脑进行分析学习的神经网络,并模仿人脑的机制来解释数据的一种机器学习技术,深度学习的核心算法是神经网络(Neural Network,NN)算法。

神经网络是一种模仿生物神经网络的结构和功能的数学模型或计算模型,用于对函数进行估计或近似。神经网络由大量的人工神经元连接进行计算。神经网络目前没有统一的定义,具有下列特点的统计模型可以被称为"神经化"模型:具有一组可以被调节的权重,即被学习算法调节的数值参数;可以估计输入数据的非线性函数关系。

一个神经网络有两个基本要素:神经元和连接。

1. 神经元

神经元模型是一个包含输入、输出与计算功能的模型,输入可以类比为神经元的树突,而输出可以类比为神经元的轴突,计算则可以类比为细胞核。如图 3-28 所示是一个典型的神经元模型,包含 3 个输入、1 个输出以及 2 个计算功能。中间的箭头线称为连接,每个连接有一个权重。一个神经网络的训练算法就是让权重的值调整到最佳,以使得整个网络的预测效果最好。

使用 a 来表示输入,用 w 来表示权重。一个表示连接的有向箭头可以这样理解:在初端,传递的信号大小仍然是 a,端中间有加权参数 w,经过加权后的信号会变成 $a \times w$,因此在连接的末端,信号的大小就变成了 $a \times w$。在其他绘图模型中,有向箭头可能表示的是值的不变传递;而在神经元模型里,每个有向箭头表示的是值的加权传递,如图 3-29 所示。

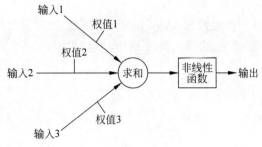

图 3-28 神经元模型

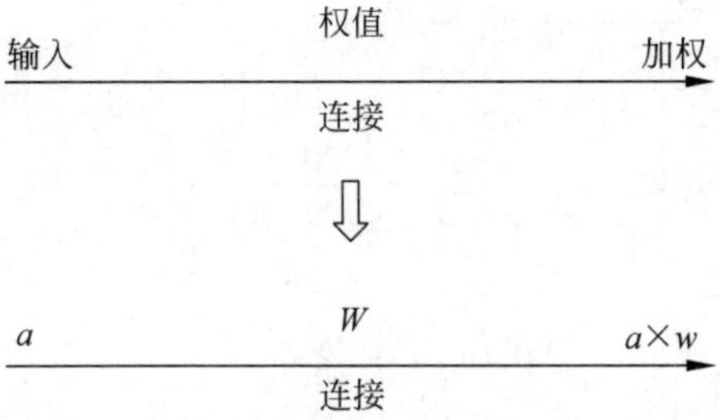

输入　　　　　权值　　　　　加权
　　　　　　　　连接

⇩

a　　　　　W　　　　　$a \times w$
　　　　　　　　连接

图 3-29 连接

　　神经网络使用的由三层神经元组成的"多层感知器"网络,分别是输入层、可选隐含层和输出层。数据从输入经过中间隐含层到输出,整个过程是一个从前到后的传播数据和信息的过程,后面一层节点上的数据值从与它相连接的前一层节点传来,之后把数据进行加权,经过一定的函数运算得到新的值,继续传播到下一层节点。这个过程就是一个前向传播过程,输入值与权重做运算,最后通过一个末尾函数给出输出值,如图 3-30 所示。

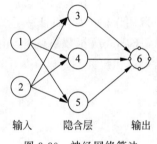

图 3-30 神经网络算法

2. 权重

　　神经网络越复杂,其中的标记越需要注意,即层与层之间的箭头。两层之间的箭头线称为"连接",连接是神经元中最重要的东西,每一个连接上都有一个权重,便于区分与计算,权重可以按照如图 3-31 的方式命名。

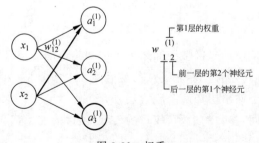

图 3-31 权重

　　神经网络的层与层之间可以看成一个简单的矩阵运算,用输入矩阵和权重矩阵做乘法,可以得到相应的结果,如图 3-32 所示。

3. 单层神经网络

如图 3-33 所示,在单层神经网络中,除了权重参数之外,还需要增加一个偏移(即偏置)以及一个激活函数(用于将非线性引入神经网络),这样,神经网络就可以实现比较复杂的运算。

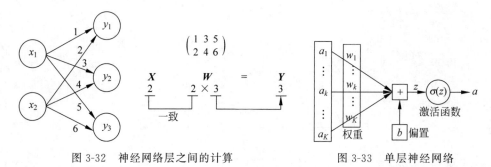

图 3-32　神经网络层之间的计算　　　　图 3-33　单层神经网络

4. 激活函数

常见的激活函数有 Sigmoid 函数、tanh 函数等。

Sigmoid 函数具有如下特性:当 x 趋近负无穷的时候,y 趋近 0;当 x 趋近正无穷时,y 趋近 1;当 $x=0$ 时,$y=0.5$,如图 3-34 所示。

Sigmoid 函数主要优点是:输出映射在(0,1)之间,单调连续,输出范围有限,优化稳定,可以用作输出层,而且易于求导。

Sigmoid 函数缺点是:由于其软饱和性,容易产生梯度消失,导致训练出现问题;另外就是其输出并不是以 0 为中心。

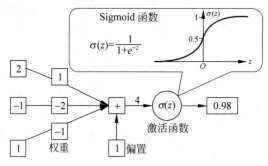

图 3-34　Sigmoid 函数

5. 多层神经网络

多层神经网络即在单层神经网络中间增加了多个隐含层,层次增加了,信息的传导也发生了复杂的变化,而且中间还有一些非线性的激活函数。如图 3-35 所示是一个多层神经网络,包含一个输入层、一个输出层和两个隐含层。

在一个多层网络中间,参数的表示、权重的表示、函数的表示都会更加复杂:

$$g(b_1^{(1)} + x_1 w_{11}^{(1)} + x_2 w_{12}^{(1)}) = a_1^{(1)} \tag{3-52}$$

$$g(b_1^{(2)} + z_1^{(1)} w_{11}^{(2)} + z_2^{(1)} w_{12}^{(2)} + z_3^{(1)} w_{13}^{(2)}) = a_1^{(2)} \tag{3-53}$$

$$g(b_1^{(3)} + z_1^{(2)} w_{11}^{(3)} + z_2^{(2)} w_{12}^{(3)}) = a_1^{(3)} \tag{3-54}$$

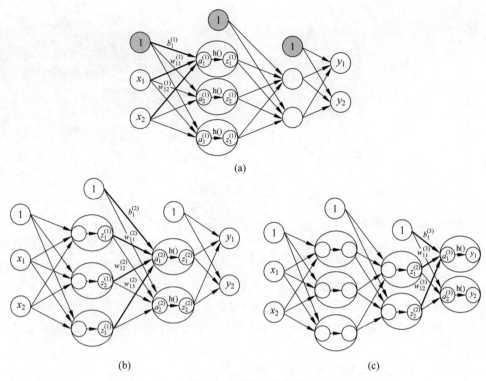

图 3-35　多层神经网络

6. 全连接前馈网络

在前馈神经网络中,每一层的神经元可以接收前一层神经元的信号,并产生信号输出到下一层。第 0 层叫输入层,最后一层叫输出层,其他中间层叫作隐含层,相邻两层的神经元之间为全连接关系,也称为全连接神经网络,表现形式如图 3-36 所示。

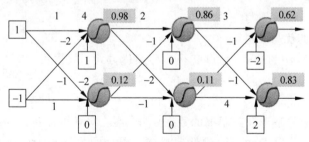

图 3-36　全连接前馈网络

全连接神经网络中间所有层和所有单元都是相互之间有连接的,所以全连接最大的问题就是连接太多,相互之间的关系很复杂。

全连接神经网络可以如图 3-37 所示的方式来表示,可以看到中间有很多隐含层。每个输入层的元素通过不同的隐含层之后,最终得到的输出会有很大的差异。因此从原理上看,叠加不同的隐含层结构上会保持稳定性,但是由于训练样本的不同,每个隐含层节点上的权重有些差别,为了最终可以将神经网络用到不同的应用之中,所以神经网络中间的调参会变得更加重要。神经网络会根据具体应用进行具体调参,而不同的应用可以使用相同的网络结构。

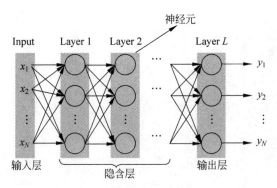

图 3-37　全连接前馈网络 2

7. K-means 聚类算法

K-means 算法是无监督的聚类算法,它实现起来比较简单,聚类效果也不错,因此应用很广泛。K-means 算法的思想很简单,对于给定的样本集,按照样本之间的距离大小,将样本集划分为 K 个簇。让簇内的点尽量紧密地连在一起,而让簇间的距离尽量大。

(1) 首先选择初始化的 k 个样本作为初始聚类中心。

(2) 针对数据集中每个样本,计算它到 k 个聚类中心的距离,并将其分到距离最小的聚类中心对应的类中。

(3) 针对每个类别,重新计算它的聚类中心。

重复(2)、(3)两步操作,直到达到某个终止条件(迭代次数、最小误差变化等)。

K-means 算法的优势在于它概念简单,算法复杂度低,容易理解,聚类效果也不错。虽然是局部最优,但往往效果已经够了。在处理较大数据集的时候,该算法可以保证较好的伸缩性;当簇近似高斯分布时,效果也非常不错。但是它的缺点在于 k 值需要人为设定,不同的 k 值结果不一样。对初识的簇中心比较敏感,不同的选取方式会得到不同的结果。该算法对异常值比较敏感,样本只能归为一类,不适合多分类任务,也不适合太离散的、样本类别不平衡的或者非凸形状的分类。

8. K-means 的调优与改进

针对 K-means 算法的缺点,可以有很多种调优方式:数据预处理(去除异常点)、合理选择 K 值及高维映射等。

1) 数据预处理

K-means 的本质是基于欧氏距离的数据划分算法,均值和方差大的维度将对数据的聚类产生决定性影响。所以未做归一化处理和统一单位的数据是无法直接参与运算和比较的。常见的数据预处理方式有:数据归一化和数据标准化。

此外,离群点或者噪声数据会对均值产生较大的影响,导致中心偏移,因此还需要对数据进行异常点检测。

2) 选择合理的 K 值

K 值的选取对 K-means 影响很大,这也是 K-means 最大的缺点,常见的选取 K 值的方法有手肘法及 Gap statistic 方法。

3) 采用核函数

基于欧氏距离的 K-means 假设各个数据簇的数据具有一样的先验概率并呈球形分布,

但这种分布在实际生活中并不常见。面对非凸的数据分布形状时,可以引入核函数进行优化,这时算法又称为核 K-means 算法,是核聚类方法的一种。核聚类方法的主要思想是通过一个非线性映射,将输入空间中的数据点映射到高维特征空间中,并在新的特征空间中进行聚类。非线性映射增加了数据点线性可分的概率,从而在经典的聚类算法失效的情况下,通过引入核函数可以达到更为准确的聚类结果。

9. 均值偏移聚类算法

均值偏移(Mean-Shift)聚类算法是一种基于滑动窗口的算法,它试图找到密集的数据点。而且,它还是一种基于中心的算法,目标是定位每一组群/类的中心点,通过更新中心点的候选点实现滑动窗口中的点的平均值。这些候选窗口在后期处理阶段被进行过滤,以消除几乎重复的部分,形成最后一组中心点及其对应的组。

Mean-Shift 聚类算法与 K-means 算法一样,都是基于聚类中心的聚类算法,不同的是,Mean-Shift 聚类算法不需要事先制定类别个数。

Mean-Shift 的概念最早是由 Fukunage 在 1975 年提出的,后来由 Yizong Cheng 对其进行扩充,主要提出了两点改进:定义了核函数并增加了权重系数。核函数的定义使偏移值对偏移向量的贡献随样本与被偏移点的距离的不同而不同。

10. DBSCAN 聚类算法

DBSCAN(Density-Based Spatial Clustering of Applications with Noise)是一个比较有代表性的基于密度的聚类算法。与划分和层次聚类方法不同,它将簇定义为密度相连的点的最大集合,能够把具有足够高密度的区域划分为簇,并可在噪声的空间数据库中发现任意形状的聚类。

DBSCAN 的聚类定义很简单:由密度可达关系导出的最大密度相连的样本集合,即为最终聚类的一个类别,或者说一个簇。这个 DBSCAN 的簇里面可以有一个或者多个核心对象。如果只有一个核心对象,则簇里其他的非核心对象样本都在这个核心对象的 ε-邻域里;如果有多个核心对象,则簇里的任意一个核心对象的 ε-邻域中一定有一个其他的核心对象,否则这两个核心对象无法密度可达。这些核心对象的 ε-邻域里所有的样本的集合组成为DBSCAN 聚类簇。

(1) DBSCAN 以一个从未访问过的任意起始数据点开始。

(2) 如果在这个邻域中有足够数量的点,那么聚类过程就开始了,并且当前的数据点成为新聚类中的第一个点。

(3) 对于新聚类中的第一个点,其 ε 距离附近的点也会成为同一聚类的一部分。

(4) 重复步骤(2)和步骤(3)的过程,直到聚类中的所有点都被确定,即聚类附近的所有点都已被访问和标记。

(5) 一旦完成了当前的聚类,就会检索并处理一个新的未访问点,这将导致有新的聚类或噪声被发现。这个过程不断重复,直到所有的点被标记为访问。

11. 使用高斯混合模型的期望最大化聚类

高斯混合模型假设存在一定数量的高斯分布,每个分布代表一个簇。因此,高斯混合模型倾向于将属于单一分布的数据点聚在一起。使用高斯混合模型的期望化聚类过程如下。

(1) 首先选择聚类的数量,然后随机初始化每个聚类的高斯分布参数。

(2) 给定每个聚类的高斯分布,计算每个数据点属于特定聚类的概率。

（3）基于这些概率为高斯分布计算一组新的参数，可以使用数据点位置的加权和计算这些新参数，权重是属于该特定聚类的数据点的概率。

使用高斯混合模型有两个关键的优势。

（1）K-means算法实际上是高斯混合模型的一个特例，每个聚类在所有维度上的协方差都接近0。

（2）根据高斯混合模型的使用概率，每个数据点可以有多个聚类。

通过建立高斯模型，将更多点包含进相应的模型中，就可以进行有效的分类，但前提是所有等级符合高斯分布。

12. 层次聚类算法

层次聚类是聚类算法的一种，通过计算不同类别数据点间的相似度来创建一棵有层次的嵌套聚类树。在聚类树中，不同类别的原始数据点是树的最底层，树的顶层是一个聚类的根节点。

层次聚类算法实际上分为两类：自上而下分裂或自下而上合并。自下而上合并的算法开始时把每一个原始数据看作一个单一的聚类簇，然后不断聚合小的聚类簇成为大的聚类。自上而下分裂的算法开始把所有数据看作一个聚类，通过不断分割大的聚类直到每一个单一的数据都被划分。

根据聚类簇之间距离的计算方法的不同，层次聚类算法可以大致分为：单链接算法、全链接算法或均链接算法。单链接算法用两个聚类簇中最近的样本距离作为两个簇之间的距离。全链接使用计算两个聚类簇中最远的样本距离。均链接算法中两个聚类之间的距离由两个簇中所有的样本共同决定。

自下而上合并的聚类算法步骤如下。

（1）计算任意两个数据之间的距离得到一个相似度矩阵，并把每一个单一的数据看作是一个聚类。

（2）查找相似度矩阵中距离最小的两个聚类，把它们聚合为一个新的聚类，然后根据这个新的聚类重新计算相似度矩阵。

（3）重复步骤（2）直到所有的数据都被归入一个聚类中。

自上向下分裂（divisive）策略则与自下而上合并相反。

第4章

计算机视觉

4.1 计算机视觉概述

计算机视觉是一门研究如何使机器学会"看"的学科,更进一步说是指用摄像机、计算机及其他相关设备对生物视觉进行模拟,对采集的图像或视频进行处理,使之成为更适合人眼观察或传送给仪器检测的图像。

计算机视觉使用计算机及相关设备对生物视觉进行模拟。它的主要任务就是对采集的图像或视频进行处理以获得相应场景的三维信息,就像人类和许多其他类生物每天所做的那样。形象地说,就是给计算机安装上眼睛(照相机)和大脑(算法),让计算机能够感知环境。中国人的成语"眼见为实"和西方人常说的"One picture is worth ten thousand words."表达了视觉对人类的重要性。不难想象,具有视觉的机器的应用前景有多么宽广。

计算机视觉是一门综合性的学科,是工程领域,也是科学领域的富有挑战性的研究方向。它已经吸引了来自各个学科的研究者加入到对它的研究之中,其中包括计算机科学和工程、信号处理、物理学、应用数学和统计学、神经生理学和认知科学等。

4.1.1 计算机视觉应用

计算机视觉主要有以下几个应用研究方向:目标分类、目标检测、图像分割、风格迁移、图像重构、超分辨率及图像生成等。虽然这里说的都是图像,但视频也属于计算机视觉的研究对象,所以还包括视频的分类、检测、生成以及追踪。由于本书方向集中于图像,暂时就不介绍视频方面应用的内容。

1. 图像分类

图像分类(image classification)也可以称为图像识别,顾名思义,就是辨别图像是什么,或者说图像中的物体属于什么类别。图像分类根据不同分类标准可以划分为很多子方向。

(1) 根据类别标签,可以划分为:①二分类问题,比如判断图像中是否包含人脸;②多分类问题,比如鸟类识别;③多标签分类,每个类别都包含多种属性的标签,比如对于服饰分类,可以加上衣服颜色、纹理、袖长等标签,输出的不只是单一的类别,还可以包括多个属性。

（2）根据分类对象，可以划分为：①通用分类，比如简单划分为鸟类、车、猫、狗等类别；②细粒度分类，是目前图像分类比较热门的领域，比如鸟类、花卉、猫狗等类别，它们的一些更精细的类别之间非常相似，而同个类别则可能由于遮挡、角度、光照等原因就不易分辨。

（3）根据类别数量，还可以分为：①小样本学习（few-shot learning），训练集中每个类别数量很少，包括 one-shot 和 zero-shot；②大规模样本学习（large-scale learning），也是现在主流的分类方法，这也是由于深度学习对数据集的要求。

2．目标检测

目标检测（object detection）通常包含两方面的工作，首先找到目标，然后识别目标。目标检测可以分为单物体检测和多物体检测，即依赖图像中目标的数量。

3．图像分割

图像分割（object segmentation）基于图像检测，需要检测到目标物体，然后把物体分割出来。图像分割可以分为三种。

（1）普通分割：将分属于不同物体的像素区域分开，比如前景区域和后景区域的分割。

（2）语义分割：普通分割的基础上，在像素级别上的分类，属于同一类的像素都要被归为一类，这样可以分割出不同类别的物体。

（3）实例分割：语义分割的基础上，分割出每个实例物体，如把图像中的多只狗都分割出来，识别出它们是不同的个体，不仅仅是属于哪个类别。

4．风格迁移

风格迁移（style transfer）是指将一个领域或者几张图像的风格应用到其他领域或者图像上，如将抽象派的风格应用到写实派的图像上。

5．图像重构

图像重构（image reconstruction）也称为图像修复（image inpainting），其目的就是修复图像中缺失的地方，如可以修复一些老的或损坏的黑白照片。通常会采用常用的数据集，然后人为制造图像中需要修复的地方。

6．超分辨率

超分辨率（super-resolution）是指生成一个比原图分辨率更高、细节更清晰的任务。

7．图像生成

图像生成（image synthesis）是根据一张图像生成修改部分区域的图像或者是全新的图像的任务。这个应用最近几年快速发展，主要原因也是由于 GAN 是最近几年非常热门的研究方向，而图像生成就是 GAN 的一大应用。

4.1.2　计算机视觉发展

1966 年，人工智能学家明斯基在给学生布置的作业中，要求学生通过编写一个程序让计算机告诉我们它通过摄像头看到了什么，这也被认为是计算机视觉最早的任务描述。

20 世纪七八十年代，随着现代电子计算机的出现，计算机视觉技术也初步萌芽。人们开始尝试让计算机回答它看到了什么东西，于是首先想到的是从人类看东西的方法中获得借鉴。借鉴之一是当时人们普遍认为，人类能看到并理解事物，是因为人类通过两只眼睛可以立体地观察事物。要想让计算机理解它所看到的图像，必须先将事物的三维结构从二维的图像中恢复出来，这就是所谓的"三维重构"方法。借鉴之二是人们认为人之所以能识别出一个苹果，是因为人们已经知道了苹果的先验知识，比如苹果是红色的、圆的、表面光滑的,如果给机器也建立一个这样的知识库,让机器将看到的图像与库里的储备知识进行匹配,是否可以让机器识别乃至理解它所看到的东西?这是所谓的"先验知识库"的方法。这一阶段的应用主要是一些光学字符识别、工件识别、显微/航空图像的识别等。

20世纪90年代,计算机视觉技术取得了更大的发展,也开始广泛应用于工业领域。一方面原因是CPU、DSP等图像处理硬件技术有了飞速进步;另一方面是人们也开始尝试不同的算法,包括引入统计方法和局部特征描述符。

进入21世纪,得益于互联网兴起和数码相机出现带来的海量数据,加之机器学习的广泛应用,计算机视觉发展迅速。以往许多基于规则的处理方式,都被机器学习所替代,自动从海量数据中总结归纳物体的特征,然后进行识别和判断。这一阶段涌现出了非常多的应用,包括典型的相机人脸检测、安防人脸识别、车牌识别等,如图4-1所示。

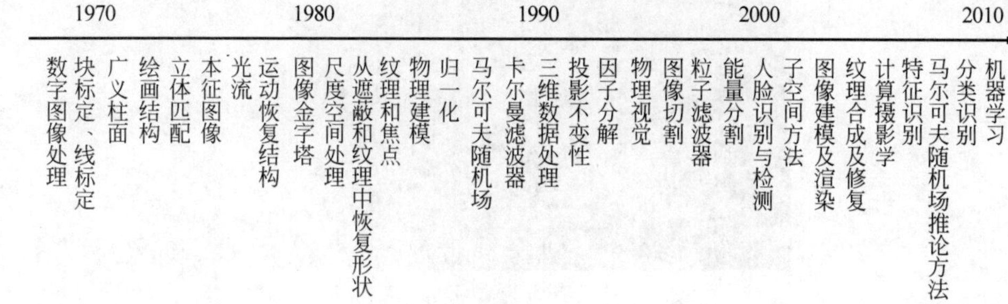

图4-1 计算机视觉发展时间线1

2010年以后,借助于深度学习的力量,计算机视觉技术得到了爆发增长和产业化。通过深度神经网络,各类视觉相关任务的识别精度都得到了大幅提升,如图4-2和图4-3所示。

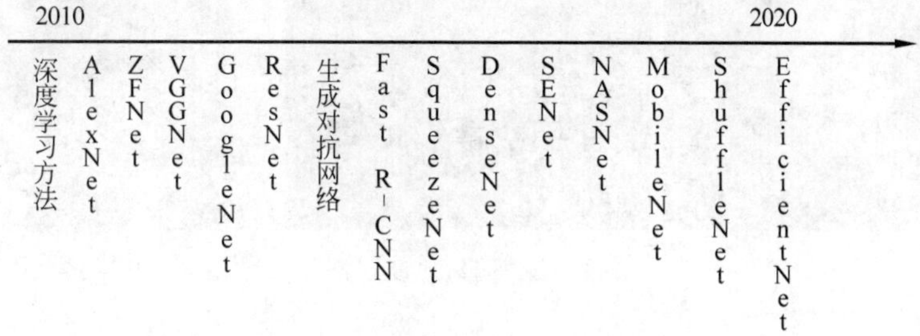

图4-2 计算机视觉发展时间线2

网络名称	提出年份	ImageNet准确率	参数数量	FLOPS
AlexNet[21]	2012	57.2%	$6×10^7$	$7.2×10^8$
VGGNet[22]	2014	71.5%	$1.38×10^8$	$1.53×10^{10}$
GoogleNet[23]	2014	69.8%	$6.8×10^6$	$1.5×10^9$
ResNet[24]	2015	78.6%	$5.5×10^7$	$2.3×10^9$
DenseNet[25]	2017	79.2%	$25.6×10^7$	$1.15×10^9$
SENet[26]	2017	82.7%	$1.458×10^8$	$4.23×10^{10}$
NASNet[27]	2018	82.7%	$8.89×10^7$	$2.38×10^{10}$
SqueezeNet[29]	2016	57.5%	$1.2×10^6$	$8.33×10^8$
MobileNet[30]	2017	70.6%	$4.2×10^6$	$5.69×10^8$
ShuffleNet[31]	2018	73.7%	$4.7×10^6$	$5.24×10^8$
EfficientNet	2020	84.1%	$66×10^6$	$9.9×10^7$

图4-3 网络性能及参数数量

4.2 图像与视觉基础

4.2.1 人眼视觉

人眼视觉具有很多特性,比如马赫带效应,也就是一种亮度对比的视觉效应。当观察两块亮度不同的区域时,人眼会将边界处亮度对比加强,使得轮廓表现特别明显,如图 4-4 所示。除此之外人眼的视觉还会出现同对比度现象,即在相同的前景下,不同的背景会给人前景不是同一种颜色的错觉,如图 4-5 所示。

图 4-4　马赫带效应

图 4-5　同对比度现象

同对比度现象和马赫带效应都说明从物体表面感受到的主观亮度会同时受到物体表面亮度和环境亮度的影响,即人类的视觉感知是物体表面亮度和环境亮度的函数。

如图 4-6 所示,从图中看上去 A 和 B 颜色差别极大,但将周围环境擦除之后,A 与 B 其实是同一种颜色。

图 4-6　实例探索

4.2.2 图像基础

众所周知,照相机的镜头相当于一个凸透镜,来自物体的光经过照相机的镜头后汇聚在胶片上,成倒立、缩小的实像,如图 4-7 所示。

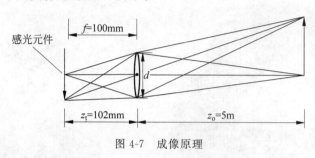

图 4-7　成像原理

物理的图像是连续的图像函数,数字图像是离散的图像函数。为了适应数字计算机的处理,通常会将其空间和幅值数字化。数字化过后的图像就称为数字图像或离散图像。将物理图像转化为数字图像需要经过图像采样和灰度级量化,所谓图像采样就是空间坐标 (x,y) 的数字化,幅值数字化称为灰度级量化,如图 4-8 所示。

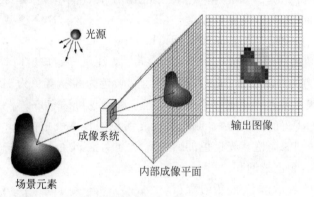

图 4-8　数字化过程

在计算机中一般使用二维矩阵表示图像,如 $M \times N$ 的图像可表示为:

$$\boldsymbol{F} = \begin{bmatrix} f_{11} & f_{12} & \cdots & f_{1N} \\ f_{21} & f_{22} & \cdots & f_{2N} \\ \cdots & \cdots & \cdots & \cdots \\ f_{M1} & f_{M2} & \cdots & f_{MN} \end{bmatrix} \tag{4-1}$$

其中采样像素越多,图像就能得到越好的越贴近真实的效果。

4.2.3 颜色模型

颜色的本质就不同频率的电磁波。人类会将不同颜色的电磁波转换为不同的颜色感知,经过实验证明任何色彩都可以由 R(红色,700nm)、G(绿色,546.1nm)、B(蓝色,435.8nm)三种原色按不同比例混合组成,由此也产生了 RGB 颜色模型:

$$C = aR + bG + cB \qquad a,b,c \geqslant 0 \tag{4-2}$$

其中，C 为任意颜色，a、b、c 分别为 R、G、B 所占的权重。

  RGB 是常用的色彩表达方式，RGB 模型采用 RGB 三种颜色相互叠加形成混色的方法，因此非常适合显示器等发光体的显示，如图 4-9 所示。

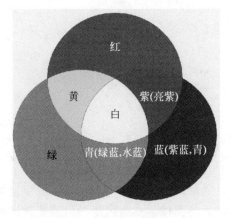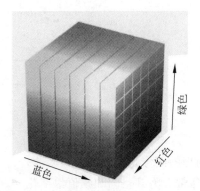

图 4-9 RGB 模型

  HSV（Hue，Saturation，Value）由 A. R. Smith 在 1978 年创建，是根据颜色的直观特性表示的一种颜色空间，也称六角锥体模型（hexagonal model）。这个模型中颜色的参数分别是：色调（Hue，H）、饱和度（Chroma，C）、明度（Value，V）。

  (1) **色调**：用角度度量，取值范围为 0°～360°，从红色开始按逆时针方向计算，红色为 0°，绿色为 120°，蓝色为 240°。它们的补色分别是：黄色为 60°，青色为 180°，紫色为 300°。

  (2) **饱和度**：表示颜色接近光谱色的程度。一种颜色可以看成某种光谱色与白色混合的结果，其中光谱色所占的比例愈大，颜色接近光谱色的程度就愈高，颜色的饱和度也就愈高。饱和度高，颜色则深而艳。光谱色的白光成分为 0，饱和度达到最高。通常取值范围为 0%～100%，值越大，颜色越饱和。

  (3) **明度**：明度表示颜色明亮的程度。对于光源色，明度值与发光体的光亮度有关；对于物体色，此值和物体的透射比或反射比有关。通常取值范围为 0%～100%，其中 0% 对应黑色，100% 对应白色 。

  RGB 模型都是面向硬件的，而 HSV 颜色模型是面向用户的。HSV 模型的三维表示是从 RGB 立方体演化而来的。设想从 RGB 沿立方体对角线的白色顶点向黑色顶点观察，就可以看到立方体的六边形外形。六边形边界表示色彩，水平轴表示纯度，明度沿垂直轴测量，如图 4-10 所示。

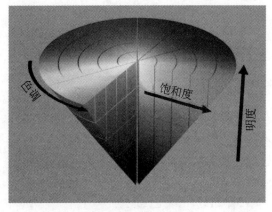

图 4-10 HSV 模型

  近几年，随着深度学习在视觉领域的应用，很多技术都有巨大的提升，但计算机视觉依然面临着很多挑战。

4.3 计算机视觉基础算法

4.3.1 图像滤波(平滑)

图像滤波是指在尽量保留图像细节特征的条件下对目标图像的噪声进行抑制,是图像预处理中不可缺少的操作,其处理效果的好坏将直接影响到后续图像处理和分析的有效性和可靠性。图像滤波的目的是消除图像中混入的噪声并为图像识别抽取出图像特征,可表示如下:

$$g(x,y) = \sum_{i,j} f(x+i, y+j) h(i,j) \tag{4-3}$$

其中,$g(x,y)$是指变化后的图像;$f(x,y)$是指原图像;$h(i,j)$是指滤波器,宽度一般取奇数(便于定位和计算)。图 4-11 中的阴影区域为滤波器 $h(i,j)$;图 4-11(a)为原图像 $f(x,y)$;图 4-11(b)为变化后的图像 $g(x,y)$。

平滑滤波是低频增强的空间域滤波技术,目的是模糊及消除噪声。空间域的平滑滤波一般采用简单平均法进行,就是求邻近像元点的平均亮度值。邻域的大小与平滑的效果直接相关,邻域越大平滑的效果越好,但邻域过大,平滑会使边缘信息损失的越大,从而使输出的图像变得模糊,因此需合理选择邻域的大小。

常用平滑滤波方法有三种,分别是均值滤波、中值滤波、高斯滤波。

(1) 均值滤波:将该点的值设为该点邻域窗口的平均值,对噪声的影响较弱。

(2) 中值滤波:是一种非线性平滑技术,将该点的像素值设置为该点邻域窗口(窗口边长一般设为奇数)内所有像素的中值,对椒盐噪声十分有效。

(3) 高斯滤波:现实中的图像大多噪声都是高斯噪声,高斯滤波可以克服均值滤波容易使图像模糊的弊端,因此高斯滤波器的应用也比较广泛。高斯函数图像如图 4-12 所示,二维高斯分布如下:

$$G(x,y) = \frac{1}{2\pi\sigma^2} e^{\frac{x^2+y^2}{2\sigma^2}} \tag{4-4}$$

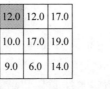
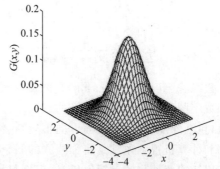

(a) 原图像　　　　(b) 区域变化后图像

图 4-11　滤波器示意图

图 4-12　高斯函数图像

现实中,图像中的大多噪声都是高斯噪声,高斯滤波可以克服均值滤波容易使图像模糊的弊端。

1. 图像滤波（锐化）

锐化滤波是使图像边缘更清晰的一种图像方法,常用的做法是提取图像的高频分量,将其叠加到原图上。锐化滤波有两个方法,一个是用高通滤波器,提取高频分量;另一个是利用低通滤波,再用原图减去低通分量:

$$g(x,y) = \sum_{i,j} f(x+i, y+j)h(i,j) \tag{4-5}$$

其中,$g(x,y)$ 是变化后的图像;$f(x,y)$ 是原图像;$h(i,j)$ 是滤波器,宽度一般取奇数(便于定位和计算)。

2. 常用锐化滤波方法

（1）Sobel 算子是图像的一阶导数,提取的梯度信息分为水平和垂直两种,常常用于边缘检测和方向判别。Sobel 算子的梯度算子如图 4-13 所示。

（2）Laplacian 算子是图像的二阶导数,在图像开始变化和结束变化的地方值不为 0,渐变时的结果为 0,因此 Laplacian 更适合做锐化,其算子如图 4-14 所示。Laplacian 锐化过程如图 4-15 所示。

−1	0	+1
−2	0	+2
−1	0	+1

+1	+2	+1
0	0	0
−1	−2	−1

0	−1	0
−1	4	−1
0	−1	0

−1	−1	−1
−1	8	−1
−1	−1	−1

图 4-13　Sobel 算子的 x 方向和 y 方向梯度算子　　　　图 4-14　Laplacian 算子

(a)原图　　　　　　　　(b)提取细节　　　　　　　　(c)叠加到原图

图 4-15　锐化过程

4.3.2　边缘检测

边缘检测（edge detection）是图像处理和计算机视觉中的基本问题,边缘检测的目的是标识数字图像中亮度变化明显的点。图像属性中的显著变化通常反映了属性的重要事件和变化,包括深度不连续、表面方向不连续、物质属性变化和场景照明变化。边缘检测是图像处理和计算机视觉尤其是特征检测的一个研究领域。

边缘检测的目的是提取信息、识别目标,通常图像的大多语义和形状信息都可以由边缘信息表示。如图 4-16 所示,通过扫描,可以看到两个边缘处一阶导有明显的突变。实际情况中,图像会有各式各样的噪声,导致边缘处的变化如图 4-17 所示。常用的解决方案是先将图像进行模糊（平滑）,减小相邻像素之间的差异,消除部分噪声带来的影响,但会让图像有一些模糊,如图 4-18 所示。

边缘分别是一阶导数的两个极值

 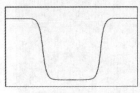 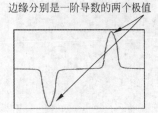

(a) 黑色为边缘,中间实线为扫描线　(b) 扫描线扫过部分的亮度变化　(c) 扫描线扫过部分的一阶导数

图 4-16　边缘检测过程

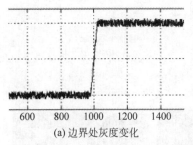 求导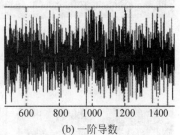

(a) 边界处灰度变化　　　　　　　　　　　　　　(b) 一阶导数

图 4-17　边缘处变化

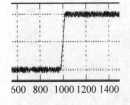 平滑 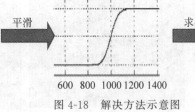 求导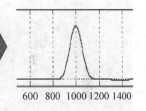

图 4-18　解决方法示意图

Canny 边缘算子是计算机视觉中广泛使用的边缘检测器,其计算边缘的步骤如下。

(1) 用高斯滤波器平滑图像。

(2) 用一阶偏导求有限差分计算梯度的幅值和方向。

(3) 对梯度幅值进行非最大值抑制(Non-Maximum Suppression,NMS)。

(4) 用双阈值算法检测和连接边缘。

1. 非最大值抑制

对于进行极大值抑制的点,首先进行梯度方向的计算,再将其对应到离它最近的一个角度,如图 4-19 所示。例如,对应到 45°角,则将中心点的左下、右上两个点进行对比,如果中心点大于另外两个点,则其是边缘点;否则就不是边缘点,可以抑制掉,如图 4-20 所示。

2. 双阈值算法

经过非最大值抑制之后,图像仍然有许多噪声点。如图 4-21 所示,使用双阈值技术对图像上下各设一个阈值,超过上阈值的直接判定为边界点;低于下阈值的直接判断为非边界点;介于两者之间的则认为是候选项。根据连通性对其进行判断,如果它与确定为边界的像素联通则是边界点;如果没有联通则不是边界点。最后效果如图 4-22(b)所示。

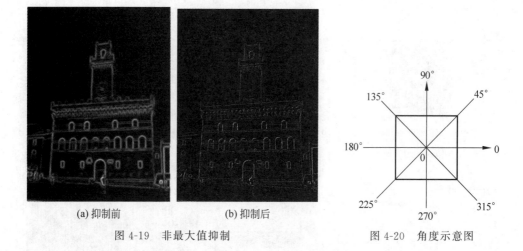

(a) 抑制前　　　　　　(b) 抑制后

图 4-19　非最大值抑制

图 4-20　角度示意图

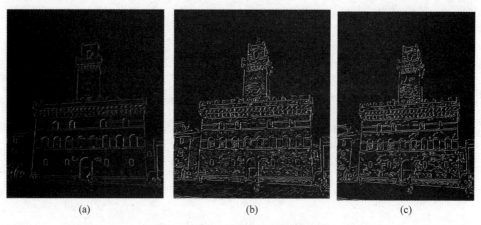

(a)　　　　　　　　　　(b)　　　　　　　　　　(c)

图 4-21　Canny 算子边缘检测过程

(a) 原图　　　　　　　　　　(b) 最后效果

图 4-22　Canny 算子边缘检测效果

4.3.3　图像分割

阈值分割法是一种基于区域的图像分割技术,原理是把图像的像素分为若干类,如图 4-23 所示。图像阈值化分割是一种传统的最常用的图像分割方法,因其实现简单、计算量小、性能较稳定,成为图像分割中最基本和应用最广泛的分割技术,特别适用于目标和背景占据不同灰度级范围的图像。它不仅可以极大地压缩数据量,而且也大大简化了分析和处理步骤,因此在很多情况下,是进行图像分析、特征提取与模式识别之前的必要的图像预处理过程。图像阈值化的目的是要按照灰度级,对像素集合进行一个划分,得到的每个子集形成一个与现实景物相对应的区域,各个区域内部具有一致的属性,而相邻区域不具有这种一致属性。这样的划分可以通过从灰度级出发选取一个或多个阈值来实现。

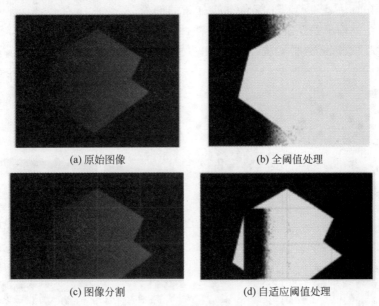

(a) 原始图像　　　　　　　　　　(b) 全阈值处理

(c) 图像分割　　　　　　　　　　(d) 自适应阈值处理

图 4-23　图像分割技术原理

阈值分割的优点是计算简单、运算效率较高、速度快。在重视运算效率的应用场合(如用于硬件实现),它得到了广泛应用。图像的阈值分割已被应用于很多的领域,例如,在红外技术应用中,红外无损检测中红外热图像的分割,红外成像跟踪系统中目标的分割;在遥感应用中,合成孔径雷达图像中目标的分割等;在医学应用中,血液细胞图像的分割,磁共振图像的分割;在农业工程应用中,水果品质无损检测过程中水果图像与背景的分割;在工业生产应用中,机器视觉运用于产品质量检测等。

1. K-means 聚类算法原理及其 TensorFlow 实现

顾名思义,K-means 聚类是一种对数据进行聚类的技术,即将数据分割成指定数量的几个类,揭示数据的内在性质及规律。机器学习有 3 种不同的学习模式:监督学习、无监督学习和强化学习。

监督学习也称为有导师学习,网络输入包括数据和相应的输出标签信息。例如,在MNIST 数据集中,手写数字的每个图像都有一个标签,代表图像中的数字值。

强化学习也称为评价学习,不给网络提供期望的输出,但空间会提供给出一个奖惩的反馈,当输出正确时,给予网络奖励;当输出错误时就惩罚网络。

无监督学习也称为无导师学习,在网络的输入中没有相应的输出标签信息,网络接收输入,但既没有提供期望的输出,也没有提供来自环境的奖励,神经网络要在这种情况下学习输入数据中的隐藏结构。无监督学习非常有用,因为现存的大多数数据是没有标签的,这种方法可以用于模式识别、特征提取、数据聚类和降维等任务。K-means 聚类是一种无监督学习方法,其过程如图 4-24 所示。

K-means 聚类算法的分割流程如图 4-25 所示。

K-means 聚类算法分割结果如图 4-26 所示。

2. Mean-Shift 算法

Mean-Shift 算法是一种基于颜色空间分布的图像分割算法。该算法的输出是经过滤色的"分色"图像,其颜色会渐变,并且细纹纹理会变得平缓。

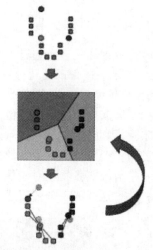

图 4-24　K-means 聚类方法过程

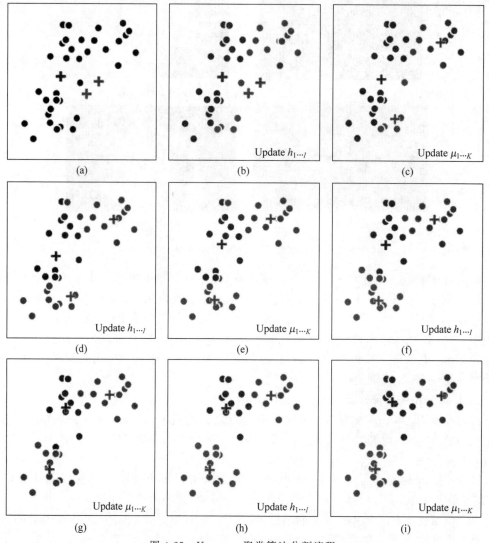

图 4-25　K-means 聚类算法分割流程

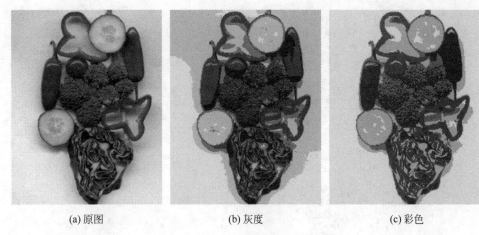

(a) 原图   (b) 灰度   (c) 彩色

图 4-26   K-means 聚类算法分割结果

在 Mean-Shift 算法中每个像素用一个五维的向量(x,y,b,g,r)表示,前两个量是像素在图像中的坐标(x,y),后三个量是每个像素的颜色分量(蓝、绿、红)。在颜色分布的峰值处开始,通过滑动窗口不断寻找属于同一类的像素并统一像素的像素值。滑动窗口由半径和颜色幅度构成,半径决定了滑动窗口的范围,即坐标(x,y)的范围,颜色幅度决定了半径内像素分类的标准。这样通过不断地移动滑动窗口,实现基于像素颜色的图像分割。由于分割后同一类像素具有相同像素值,因此 Mean-Shift 算法的输出结果是一个颜色渐变、纹理平缓的图像,如图 4-27 所示。

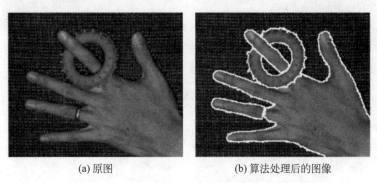

(a) 原图   (b) 算法处理后的图像

图 4-27   Mean-Shift 算法处理后图像与原图对比

Mean-Shift 算法分割过程中,首先通过模点搜索/图像平滑找到每个数据点的类中心。再通过模点聚类/合并相似区域,一般模点会较多,如果把每个模点作为一类,会产生过分割,即分割太细,所以需要合并一些模点。

Mean-Shift 算法的具体工作流程如图 4-28 所示。

3. Graph Cuts

Graph Cuts 是一种十分有用和流行的能量优化算法,在计算机视觉领域普遍应用于前背景分割、立体视觉(stereo vision)及抠图(image matting)等。

此类方法把图像分割问题与图的最小割(min cut)问题相关联。首先用一个无向图 $G = <V,E>$ 表示要分割的图像,V 和 E 分别是顶点(vertex)和边(edge)的集合。Graph

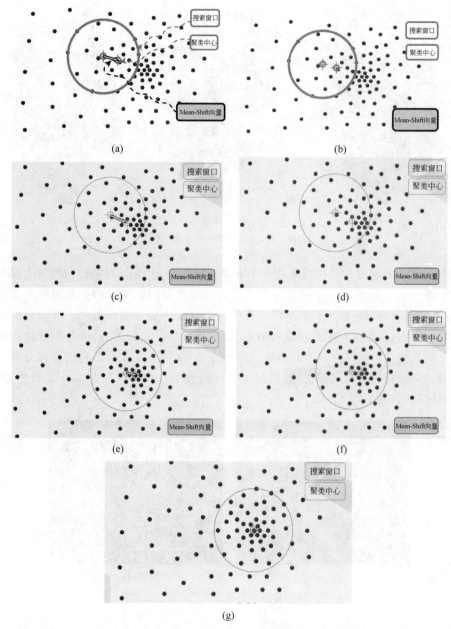

图 4-28　Mean-Shift 工作流程

Cuts 的图和普通的图稍有不同。普通的图由顶点和边构成,如果边是有方向的,这样的图被称为有向图;否则为无向图。边是有权重的,不同的边可以有不同的权重,分别代表不同的物理意义。而 Graph Cuts 的图在普通图的基础上多了 2 个顶点,这 2 个顶点分别用符号 S 和 T 表示,统称为终端顶点。其他所有的顶点都必须和这 2 个顶点相连形成边集合中的一部分,如图 4-29 所示。Graph Cuts 中有两种顶点,也有两种边。

(1) 第一种顶点和边:第一种普通顶点对应图像中的每个像素。每两个邻域顶点(对应于图像中每两个邻域像素)的连接就是一条边,这种边称为 n-links。

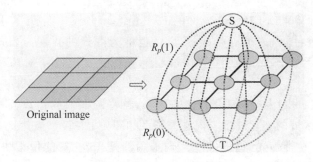

图 4-29　Graph Cuts 图

（2）第二种顶点和边：除图像素外，还有另外两个终端顶点，分别是源点 S 和汇点 T，其中 S 表示源头；T 表示汇聚。每个普通顶点和终端顶点之间都有连接，组成第二种边，这种边称为 t-links。

用户给出一个如图 4-30(a)所示的边界框，算法会通过颜色"猜测"前景和背景，得到图 4-30(b)的图像，重复之前的流程，得到如图 4-30(c)所示的更好的分割数据。

　(a)原图　　　　　　　　(b)区分前景和背景　　　　(c)分割后图像

图 4-30　Graph Cuts 方法

4.3.4　特征检测与匹配

特征(feature)是一种对数据的表达。一般来说，特征应该是富有信息量(informative)、有区分性(discriminative)和独立(independent)的，如图 4-31 所示。

　　　(a)特征描述子　　　　　　　　　　　　(b)特征点

图 4-31　图像中的特征点

在检测到特征(关键点)后，必须把它匹配(matching)起来，即要确定这些特征对应另外一张图的哪个区域。尺度不变特征变换(Scale Invariant Feature Transform，SIFT)算法是由 UBC(University of British Column)的 David Lowe 教授于 1999 年提出,并在 2004 年得以完善的一种检测图像关键点(key point),也称为图像的兴趣点(interest point),并对关键点提取其局部尺度不变特征的特征描绘子,采用这个描绘子对两幅相关的图像进行匹配。

SIFT 算法首先计算图像的梯度方向和大小,再将圆框内的值以高斯权重加权。用三线插值计算每个子区域的加权梯度方向直方图。如图 4-32 所示,虽然这个图像用的是 8×8 的像素块和 2×2 的特征描述子,但实际实现采用的是 16×16 的像素块和 4×4 的特征描述子。

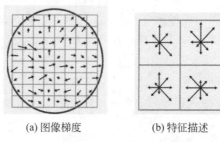

(a) 图像梯度   (b) 特征描述

图 4-32 SIFT 算法示意图

图 4-33～图 4-43 分别给出了多种算法特征,包括 SIFT、SURF(Speeded Up Robust Features)、方向梯度直方图(Histogram of Oriented Gradient,HoG)特征、最稳定极值区域(Maximally Stable Extremal Region,MSER)特征、局部二值模式(Local Binary Pattern,LBP)特征、ORB(Oriented fast and Rotated Brief)、FAST(Features from Accelerated Segment Test)、BRIEF(Binary Robust Independent Elementary Features)、DAISY 特征、Harris 特征等。

图 4-33 SIFT 特征

图 4-34　SIFT 特征匹配

图 4-35　SURF 特征

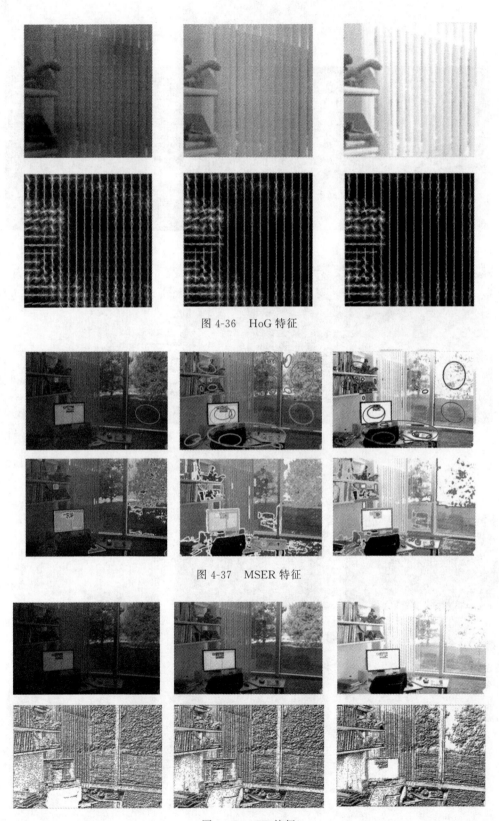

图 4-36　HoG 特征

图 4-37　MSER 特征

图 4-38　LBP 特征

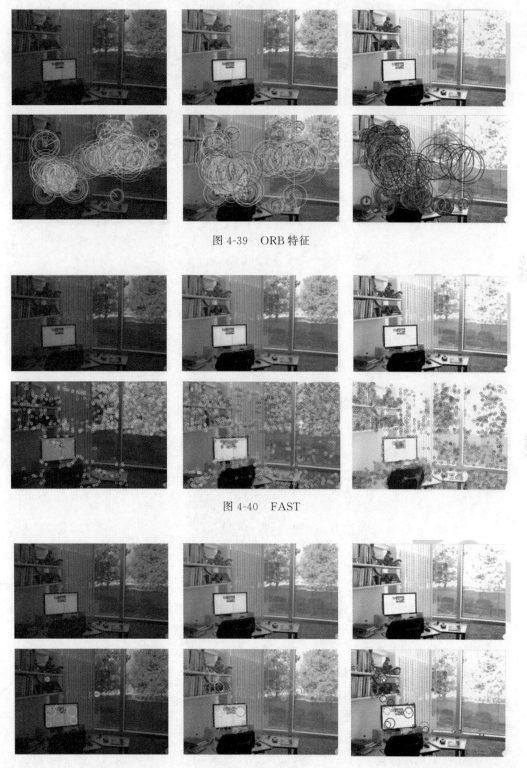

图 4-39 ORB 特征

图 4-40 FAST

图 4-41 BRIEF

84

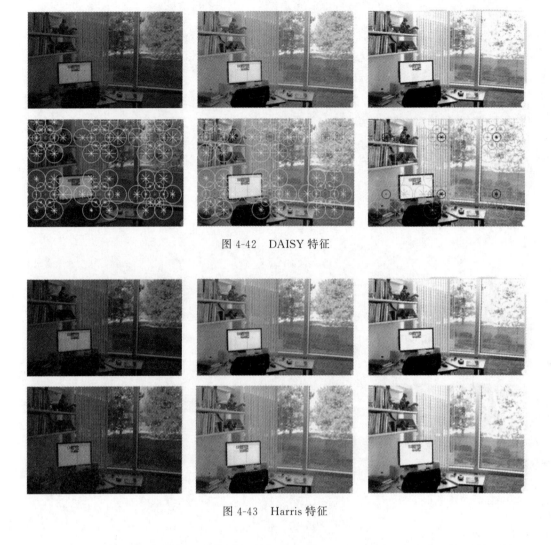

图 4-42　DAISY 特征

图 4-43　Harris 特征

4.3.5　目标检测

目标检测(object detection)的任务是找出图像中所有感兴趣的目标(物体)并确定它们的类别和位置,是计算机视觉领域的核心问题之一。由于各类物体有不同的外观、形状和姿态,加上成像时光照、遮挡等因素的干扰,目标检测一直是计算机视觉领域最具有挑战性的问题。

1. 目标检测的核心问题

(1) 分类问题:即图像(或某个区域)中的图像属于哪个类别。

(2) 定位问题:目标可能出现在图像的任何位置。

(3) 大小问题:目标有各种不同的大小。

(4) 形状问题:目标可能有各种不同的形状。

2. 目标检测算法分类

基于深度学习的目标检测算法主要分为两类:Two Stage 和 One Stage。

(1) Tow Stage:先进行区域生成,该区域称为 RP(Region Proposal),是一个有可能包含待检物体的预选框,再通过 CNN 进行样本分类。任务流程:特征提取→生成 RP→分类/定位回归。常见 Tow Stage 目标检测算法有:R-CNN、SPP-Net、FastR-CNN、Faster R-CNN 和 R-FCN 等。

(2) One Stage:不使用 RP,直接在网络中提取特征来预测物体分类和位置。任务流程:特征提取→分类/定位回归。常见的 One Stage 目标检测算法有:OverFeat、YOLOv1、YOLOv2、YOLOv3、SSD 和 RetinaNet 等。

3. 目标检测应用

(1) 人脸检测:智能门控、员工考勤签到、智慧超市、人脸支付、车站及机场实名认证、公共安全领域等。

(2) 行人检测:智能辅助驾驶、智能监控、暴恐检测(根据面相识别暴恐倾向)、移动侦测、区域入侵检测、安全帽/安全带检测等。

(3) 车辆检测:自动驾驶、违章查询、关键通道检测、广告检测(检测广告中的车辆类型或弹出链接)等。

(4) 遥感检测:土地使用,公路、水渠、河流监控,农作物监控,军事检测等。

4.3.6 目标识别

目前目标识别的路径主要如图 4-44 所示,常用的目标识别算法包括 SVM、神经网络、朴素贝叶斯、贝叶斯网络、逻辑回归、随机森林、提升决策树(Boosted DT)、K 最近邻(K-nearest neighbor)、受限玻尔兹曼机(Restricted Boltzmann Machine,RBM)等。

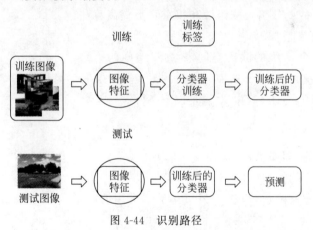

图 4-44 识别路径

一个经典的目标分类识别方案就是词-袋识别系统,首先针对关键部分进行检测,提取出特征后再将其量化得到其直方图分布,最后采取 SVM 等分类算法基于分布直方图判断类别,基本流程如图 4-45 所示。

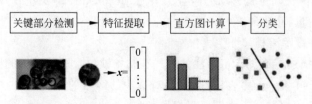

图 4-45 目标分类识别方案

4.3.7 目标跟踪

目标跟踪是计算机视觉的一个重要分支,其利用视频或图像序列的上下文信息,对目标的外观和运动信息进行建模,从而对目标运动状态进行预测并标定目标的位置。目标跟踪融合了图像处理、机器学习、最优化等多个领域的理论和算法,是完成更高层级的图像理解(如目标行为识别)任务的前提和基础。

1. Mean-Shift 目标跟踪

给定 d 维空间 R^d 中的 n 个样本,$x=1,2,3,\cdots,n$,则在 x 点的 Mean-Shift 向量基本形式为:

$$M_h(x)=\frac{1}{k}\sum_{x_i\in S_h}(x_i-x) \tag{4-6}$$

其中,(x_i-x) 即是 x_i 相对 x 的偏移;$M_h(x)$ 即是对所有落入 $S_h(x)$ 的 k 个样本点求和再平均,如图 4-46 所示;S_h 是一个半径为 h 的高维球型区域,满足以下关系点的集合:

$$S_h(x)=\{y:(y-x)^T(y-x)\leqslant h^2\} \tag{4-7}$$

从式(4-6)可以看出,不论点距离中心的远近,对 $M_h(x)$ 计算的贡献都是一样的。而在追踪目标出现遮挡等影响时,外层像素容易受到遮挡的影响,靠近中心的元素一般更加可靠。因此对于每个采样点,其重要性应该是随着离中心的距离而变化的。故此处引入核函数和权重系数提高算法的鲁棒性和搜索跟踪能力。

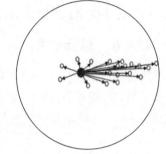

图 4-46 Mean-Shift 示意图

定义:X 为一个 d 维的欧氏空间,x 为该空间的一个点,用一个列向量表示,所以 x 的模 $\|x\|^2=x^Tx$。如果一个函数 $K()$,对于 $x\to R$ 存在一个剖面函数 $k:[0,\infty]\to R$,其中,k 满足以下条件:

(1) k 是非负的 $\int_0^\infty k(r)\mathrm{d}r<\infty$。

(2) k 是非增的,即如果 $a<b$,那么 $k(a)\geqslant k(b)$。

(3) k 是分段连续的,且 $K(x)=k\|x\|^2$。

$K(x)$ 就被称为核函数,也称为窗口函数。常用的核函数有 Uniform、Epanechnikov、Gaussian 等。

基于 Mean-Shift 的目标跟踪算法通过分别计算目标区域和候选区域内像素的特征值概率得到关于目标模型和候选模型的描述,然后通过相似函数度量初始帧模型和当前帧的候选模板的相似性,选择相似性最大的候选模型,并得到目标的 Mean-Shift 向量,这个向量就是目标由初始值向正确位置移动的向量。因为 Mean-Shift 的快速收敛性,通过不断迭代计算 Mean-Shift 向量,算法最终收敛到正确的位置,达到追踪的目的。

2. Mean-Shift 跟踪流程

(1) 目标模型描述。通过人工标注的方式在初始帧包含跟踪目标的区域。假设其中有 n 个像素用 $\{z_i\}(i=1,2,\cdots,n)$ 表示其位置,对选中的区域的灰度颜色空间均匀划分,得到由 m 个相等区间构成的灰度直方图。目标模型 $q_u(u=1,2,\cdots,m)$ 概率密度可表示为:

$$q_u = C \sum_{i=1}^{n} K(\| z_i^* \|^2 \delta[b(z_i) - u]) \tag{4-8}$$

$$C = \frac{1}{\sum_{i=1}^{n} K(\| z_i^* \|^2)} \tag{4-9}$$

$$z_i^* = \left(\frac{(x_i - x_0)^2 + (y_i - y_0)^2}{x_0^2 + y_0^2} \right) \tag{4-10}$$

其中,z_i^* 为以目标中心为原点的归一化像素位置,(x_0, y_0) 是目标中心坐标,$K()$ 为核函数,一般选用 Epanechikov 核函数,$b(z_i)$ 表示 z_i 处的所属直方图区间,u 是直方图的颜色索引,$\delta[b(z_i) - u]$ 函数的作用是判断目标区域像素 z_i 处的灰度值是否属于直方图中第 u 个单元,是则为 1,否则为 0。C 是归一化系数。

(2) 候选模型描述。在第 t 帧时,根据第 $t-1$ 帧的目标中心位置 f_0,以 f_0 为搜索窗口的中心,得到候选目标的中心位置坐标 f,计算当前帧的候选目标区域直方图。该区域的像素用 $\{z_i\}(i=1,2,\cdots,n)$,则候选模型概率密度为:

$$p_u(f) = C \sum_{i=1}^{n} K\left(\left\| \frac{f - z_i}{h} \right\|^2 \right) \delta[b(z_i) - u] \tag{4-11}$$

其中,h 为核函数窗口大小,决定权重分布,其他参数与目标模型描述一样。

(3) 相似性度量。相似性函数用于描述目标模型和候选目标之间的相似程度。此处采用 Bhattacharyya 系数作为相似性函数,其定义为:

$$\rho(p, q) = \sum_{u=1}^{m} \sqrt{p_u(f) q_u} \tag{4-12}$$

相似函数越大,则表明两个模型越相似。将前一帧中目标的中心位置 f_0 作为搜索中心,寻找使相似函数最大的候选区域,即得到在本帧中的目标位置。

(4) Mean-Shift 迭代过程。均值漂移的迭代过程,也就是目标位置的搜索过程。为使相似函数最大,对相似函数进行泰勒展开,得到 Bhattacharryya 系数的近似表达式:

$$\rho(p, q) \approx \frac{1}{2} \sum_{u=1}^{m} \sqrt{p_u(f_0) q_u} + \frac{C}{2} \sum_{i=1}^{n} w_i K\left(\left\| \frac{f - z_i}{h} \right\|^2 \right) \tag{4-13}$$

$$w_i = \sum_{u=1}^{m} \sqrt{\frac{q_u}{p_u(f)}} \delta[b(z_i) - u] \tag{4-14}$$

只有展开式的第二项会随着 f 的变化而变化,其极大化过程就可以通过候选区域中心向真实区域中心的 Mean-Shift 迭代方程完成:

$$f_{k+1} = f_k + \frac{\sum_{i=1}^{n} w_i (f_k - z_i) g\left(\left\| \frac{f_k - z_i}{h} \right\|^2 \right)}{\sum_{i=1}^{n} w_i g\left(\left\| \frac{f_k - z_i}{h} \right\|^2 \right)} \tag{4-15}$$

其中,$g(x) = -K'(x)$。

图 4-47 为 Mean-Shift 跟踪效果图。

除 Mean-Shift 跟踪外,还有以下多种跟踪方法。

88

图 4-47　Mean-Shift 跟踪效果

（1）背景差：对背景的光照变化、噪声干扰以及周期性运动进行建模。通过当前帧减去背景图捕获物体运动过程。

（2）相邻帧间差分法：由于目标的运动，目标的影像在不同图像帧中的位置不同。通过对两幅图或三幅图的做差运算来求得检测结果。由其基本思想可知，其适合相邻几帧背景变化不大的情况，对光照和树枝摆动等变化的检测效果并不好。

（3）光流（optic flow）法：基本思想可以概括为在不变的光流场中寻找改变的光流场，而改变的部分即为运动目标所在部分。前提是假设场景中的亮度信息不变，然后求出连续几幅图像帧间的像素的运动向量，即光流场。而对于运动对象，其运动向量场不是很规则，从而可以检测出运动的目标。光流法的优点是可以在不预先知道场景的情况下进行运动目标检测，缺点是由于涉及大量的矩阵和迭代运算，难以实现运动目标的实时跟踪。

4.3.8　立体视觉

立体视觉是计算机视觉领域的一个重要研究方向，它的目的是重构场景的三维几何信息。立体视觉研究具有重要的应用价值，其应用包括移动机器人的自主导航系统、航空和遥感测量以及工业自动化系统等。

1. 研究方法

一般而言，立体视觉的研究有如下三类方法。

第一类方法是程距法（range data method），直接利用测距器（如激光测距仪）获得程距（range data）信息，建立三维描述的方法。根据已知的深度图，用数值逼近的方法重建表面信息，根据模型建立场景中的物体描述，实现图像理解功能。这是一种主动方式的立体视觉方法，其深度图是由测距器（range finders）获得的，如结构光（structured light）、激光测距器（laser range finders）等其他主动传感技术（active sensing techniques）。这类方法适用于严格控制下的环境（tightly controlled domains），如工业自动化的应用方面。

第二类方法是仅利用一幅图像提供的信息推断三维形状的方法。依据光学成像的透视原理及统计假设，根据场景中灰度变化推导出物体轮廓及表面，由影到形（shape from shading），从而推断场景中的物体。线条图的理解就是这样的一个典型问题，曾经引起了普遍的重视而成为计算机视觉研究领域的一个焦点，由此产生了各种各样的线条标注法。这种方法的结果是定性的，不能确定位置等定量信息，该方法由于受到单一图像所能提供信息的局限性,存在难以克服的困难。

第三类方法是利用不同视点的,两幅或更多幅图像提供的信息重构三维结构的方法。它是被动方式的,根据图像获取方式的区别又可以划分成普通立体视觉和通常所称的光流两类。普通立体视觉研究的是由两个摄像机同时拍摄的两幅图像,而光流法中研究的是单个摄像机沿任一轨道运动时顺序拍摄的两幅或更多幅图像。前者可以看作后者的一个特例,它们具有相同的几何构形,研究方法具有共同点。双目立体视觉是它的一个特例。

2. 组成部分

立体视觉的研究由如下几部分组成。

1) 图像获取

用作立体视觉研究的图像获取(image acquisition)方法是多种多样的,在时间、视点及方向上有很大的变动范围,直接受所应用领域的影响。立体视觉的研究主要集中在三个应用领域中,即自动测绘中的航空图像的解释、自主车的导引及避障及人类立体视觉的功能模拟。不同的应用领域涉及不同类的景物,就场景特征的区别来分,可以划分成两类,一类是含有文明特征(cultural features)的景物,如建筑、道路等;另一类是含有自然特征的景物和表面(natural objects and surfaces),如山、水、平原及树木等。不同类的景物的图像处理方法大不相同,各有其特殊性。

总之,与图像获取相关的主要因素包括:场景领域(scene domain);计时(timing);白天的照明(lighting)和阴影(presence of shadows);成像形态(photometry),包括特殊的遮盖(including special coverage);分辨率(resolution);视野(field of view);摄像机的相对位置(relative camera positioning)。

对场景的复杂程度受产生影响的因素包括:遮掩(occlusion);人工物体(man-made objects)的直边(straight edge)或平面(flat surfaces);均匀的纹理区域(smoothlytextured areas);含有重复结构的区域(areas containing repetitive structure)。

2) 摄像机模型

摄像机模型(camera modeling)就是对立体摄像机组的重要的几何与物理特征的表示形式,它作为一个计算模型,根据对应点的视差信息,用于计算对应点所代表的空间点的位置。摄像机模型除了提供图像上对应点空间与实际场景空间之间的映射关系外,还可用于约束寻找对应点时的搜索空间,从而降低匹配算法的复杂性,减小误匹配率。

3) 特征抽取

几乎是同一灰度的没有特征的区域是难以找到可靠匹配的,因此绝大部分计算机视觉中的工作都包括某种形式的特征提取(feature acquisition)过程,而且特征提取的具体形式与匹配策略紧密相关。在立体视觉的研究中,特征提取过程就是提取匹配基元的过程。

4) 图像匹配

图像匹配(image matching)是立体视觉系统的核心,是建立图像间的对应从而计算视差的过程,是极为重要的。

5) 深度计算

立体视觉的关键在于图像匹配,一旦精确的对应点建立起来,距离的计算相对而言只是一个简单的三角计算而已。然而,深度计算(depth determination)过程也遇到了明显的困难,尤其是当对应点具有某种程度的非精确性或不可靠性时。粗略地说,距离计算的误差与匹配的偏差成正比,而与摄像机组的基线长成反比。加大基线长可以减少误差,但是这又增大了视差范围和待匹配特征间的差别,从而使匹配问题复杂化。为了解决这一问题出现了各种匹配策略,如由粗到精策略或松弛法等。

在很多情况下,匹配精度通常是一个像素。但是,实际上区域相关法和特征匹配法都可以获得更好的精度。区域相关法要达到半个像素的精度需要对相关面进行内插。尽管有些特征抽取方法可以得到比一个像素精度更好的特征,但这直接依赖于所使用的算子类型,不存在普遍可用的方法。

另一种提高精度的方法是采用一个像素精度的算法,但是利用多幅图像的匹配,通过多组匹配的统计平均结果获得较高精度的估计。每组匹配结果对于最后深度估计的贡献可以根据该匹配结果的可靠性或精度加权处理。

总之,提高深度计算精度的途径以下几种,各自涉及了一些附加的计算量。

(1) 半像素精度估计(sub-pixel estimation)。

(2) 加长基线长(increased stereo baseline)。

(3) 几幅图的统计平均(statistical averaging over several views)。

(4) 内插(interpolation)。

在立体视觉的应用领域中,一般都需要一个稠密的深度图。基于特征匹配的算法得到的仅是一个稀疏而且分布并不均匀的深度图。在这种意义下,基于区域相关匹配的算法更适合获得稠密的深度图,但是该方法在那些几乎没有信息(灰度均匀)的区域上的匹配往往不可靠。因此,两类方法都离不开某种意义的内插过程。最为直接的将稀疏深度图内插成稠密的深度图的方法是将稀疏深度图看作连续深度图的一个采样,用一般的内插方法(如样条逼近)来近似该连续深度图。当稀疏深度图足以反映深度的重要变化时,该方法就是合适的。但是这种方法在许多应用领域中,尤其是在有遮掩边界的图像的领域中,就不适用了。

格里姆森(Grimson)指出可匹配特征的遗漏程度反映了待内插表面变化程度的相应限度,在这种基础上,他提出了一个内插过程。根据单幅图像的"由影到形"的技术,用已经匹配的特征建立轮廓条件和光滑的交接表面可以确保内插的有效性。这些方法结合起来,可以使内插过程达到合乎要求的目标。内插的另一种途径是在已有的几何模型与稀疏深度图之间建立映射关系,这是模型匹配过程。一般而言,要进行模型匹配,预先应将稀疏深度图进行聚类,形成若干子集,各自相应于一种特殊结构。然后找每一类的最佳对应模型,该模型为这种特殊结构(物体)提供参数和内插函数。如金纳里(Gennery)用这种方法发现立体对图像中的椭圆结构。

4.3.9 三维重建

三维重建是指对三维物体建立适合计算机表示和处理的数学模型,是在计算机环境下对其进行处理、操作和分析其性质的基础,也是在计算机中建立表达客观世界的虚拟现实的关键技术。

在计算机视觉中,三维重建是指根据单视图或者多视图的图像重建三维信息的过程。由于单视图的信息不完全,因此三维重建需要利用经验知识。而多视图的三维重建(类似人的双目定位)相对比较容易,其方法是先对摄像机进行标定,计算出摄像机的图像坐标系与世界坐标系的关系,然后利用多个二维图像的信息重建出三维信息。

物体三维重建是计算机辅助几何设计、计算机图形学、计算机动画、计算机视觉、医学图像处理、科学计算和虚拟现实、数字媒体创作等领域的共性科学问题和核心技术。利用计算机生成物体三维表示主要有两类方法,一类是使用几何建模软件通过人机交互生成人为控制下的物体三维几何模型;另一类是通过一定的手段获取真实物体的几何形状。前者实现技术已经十分成熟,现有若干软件支持,如 3ds Max、Maya、AutoCAD、UG 等,它们一般使用具有数学表达式的曲线曲面表示几何形状。后者一般称为三维重建,三维重建是指利用二维投影恢复物体三维信息(形状等)的数学过程和计算机技术,包括图像获取、摄像机标定、特征提取、立体匹配和三维重建等步骤。

(1)图像获取:在进行图像处理之前,先要用摄像机获取三维物体的二维图像。光照条件、相机的几何特性等对后续的图像处理有很大的影响。

(2)摄像机标定:通过摄像机标定建立有效的成像模型,求解出摄像机的内外参数,再结合图像的匹配结果得到空间中的三维点坐标,从而达到进行三维重建的目的。

(3)特征提取:特征主要包括特征点、特征线和区域。大多数情况下都是以特征点为匹配基元,特征点以何种形式提取与用何种匹配策略紧密联系。因此在进行特征点提取时需要先确定用哪种匹配方法。特征点提取算法包括基于方向导数的方法、基于图像亮度对比关系的方法和基于数学形态学的方法。

(4)立体匹配:立体匹配是根据所提取的特征建立图像对之间的对应关系,也就是将同一物理空间点在两幅不同图像中的成像点进行一一对应。在进行匹配时要注意场景中一些因素的干扰,如光照条件、噪声干扰、景物几何形状畸变、表面物理特性以及摄像机特性等。

(5)三维重建:有了比较精确的匹配结果,结合摄像机标定的内外参数,就可以恢复出三维场景信息。由于三维重建精度受匹配精度和摄像机的内外参数误差等因素的影响,因此首先需要做好前面几个步骤的工作,使得各个环节的精度高、误差小,这样才能设计出比较精确的立体视觉系统。

4.3.10 深度学习方法

深度学习是近十多年来人工智能领域取得的重要突破,它在语音识别、自然语言处理、计算机视觉及图像与视频分析等领域取得了巨大的成功。深度学习技术并不是一门新技术,Hinton、Rumelhart 和 Williams 在 1986 年就发表了著名的反向传播算法训练的神经网络,但由于计算量较大,且数据规模需求较大,在当时并不能体现出明显的优势。

2006 年 Hinton 再次提出了深度学习并在诸多领域取得了巨大成功。神经网络能够焕发青春有以下几方面的原因。

(1)大规模的训练数据。

(2)强大的计算能力。

(3)优秀的学习能力。

(4)神经网络的模型设计和训练方法的改进。

检测与识别方向的研究已经衍生出一大批快速成长的,且具有实用价值的几个方向,而现在做分类和识别比较好的方法就是利用深度学习的方法。

深度学习训练流程,如图 4-48 如示。

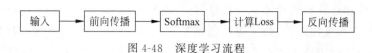

图 4-48　深度学习流程

端到端目标检测如图 4-49 所示。

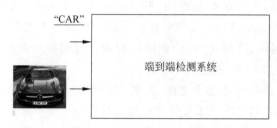

图 4-49　端到端目标检测图

1. 图像分类

目前比较流行的图像分类架构 CNN 是深度学习代表的算法之一,其过程如图 4-50 所示。CNN 具有表征学习能力,能够按其阶层结构对输入信息进行平移不变分类。

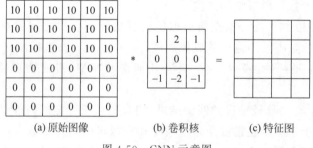

(a) 原始图像　　　(b) 卷积核　　　(c) 特征图

图 4-50　CNN 示意图

CNN 与滤波器的作用类似,滤波器是人为选择滤波器的值,而卷积核的值是通过反向传播来自动计算得来的。

2. 图像分割

图像分割技术是将图像分成若干具有相似性质的区域的过程,是图像语义理解的重要一环,如图 4-51 所示。近些年随着深度学习技术的逐步深入,图像分割技术有了突飞猛进的发展,该技术已经在无人驾驶、增强现实、安防监控等行业都得到了广泛的应用。

图 4-51　图像分割技术图像

结合图像中的内容信息来辅助图像分割,称为语义分割。聚类方法可以将图像分割成大小均匀、紧凑度合适的像素块,但在实际场景的图像中,一些物体的结构比较复杂,内部差异性较大,仅利用像素的颜色、亮度、纹理等低层次的内容无法生成比较好的分割效果。

3. 人脸识别

一般来说,人脸识别系统包括图像摄取、人脸定位、图像预处理以及人脸识别(身份确认或者身份查找)。系统输入一般是一张或者一系列含有未确定身份的人脸图像,以及人脸数据库中的若干已知身份的人脸图像或者相应的编码,而其输出则是一系列相似度得分,表明待识别的人脸的身份。

4.3.11 文本检测

文本检测算法大致分为两种,基于字符级别的检测和基于单词级别的检测。基于字符级别的检测算法首先提取单个字符,然后再使用字符合并算法把这些字符合并成一个单词,这种方法因为要生成大量的字符候选框并且要合并,比较耗时。相比之下,基于单词级别的检测算法直接检测单词,会更高效且简单,但这种方法通常无法有效地检测具有任意形状的文本。为了解决这个问题,一些基于单词的方法进一步应用实例分割进行文本检测。在这些方法中,前景分割掩码估计可以帮助确定各种文本形状。

4.3.12 几何变换

几何变换的原理大多都是相似,只是变换矩阵不同,因此,以最常用的平移和旋转为例进行学习。在深度学习领域,常用平移、旋转、镜像等操作进行数据增广;在传统 CV 领域,由于某些拍摄角度的问题,需要对图像进行矫正处理,而几何变换正是这个处理过程的基础,因此了解和学习几何变换也是有必要的。

4.3.13 图像拼接

图像拼接技术就是将数张有重叠部分的图像(可能是不同时间、不同视角或者不同传感器获得的)拼成一幅无缝的全景图像或高分辨率图像的技术。

图像配准(image alignment)和图像融合是图像拼接的两个关键技术。图像配准是图像融合的基础,而且图像配准算法的计算量一般非常大,因此图像拼接技术的发展很大程度上取决于图像配准技术的创新。早期的图像配准技术主要采用点匹配法,这类方法速度慢、精度低而且需要人工选取初始匹配点,无法适应大数据量图像的融合。图像拼接的方法很多,不同的算法步骤会有一定差异,但大致的过程是相同的。一般来说,图像拼接主要包括以下步骤。

(1)图像预处理:包括数字图像处理的基本操作(如去噪、边缘提取、直方图处理等)、建立图像的匹配模板以及对图像进行某种变换(如傅里叶变换、小波变换等)等操作。

(2)图像配准:就是采用一定的匹配策略,找出待拼接图像中的模板或特征点在参考图像中对应的位置,进而确定两幅图像之间的变换关系。

(3)建立变换模型:根据模板或者图像特征之间的对应关系,计算出数学模型中的各参数值,从而建立两幅图像的数学变换模型。

(4)统一坐标变换:根据建立的数学转换模型,将待拼接图像转换到参考图像的坐标系中,完成统一坐标变换。

(5)融合重构:将待拼接图像的重合区域进行融合,得到拼接重构的平滑无缝全景图像。

4.3.14 高动态范围成像

相比普通的图像,高动态范围(High-Dynamic Range,HDR)图像可以提供更多的动态范围和图像细节,根据不同的曝光时间的低动态范围(Low-Dynamic Range,LDR)图像,利用每个曝光时间相对应最佳细节的 LDR 图像合成最终的 HDR 图像,能够更好地反映真实环境中的视觉效果。

4.3.15 图像修复

图像修复(image in-painting)指重建的图像和视频中丢失或损坏的部分的过程。例如在博物馆中,这项工作常由经验丰富的博物馆管理员或者艺术品修复师来进行。数码世界中,图像修复义称图像插值或视频插值,指利用复杂的算法来替换已丢失、损坏的图像数据,主要替换一些小区域和瑕疵。

图像修复技术有许多目标和应用。在摄影和电影业中,可以使用这一技术修复电影、还原变质老化的胶片,同时还可用来消除红眼、照片上的日期、水印等,甚至还可以实现某些特效。数字图像的编码和传输过程中也能使用图像修复技术替换丢失的数据。

4.3.16 图像分解

将图像分解成有效的几部分在图像处理的领域是很重要且具有挑战性的逆问题。图像分解就是把原始图像 f 分解为两部分,即 $f=u+v$。其中,u 是结构部分,是图像中较大尺度的对象;v 是纹理部分,是包含细小尺度的细节,这些细节通常具有周期性和振荡性。然而,对于结构和纹理的定义是不明确的,因为它很大程度上取决于图像内容的尺度。也就是说,在一个图像中的结构部分也可以在与之相比结构部分尺度更大的图像中被认为是纹理部分。图像的分解方法好比是一个筛子,图像中结构纹理的分解就靠分解方法来过滤。

4.3.17 非真实性渲染

非真实感渲染(Non Photorealistic Rendering,NPR)是指利用计算机模拟各种视觉艺术的绘制风格,也用于发展新的绘制风格,如模拟中国画、水彩、素描、油画、版画等艺术风格。NPR 也可以把三维场景渲染出丰富的、特别的新视觉效果,使它具备创新的功能。NPR 以强烈的艺术形式应用在动画、游戏等娱乐领域中,也出现在工程、工业设计图纸中。NPR 应用领域广阔,不仅是由于它的艺术表现形式丰富多样,还在于计算机能够辅助完成原本工作量大、难度高的创作工作。

目前,基于三维软件的 NPR 渲染器相当多,如 FinalToon、Illustrator、Pencil 等,同时还可以借用程序贴图创建 NPR 的材质,协助生成手绘风格的图像效果。另外,像 Mental Ray、Reyes、Brazil 等外挂渲染器都是 NPR 的解决方案。

NPR 的分类方式有很多,根据处理的数据类型是二维(二维半)还是三维,可以分为图像空间非真实感渲染和物体空间非真实感渲染。按照 Gooch 的理论,又可以分为三类:对艺术媒介的仿真、用户交互式产生图像和系统自动生成图像。

4.3.18　图像合成

图像合成是将多谱段黑白图像经多光谱图像彩色合成而变成彩色图像的一种处理技术,具体实例如图 4-52 所示。

图 4-52　图像合成技术

4.4　计算机视觉算法实现

4.4.1　OpenCV 简介

OpenCV 是一个基于 Apache 2.0 许可(开源)发行的跨平台计算机视觉和机器学习软件库,可以运行在 Linux、Windows、Android 和 Mac OS 操作系统上。OpenCV 是轻量级且高效——由一系列 C 函数和少量 C++类构成,同时提供了 Python、Java、Ruby 和 MATLAB 等语言接口,实现了图像处理和计算机视觉方面的很多通用算法。

计算机视觉市场巨大而且持续增长,且这方面没有标准 API,如今的计算机视觉软件大概有以下三种。

(1) 研究代码(慢,不稳定,独立并与其他库不兼容)。

(2) 耗费很高的商业化工具(比如 Halcon、MATLAB+Simulink)。

(3) 依赖硬件的一些特别的解决方案(比如视频监控,制造控制系统,医疗设备)。

OpenCV 致力于真实世界的实时应用,通过优化 C 的代码编写,其执行速度得到了提高,并且可以通过购买 Intel 的高性能多媒体函数库 IPP(Integrated Performance Primitives)得到更快的处理速度。

Mat 类 (Matrix 的缩写) 是 OpenCV 为处理图像而引入的一个封装类。Mat 本质上是由两个数据部分组成的类:一是包含信息有矩阵的大小(用于存储的方法,矩阵存储的地址等)的矩阵头(头部的大小恒定),二是指向包含了像素值的矩阵(可根据选择使用的存储方法采用任何维度存储数据)的指针,如图 4-53 所示。

Mat 类型像素的常见访问方式有两种,分别是 at 访问和 ptr 指针访问。

(1) at 访问格式如下:

```
image.at<Vec3b/Vec3f>(h,w)[channel];
```

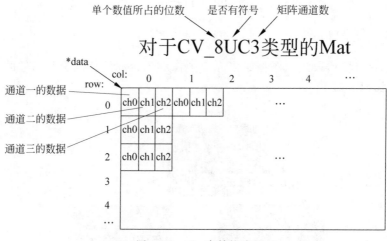

图 4-53 Mat 存储格式

其中，Vec3b/Vec3f 表示 Mat 的数据类型，整数型为 3b，浮点型为 3f；channel 表示访问的通道。

（2）ptr 指针访问格式如下：

```
image.ptr<Vec3b/Vec3f>(h,w) ->val[channel];
image.ptr<Vec3b/Vec3f>(h,w)[channel];
```

4.4.2 OpenCV 常用函数

1. imread()函数

imread()函数的作用非常简单，从函数的名称也可以看出来，imread 为 image read 的缩写，即图像读取的意思。imread()函数的作用就是负责读取图像。在 OpenCV 1.x 时代，加载图像的函数并不是 imread()，而是 cvLoadImage()。imread()函数的用法如下：

```
Mat imread(const string &filepath,int flag);
```

此语句表示读取图像，将其以 Mat 类型返回，读取默认通道排序为 BGR 而非 RGB。其中，Mat 表示 OpenCV 中存储矩阵的类，包含存储图像所用的矩阵以及矩阵的信息；filepath 表示图像路径；flag 为标志位，为 0 时将图像读为单通道灰度图，为 1 时总是把图像转为 3 通道图像，为 2 时为原通道数的图像。

2. blur()函数

blur()函数的作用是对输入的图像进行均值滤波后输出。blur()函数的用法如下：

```
void blur(InputArray src,OutputArray dst,Size ksize,Point anchor = Point(-1,-1));
```

其中，src、dst 表示 Mat 类型，分别为原图像和模糊后的图像；ksize 表示滤波器大小，一般取奇数宽度，如 3×3 的滤波器写作 Size(3,3)；anchor 为锚点，即被平滑的点，默认取值（-1，-1）表示在正中心。

如果对图像进行中值滤波，语句与均值滤波类似，但 ksize 取 int 类型，而非 Size 类型，具体如下：

```
void medianBlur(InputArray src,OutputArray dst,int ksize);
```

3. filter2D()函数

Filter2D()函数使用自定义内核对图像进行卷积。Filter2D()函数将任意线性滤波器应用于图像,支持就地操作。当光圈部分位于图像外部时,Filter2D()函数会根据指定的边框模式插入异常像素值。Filter2D()函数的用法如下:

```
void filter2D(InputArray src, OutputArray dst, int depth, InputArray kernel, Point anchor =
Point(-1,-1),double delta = 0, int borderType = BORDER_DEFAULT);
```

其中,src、dst 为 Mat 类型,分别为原图像和卷积操作后的图像;depth 为通道数,当取-1时通道数就与原图保持一致;kernel 为 Mat 类型,是自定义的滤波器;anchor 为锚点,即被平滑的点,默认取值(-1,-1)表示在正中心;delta 表示在卷积过程中,该值会加到每个像素上,通常取 0。此语句表示利用自定义的滤波器进行滤波,常用于锐化、边缘检测及梯度变化计算等。

4.4.3　Canny 边缘检测

Canny 边缘检测是一种非常流行的边缘检测算法,是约翰·坎尼(John Canny)在 1986年提出的。它是一个多阶段的算法,由多个步骤构成。

(1)图像降噪。梯度算子用于增强图像,本质上是通过增强边缘轮廓来实现的,也就是说可以检测到图像的边缘。但是,它们受噪声的影响都很大,所以第一步要先去除噪声,因为噪声就是灰度变化较大的地方,所以容易被识别为伪边缘。

(2)计算图像梯度。因为梯度是灰度变化明显的地方,而边缘也是灰度变化明显的地方,所以计算图像梯度能够得到图像的边缘。当然这一步只能得到可能的边缘的集合。

(3)非极大值抑制(Non-Maximum Suppression,NMS)。通常灰度变化的地方都比较集中,将局部范围内的梯度方向上,灰度变化最大的保留下来,其他的不保留,这样可以剔除掉一大部分的点。将有多个像素宽的边缘变成一个单像素宽的边缘,即"胖边缘"变成"瘦边缘"。

(4)阈值筛选:通过非极大值抑制后,仍然有很多的可能边缘点,进一步地设置一个双阈值,即低阈值(low threshold)和高阈值(high threshold)。灰度变化大于高阈值的,设置为强边缘像素;低于低阈值的,剔除;在低阈值和高阈值之间的设置为弱边缘。进一步判断,如果其领域内有强边缘像素,则保留,如果没有,则剔除。

使用 Canny 算子进行边缘检测的用法如下:

```
void Canny(InputArray src, OutputArray edges, double threshold1, double threshold2, int
apertureSize = 3, bool L2gradient = false);
```

其中,src、edges 为 Mat 类型,分别为原图像和卷积操作后的图像;threshold1、threshold2为双阈值算法的高低阈值;apertureSize 表示 Canny 算子大小,一般为 3;L2gradient 的值如果为 true,则使用更精确的 L_2 范数进行计算,否则使用 L_1 范数。

4.4.4　Mean-Shift

Mean-Shift 算法是基于核密度估计的爬山算法,可用于聚类、图像分割、跟踪等。
Mean-Shift 算法在很多领域都有成功应用,例如图像平滑、图像分割、物体跟踪等,这

98

些属于人工智能中模式识别或计算机视觉的部分，另外也包括常规的聚类应用。

（1）图像平滑：图像最大质量下的像素压缩。

（2）图像分割：跟图像平滑类似的应用，但最终是将可以平滑的图像进行分离，达到前后景或固定物理分割的目的。

（3）目标跟踪：例如针对监控视频中某个人物的动态跟踪。

（4）常规聚类，如用户聚类等。

使用 Mean-Shift 进行目标跟踪的用法如下：

```
void Mean - Shift(InputArray src, Rect trackWindow, TermCriteria criteria);
```

其中，src 为 Mat 类型的原图像；trackWindow 为追踪框；criteria 为终止条件。

下面通过目标跟踪实例了解 Mean-Shift 的具体使用，整个过程共分 4 步。

（1）选中物体，记录方框位置。

（2）求出视频中有关物体的反向投影图。

（3）根据反向投影图和方框进行 Mean-Shift 迭代，由于它是重心移动，即向反向投影图中概率大的方向移动，所以最终会移动到目标上。

（4）将下一帧的图像用新计算的方框继续迭代，重复（1）～（3）步即可。

根据步骤，首先选中物体，记录方框位置。先输入图像框，将需要跟踪的物体利用图像框框起来，图像框要尽量小但能框住检测主体的全部，在物体运动时，跟踪效果才会更好，算法实现如图 4-54 所示。

```python
import numpy as np
import cv2

cap = cv2.VideoCapture("slowflv.mp4")

# 取视频的第一帧
ret, frame = cap.read()
#print (frame.shape)

cv2.rectangle(frame,(210,177),(237,255),255,2)
cv2.imshow('frame',frame)

# 设置窗口的初始位置
r, h, c, w = 177, 80, 210, 27
track_window = (c, r, w, h)

# 提取窗口
roi = frame[r:r + h, c:c + w]
cv2.imshow('roi',roi)

hsv_roi = cv2.cvtColor(roi, cv2.COLOR_BGR2HSV)
mask = cv2.inRange(hsv_roi, np.array((0., 32., 32.)), np.array((180., 255., 255.))

# 计算窗口直方图
roi_hist = cv2.calcHist([hsv_roi], [0], mask, [180], [0, 180])
# 归一化直方图
roi_hist = cv2.normalize(roi_hist, 0, 255, cv2.NORM_MINMAX)
cv2.waitKey(0)

# 设置终止条件
term_crit = (cv2.TERM_CRITERIA_EPS | cv2.TERM_CRITERIA_COUNT, 10, 1)

x, y, w, h = track_window
print (x, y), (x + w, y + h)
```

图 4-54　Mean-Shift 目标跟踪过程一

　　在图像送入 Mean-Shift 函数后,先求出图像中有关物体的反向投影图。然后根据反向投影图和方框进行 Mean-Shift 迭代,最终移动到目标上。将下一帧的图像用新计算的方框继续迭代,算法实现如图 4-55 所示。Mean-Shift 目标跟踪的最终效果如图 4-56 所示。

```python
while 1:
    ret, frame = cap.read()

    if ret:
        hsv = cv2.cvtColor(frame, cv2.COLOR_BGR2HSV)
        dst = cv2.calcBackProject([hsv], [0], roi_hist, [0, 180], 1)

        # 调用opencv meanshift
        ret, track_window = cv2.meanShift(dst, track_window, term_crit)

        # 画出最新的窗口位置
        x, y, w, h = track_window
        cv2.rectangle(frame, (x, y), (x + w, y + h), 255, 2)
        cv2.imshow('img2', frame)

        k = cv2.waitKey(60) & 0xff
        if k == 27:
            break
        # else:
            # cv2.imwrite(chr(k) + ".jpg", frame)
    else:
        break
# cv2.waitKey(0)

cv2.destroyAllWindows()
cap.release()
```

图 4-55　Mean-Shift 目标跟踪过程二

图 4-56　Mean-Shift 跟踪效果

4.4.5　基于 SURF 特征匹配的图像拼接

　　基于 SURF 特征匹配的图像拼接过程总共分 4 步。

　　(1) 提取特征点和描述。首先将 RGB 图像转换为灰度图,初始化 SURF 特征提取器,并将左右两张图像,分别送入 SURF 特征提取器提取特征和描述,算法实现如图 4-57(a)

所示。

（2）特征点匹配，找到两幅图中匹配点的位置。将两幅图中提取出来的特征进行匹配，将比较相似的特征点加入 good 列表中，分别将相匹配的特征放入 src_pts 和 dst_pts 中，方便后续进行投影映射。算法实现如图 4-57(b)。

（3）通过配对点，生成变换矩阵，并对一个图像应用矩阵变换生成矩阵对另一个图像的映射。通过配对点，完成左图到右图的映射：得到两个图较好匹配的特征后，利用其生成左边图像到右边图像的映射关系，并利用这个关系使左图完成到右图的透视变换。算法实现如图 4-57(c)所示。

（4）将图像和另一个映射过的图像拼接。生成两张图像拼接后大小的空白图像，分别将左侧变换后的图像和右侧的图像叠加到空白图像上，完成拼接并将过程中产生的图像展示出来。算法实现如图 4-57(d)。

(a) 提取特征点　　　　　　　　　　　　(b) 特征点匹配

(c) 生成变换矩阵　　　　　　　　　　　　(d) 图像拼接

图 4-57　基于 SURF 特征匹配的图像拼接过程

经过上述所有操作,最后的效果如图 4-58 所示。

图 4-58　利用 SURF 特征匹配的图像拼接实现效果图

## 第5章

语 音 识 别

5.1 语音识别概述

语音识别(speech recognition)技术就是让机器识别和理解人类的语言并将其转换为相应的文本或者命令,也就是让机器听懂人类的语音。语音识别过程中,语音会和环境音、噪声等一起被送到机器中,经过去噪后才能够对语音进行采集和翻译,把声音转换成需要的文本内容。

语音识别的应用实际上改变了人机的交互方式。以前的人机交互主要通过键盘或鼠标,键盘和鼠标把人类与计算机绑在一起,需要在距离计算机比较近的地方实施操作。有了语音输入后,我们与计算机或者其他电子设备之间可以保持一定的距离。例如,对室内音箱而言,如果距离音箱 3~5m,通过语音输入也可以实现对音箱的控制;在驾驶的时候,在用手控制方向盘的同时,如果要去操作其他设备,如要调用导航系统,就可以采用语音的方式,这样既实现了控制,还可以保障交通安全。

5.2 语音识别流程

本节将从盲源分离、语音识别、语音特征提取和模板匹配等方面展开,声音采集编码后,要针对声音进行识别,后续再转换成文字并应用于各领域。

1. 盲源分离

在一个酒会中,会有很多人同时在说话,如果采用音箱放大,音箱中会有多个人的声音,还会夹杂嘈杂的环境音。如何将其中每个人的声音识别出来,分离出每个人的语音信号是进行后续处理的基础,分离每个人的语音信号要求每个人的语音信号有独立分布特性,盲源分离的目的是指在不知道源信号和其传输通道参数的情况下,根据输入源信号的统计特征,仅通过观测信号恢复出信号各个独立成分的过程。

每个人说话的信号用 S_i 表示,之后发出的信号会混合起来,所以需要学习混合信号的特色,然后针对观测到的信号,将每个人的信号分离出来。中间需要用到混合矩阵和去混合矩阵,常见的分离需要用到随机方法,另一种分离只需要用到声音本身的特性,这里简单介绍只用声音本身的特性进行盲源分离的过程。混合矩阵用 a_i 表示,其中,S_i 是原信号,混合后的信号用 x_i 表示。

在盲源分离中用到了独立成分分析(Independent Component Analysis,ICA),ICA 假设 S_i 在统计学上是独立的,同时独立分量必须满足非高斯分布。在基本模型中,一般是不假定这些分布已知的(如果这些是已知,那问题就更加简化了)。

图 5-1(a)所示的原始信号包含一个正弦波和一个三角锯齿波,混合之后变成了图 5-1(b)所示的信号,进过盲源分离后结果如图 5-1(c)所示。在给定空间的基础上,在没有任何原始图信息的情况下,成功实现了分离,分离出的信号与原始信号基本一致。

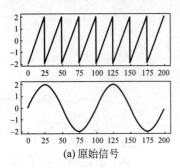 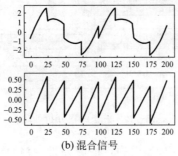 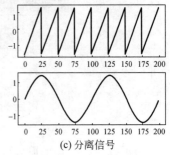

(a) 原始信号　　　　　　(b) 混合信号　　　　　　(c) 分离信号

图 5-1　盲源分离

2. 语音识别

利用盲源分离把每个人的声音分离出来后,对每个人的声音进行识别,语音识别是将语音识别成相应的文本分析。语音识别流程中,首先需要进行训练,将语音中的一些规律存储起来作为模板,再进行识别,用这个模板进行语音处理。在模板匹配中,需要学习标准模板,最后用标准模板进行匹配,在识别角色中需要用到专家知识。

人体的语音是由人体的发音器官在大脑的控制下做身体运动产生的。人体发音器官由三部分组成:肺、气管和声道,这是语音产生的能源所在。气管连接着肺和喉,是肺与声道的联系通道。喉是由一个软骨和肌肉组成的复杂系统,其中包含着重要的发音器官。声带会产生语音,提供主要的声道是指声门至嘴唇的所有发音器官,包括咽喉、口腔和鼻腔。

语音是声音的一种,是由人的发声器官发出的具有一定语法和意义的声音。大脑对发音器官发出运动神经指令,控制发音器官,各种肌肉运动振动空气,空气由肺进入喉部,经过声带激励进入声道,最后通过嘴唇辐射形成语音。发浊音时,声带的不断开启和关闭将产生间歇的脉冲波,发清音时可等效成随机白噪声。

针对语音形成的规律,可以从几方面进行处理。首先进行预处理,预处理部分包括反混叠滤波、语音增强、去除声门激励和口唇辐射的影响,预处理最重要的步骤是端点检测和特征提取。特征提取的作用是从语音信号中提取一组或几组能够描述语音信号的特征参数,如平均能量过滤、倒谱信息预测系数等。训练和识别参数的选择直接关系着语音识别率的高低,训练是建立模式库的必备过程,其中一个词对应一个参考模式,它由一个词的多种发音训练得到。

模式匹配是整个系统的核心,其作用是按照一定的准则求取代测语音特征信号,参数和语音信号与模式库中相应模板之间的失真率,最匹配的就是识别结果。预处理中间包含预加重处理,目的是消除低频干扰,尤其在 50Hz 工作频率可以得到对语音识别更为有用的高频谱部分,使信号变得平坦,以便于频率分析。预加重处理采用高通滤波器实现,是针对声音的发音模型进行的。

语音信号常常假定为短时平稳的,即在 10~20ms 的小间隔中某些物理参数可以近似看作不变,这样就可以采用图 5-2 所示的平稳过程分析处理方法进行处理。这种处理的基本方法是将语音信号分割为一些短帧再加以处理,为了减少帧与帧之间的变化,相邻帧之间必须要重叠,第 k 帧和 $k+1$ 帧中间有一部分重叠,第 $k+1$ 帧和 $k+2$ 帧中间也有一部分重合。

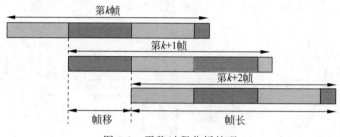

图 5-2　平稳过程分析处理

为了减少语音帧的阶段效应,需要进行加窗处理,每帧信号与一个平滑的窗函数相乘,让帧两端平滑地衰减,可以防止傅里叶变换后旁瓣的强度取得更高质量的频谱。加窗处理一般用汉明窗,每一帧成立一个矩形窗,增加其连续性。汉明窗的主瓣最宽,旁瓣最低,可以有效克服泄漏现象,具有更频繁的低通特性,应用也比较广泛。

3. 语音特征提取

端点检测的目的是从连续的声音中检测出每一段语音的起始点和终止点,从而达到节省系统资源、方便实时分析的效果,如图 5-3 所示。单点检测的好坏可以直接影响孤立词识别率的高低,特征选择的好坏也直接影响语音识别的精度。语音特征要包含短时平均能量、短时过零率、线性预测系数(Linear Prediction Coefficient,LPC)、线性预测倒谱系数(Linear Prediction Cepstral Coefficients)和梅尔频率倒谱系数(Mel Frequency Cepstral Coefficents,MFCC)等。

短时平均能量反映了语音振幅或能力随时间缓慢变化的规律。在语音中可以区别出浊音来,因为浊音的短时平均能量为:

$$E_m = \sum_{n+m}^{N+m-1} S_w^2(n-m) \tag{5-1}$$

比轻音短时平均能量

$$Z_0 = \frac{1}{2} \sum_{n=0}^{N-1} |S_g n[S_w(n)] - S_g n[S_w(n-1)]| \tag{5-2}$$

大很多。

短时过零率表示一帧语音中信号穿过横轴的次数在离散时间信号情况下,当相邻两次初样有不同的代数符号就表示发生了过零。应用短时平均过零率可以得到谱特性的粗略估计。浊音中能量集中于较低频补中有较低的过零率,而轻音使能量集中于较高的频率制度,

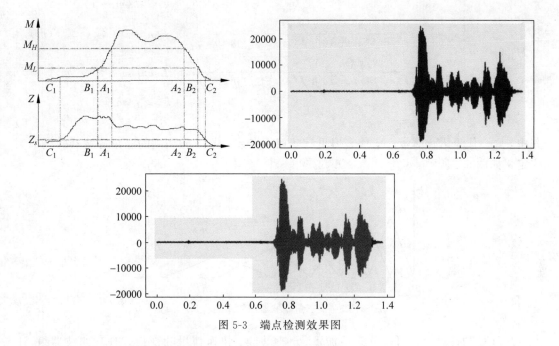

图 5-3　端点检测效果图

有较高的过零率,过零率可以用来区分轻音和浊音,在端点检测中有一定的运用。

语音的线性预测基本思想是语音信号的每个取样值可以用它过去的若干个取样值的线性组合表示,各加权系数的确定原则是使预测误差的均方差最小,如果利用过去 p 个取样进行预测则称为线性预测。根据声音发音的规律看,语音信号可以看作一个线性时变系统,在准周期脉冲训练激励下产生的输出则是一个非时变系统。时间训练的 Z 变换的模的对数,即逆 Z 变换,可以看作信号的倒谱。倒谱分析的基础是假设语音是激励函数与声道冲击响应的卷积,语音的倒谱实际上是将语音的频谱取对数,再进行傅里叶变换:

$$H(z) = \frac{1}{1 - \sum\limits_{i=1}^{p} a_i z^{-1}} \tag{5-3}$$

$$c(n) = z^{-1}\left[\ln |z(x(n))|\right], \quad c(n) = z^{-1}\left[\ln H(Z)\right] \tag{5-4}$$

倒谱(cepstrum)是从频谱引出的新词,倒谱就是信号的傅里叶变频谱经对数运算后再进行傅里叶反变换得到的谱。线性预测系数主要是模拟人的发声模型,未考虑人耳对元音有较好的描述能力但对辅音的描述及抗造性能较差的听觉特性。但线性预测计算量小,易实现。

MFCC 是目前大多数语音识别系统中广泛使用的特征参数,它更符合人耳的听觉特性,因为没有标度,描述人耳频率的非线性特性没有频率尺度,它的值大体上对应实际频率的对数分布关系,MFCC 考虑了人的听觉特性,先将线性频谱映射到基于听觉感知的梅尔非线性频谱(Mel non-linear spectrogram)中,然后转换到倒谱上:

$$X_a(k) = \sum_{n=0}^{N-1} x(n)e^{-j2\pi k/N}, \quad 0 \leqslant k \leqslant N \tag{5-5}$$

$$H_m(k)=\begin{cases}0, & k<f(m-1)\\[2mm]\dfrac{2[k-f(m-1)]}{[f(m+1)-f(m-1)][f(m)-f(m-1)]}, & f(m-1)\leqslant k\leqslant f(m)\\[3mm]\dfrac{2[f(m+1)-k]}{[f(m+1)-f(m-1)][f(m)-f(m-1)]}, & f(m)\leqslant k\leqslant f(m+1)\\[2mm]0, & k\geqslant f(m+1)\end{cases}$$

$$(5\text{-}6)$$

其中,$x(n)$代表语音信号;N代表傅里叶变换的点数;式(5-6)用到的三角滤波器的频率响应定义如图 5-4 所示。

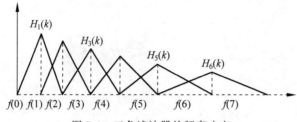

图 5-4　三角滤波器的频率响应

MFCC 的计算流程可以分为预加重、分帧、加窗、快速傅里叶变换、MEL 滤波器组、计算对数能量、经离散余弦变换、对数能量、动态差分参数的提取等步骤。

MFCC 突出的优点是在噪声中表现出更强的健壮性,在非特定人语音识别方面减少了因说话人不同带来的影响,不足之处是算法复杂度比较大。由于信号在时域上的变化很难看出其特性,所以通常将它转换为频域分析,其中不同的能量分布就代表不同的语音特性,所以在乘以汉明窗后,还必须对分帧加窗后的各帧信号进行快速傅里叶变换,得到各帧的频谱并对语音信号的频谱取模平方,得到语音信号的功率谱。经过傅里叶变换后的频谱包括了声音的很多频率信息,是处理频率信息的一个很重要的工具。

4. 模板匹配

有了特征就需要进行特征匹配,也就是模板匹配方法的应用,在语音识别中,常用的模板匹配方法有动态时间规整(Dynamic Time Warping,DTW)、HMM、向量量化(Vector Quantization,VQ)技术、人工神经网络(Artificial Neural Network,ANN)等。

语音信号具有很强的随机性,不同的发音习惯、不同的发音环境或不同的心情都会使一个字的发音持续时间发生变化,所以参考模板和测试模板中的向量长度不同,且其中每个发音单元的长度也不同。DTW 是一种最优算法,算法的思想就是把未知量均匀拉长或缩短,直到参考模式长度一致。在这一过程中,未知语音识别信号的时间轴进行不均匀扭曲使其模板特征对齐,并在两者之间不断地进行两个向量距离最小的路径匹配计算,从而获得两个向量匹配时累积距离最小的规整函数。

DTW 是较早提出解决发音长短不匹配问题的,测试语音参数共有 i 帧向量,而参数模型共有 j 帧,i 和 j 不相等,这是使用 DTW 的基本条件。这时需要寻找一个时间规整函数 $J=w(i)$,它将测试向量的时间轴 i 非线性地映射到模板的时间轴上,比如发音"hello"或者"he～llo"这两个的长度是不一样的,那么把前面的"ha-"跟后面"ha-"的对应上,把"-llo"跟"-llo"对应上,就是 DTW 需要解决的问题。定义两个时间序列 Q 和 C,长度分别为 n 和 m,

对这两个序列构造一个 $n \times m$ 的矩阵网络，q_i 和 c_j 描述两个点的距离。最后用路径寻找法找到一条最优的路径，这条路径不是随意选择的，需要满足以下几个约束。

（1）边界条件任意语音发音快慢都可能变化但其先后顺序不会变，因此首选路径必定是左下角出发，右上角结束。

（2）连续性不能跨过某个点去匹配，只能和自己相邻的点对齐，这样可以保证序列 Q 和 C 中的每个坐标都在 w 出现单价性限制，w 必须是随着时间单调进行的连续性和单调性的约束。每一格的路径就只能是三个方向，即 $(i+1,j)$、$(i,j+1)$、$(i+1,j+1)$ 满足这些约束条件的路径可以有指数个，取其最小的路径：

$$\mathrm{DTW} = (Q,C) = \min\left\{\frac{\sum\limits_{k=1}^{k} w_k}{K}\right\} \tag{5-7}$$

这就是相应的优化函数。通过该优化函数最终得到两个时间序列 Q 和 C 的匹配过程，完成语音的配准和识别。

语音作为观测信号，文字作为隐性信号，隐性信号是指外界不便观测或者观测不到的状态信号。文字和信号之间存在一个状态迁移的概率矩阵，描述由文字到语音信号转换时文字的发音概率、观测概率、字词之间的转换频率。最后根据具体的语音信号计算出相应的文字训练，这是 HMM 的主要思路。HMM 库不是预先存好的模式样本，而是通过反复的训练用迭代算法形成的与训练输出信号吻合概率最佳的 HMM 模型参数。

虽然 HMM 方法在训练过程中的处理比 DTW 方法要复杂，但识别过程比 DTW 方法简单。在孤立词和小词汇的汉语识别中，HMM 的识别率要高于 DTW 方法，而且解决了 DTW 无法实现的连续语音识别的应用问题。因此，在汉语语音识别中 HMM 方法不仅可以用于孤立词识别系统，而且在连续语音识别和说话人识别等方面也得到了广泛的应用，是目前汉语语音识别技术的主流。

VQ 技术用一个 K 维向量表示一个原类，用 K 个标量表征语音信号的波形帧或者参数帧，然后对向量进行整理量化。VQ 技术需要将无限的质量空间划分为 M 个有限的区域边界，而每个区域有一个中心向量值及码字，所以总共有 M 个码字。各码字的下标或者序号的集合，则构成了一本反应训练时 K 维向量的码书。在语音识别时，将 K 作为待处理量，与已有的码书中的 M 个区域边界进行比较，即可得到识别结果。

ANN 是用于模拟人的组织结构和思维过程的一个前沿研究领域，基于 ANN 的语音识别系统通常由神经元、训练算法和网络结构等构成。ANN 采用非线性信息处理机制、信息分布和存储机制等多种现代信息技术工具，具有高速的信息处理能力，并有较强的适应和自动调节能力。在训练过程中，ANN 能不断调整自身参数权重和拓扑结构，以适应环境和系统性能优化的需求，在模式识别中有选择快速、识别率高等特点。深度学习是神经网络的进一步延伸，可以通过端到端的方式进行，也就是通过学习特征自动完成多种任务，可以通过学习讲话人的特征识别讲话人，也可以通过学习语音的特征进行语音识别。

5.3 语音识别案例实现

本节基于 Amazon Ehco 介绍语音识别的案例实现，首先进行特征识别然后用模板匹配方法进行语音的识别,主要涉及 MFCC 和神经网络模板匹配的代码实现,并给出了完整的硬件设计。

5.3.1　MFCC

Amazon Ehco 是一个典型的语音音箱,其 MFCC 实现的具体步骤如下所述。

(1)读取数据和展示数据,如图 5-5 所示。音频文件格式有很多种,如 MP3、WAV 等,图 5-5(a)所示的代码中读取的是 WAV 格式的文件。

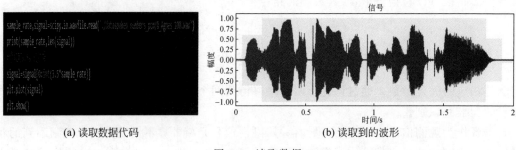

(a) 读取数据代码　　　　　　　　　　　　(b) 读取到的波形

图 5-5　读取数据

(2)读取了部分数据后,通过图 5-5(b)所示的波形,可以发现波形是毫无规律的。对于没有规律的波形,可以采取预加重的方法进行处理,具体代码如图 5-6(a)所示。此处提供了两种预加重的方法,一种是单纯的预加重方法,处理后的波形如图 5-6(b)所示;另一种是去除 silence 信号后的预加重,对于同样的输入波形,采用此方法的波形图发生了一些变化,如图 5-6(c)所示。

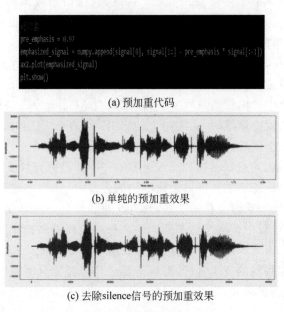

(a) 预加重代码

(b) 单纯的预加重效果

(c) 去除silence信号的预加重效果

图 5-6　对数据进行预加重处理

(3)语音处理范围里的典型帧(即分帧)大小是 $20\sim40\mathrm{ms}$,那么一个长时信号的连续帧之间会出现重叠,相对应的分帧有一部分会与前一帧或后一帧有重叠。为了消除重叠,对长时信号进行分帧处理,分解为有重叠的短时信号,供后面做进一步处理,具体实现代码如图 5-7(a)所示,信号分帧的效果如图 5-7(b)所示。

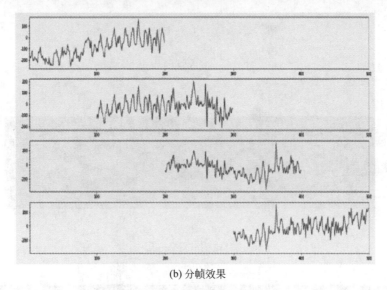

```
frame_size=0.025
frame_stride=0.01
frame_length,frame_step=frame_size*sample_rate,frame_stride*sample_rate
signal_length=len(emphasized_signal)
frame_length=int(round(frame_length))
frame_step=int(round(frame_step))
num_frames=int(numpy.ceil(float(numpy.abs(signal_length-frame_length))/frame_step))

pad_signal_length=num_frames*frame_step+frame_length
z=numpy.zeros((pad_signal_length-signal_length))
pad_signal=numpy.append(emphasized_signal,z)

indices = numpy.tile(numpy.arange(0, frame_length),
                    (num_frames, 1)) + numpy.tile(numpy.arange(0, num_frames * frame_step, frame_step),
                    (frame_length, 1)).T

frames = pad_signal[numpy.mat(indices).astype(numpy.int32, copy=False)]

ax3=f1.add_subplot(2,2,3)
ax3.plot(pad_signal)
plt.show()
```

(a) 代码实现

(b) 分帧效果

图 5-7 信号分帧

(4)把一段长时信号分帧得到短时信号后,还需要对分帧进行加窗处理,通常采用的是汉明(Hamming)窗,实现代码如图 5-8(a)所示。对加窗后的每一帧做短时傅里叶变换(Short-Time Fourier Transform,STFT),变换前后的信号分别如图 5-8(b)和图 5-8(c)所示。变换后把每一帧的结果沿另一个维度堆叠起来,得到类似于一幅图的二维信号形式,输入的声音信号通过 STFT 展开得到的二维信号就是所谓的声谱图,如图 5-8(d)所示。

(5)通过 STFT 得到的声谱图中的颜色就表示了幅值,通过滤波器组对颜色进行分析,就可以得到声音中频谱的信息,代码实现如图 5-9(a)所示。使用三角滤波器提取的功率谱如图 5-9(b)所示。

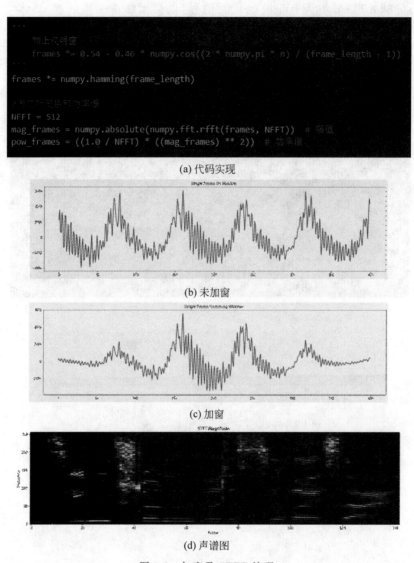

```
加上汉明窗
    frames *= 0.54 - 0.46 * numpy.cos((2 * numpy.pi * n) / (frame_length - 1))

frames *= numpy.hamming(frame_length)

对每一帧进行功率谱
NFFT = 512
mag_frames = numpy.absolute(numpy.fft.rfft(frames, NFFT))  # 幅值
pow_frames = ((1.0 / NFFT) * ((mag_frames) ** 2))  # 功率谱
```

(a) 代码实现

(b) 未加窗

(c) 加窗

(d) 声谱图

图 5-8　加窗及 STFT 处理

```
for m in range(1, nfilt + 1):
    f_m_minus = int(bin[m - 1])    # left
    f_m = int(bin[m])              # center
    f_m_plus = int(bin[m + 1])     # right
    for k in range(f_m_minus, f_m):
        fbank[m - 1, k] = (k - bin[m - 1]) / (bin[m] - bin[m - 1])
    for k in range(f_m, f_m_plus):
        fbank[m - 1, k] = (bin[m + 1] - k) / (bin[m + 1] - bin[m])
filter_banks = numpy.dot(pow_frames, fbank.T)
filter_banks = numpy.where(filter_banks == 0, numpy.finfo(float).eps, filter_banks)  # 数值稳定性
filter_banks = 20 * numpy.log10(filter_banks)  # dB
```

(a) 代码实现

图 5-9　滤波器代码及功率谱

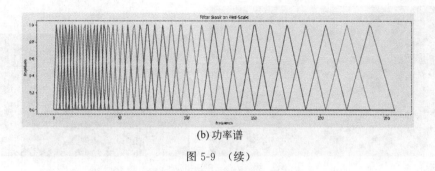

(b) 功率谱

图 5-9　（续）

（6）对功率谱做平均标准化，从所有帧中间减去每个系数的平均值，最后就可以得到相应的 MFCC 结果，代码实现如图 5-10(a)所示，MFCC 效果如图 5-10(b)所示。

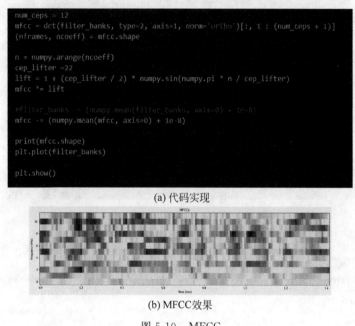

(a) 代码实现

(b) MFCC效果

图 5-10　MFCC

利用实现的 MFCC 就可以进行后续处理，如识别说话人等。

5.3.2　神经网络模板匹配

基于 5.3.1 节提取的 MFCC 特征，可以利用神经网络对其进行分类。以下通过一个简单的实例进行说明，对简单的 0～9 进行分类，识别语音中的数字，具体实现步骤如下。

（1）载入文件，并把文件分为训练集和测试集，如图 5-11 所示。

（2）把训练集或者测试集的文件分为语音数据和标签，把标签转换成 One-Hot 格式，One-Hot 格式中每一位向量对应着 0～9 的一个数。例如，测试后，0～9 中数字"5"的概率比较高，那么就可以认为数值是"5"，图 5-12 是具体的代码实现。

（3）使用训练集进行训练，利用测试集进行验证。在神经网络中，优化函数使用了 Adam()函数，损失函数使用了交叉熵函数，得到训练集的特征，最后获取的标签如图 5-13 所示。

```
def read_files(files):
    labels = []
    features = []
    for ans,file in files.items():
        for f in file:
            wave,sr = librosa.load(f,mono=True)
            label = to_onehot(ans,10)
            labels.append(label)
            mfcc = librosa.feature.mfcc(wave,sr)
            mfcc = np.pad(mfcc,((0,0),(0,80 - len(mfcc[0]))),mode='constant',constant_values=0)
            features.append(np.array(mfcc))

    return np.array(features),np.array(labels)
```

```
def to_onehot(label,classes=10):
    return np.eye(classes)[label]
```

图 5-11　载入文件

```
train_set, test_set = load_files()
train_features, train_labels = read_files(train_set)
test_features, test_labels = read_files(test_set)

model = keras.models.Sequential()
model.add(Flatten())
model.add(Dense(512,input_dim=1600))
model.add(Activation('relu'))
model.add(Dense(10,input_dim=512))
model.add(Activation('softmax'))

tensorboadr = TensorBoard()

model.compile(optimizer='Adam',
              loss='categorical_crossentropy',
              metrics=['accuracy'])

model.fit(train_features,train_labels,epochs=3,
          validation_data=(test_features,test_labels),
          validation_freq=1,batch_size=1,callbacks=[tensorboadr])
```

图 5-12　训练集代码

```
192/192 [==============================] - 1s 6ms/sample - loss: 0.0819 -
accuracy: 0.9948 - val_loss: 0.0000e+00 - val_accuracy: 1.0000
Epoch 2/3
192/192 [==============================] - 1s 3ms/sample - loss: 0.0000e+00 -
accuracy: 1.0000 - val_loss: 0.0000e+00 - val_accuracy: 1.0000
Epoch 3/3
192/192 [==============================] - 1s 3ms/sample - loss: 0.0000e+00 -
accuracy: 1.0000 - val_loss: 0.0000e+00 - val_accuracy: 1.0000
```

图 5-13　获取标签

（4）最后是进行训练，把提取好的特征送到神经网络进行训练和分类，并用测试集进行测试。经过训练后，损失值已经很小，则说明准确率比较高。如图 5-14 所示是每个 Epoch 的损失值的变化情况。如果说特征具备比较充分，则训练就比较容易，测试也比较准确。

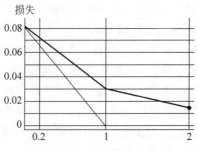

图 5-14　损失值的变化

5.3.3　Amazon Echo

Amazon Echo 是 Amazon 推出的一款智能控制设备,而 Alexa 是预装在 Amazon Echo 内的个人虚拟助手,可以接收相应的语音命令。Amazon Echo 的硬件实现如图 5-15 所示。

Amazon Echo 的硬件实现比较复杂,在这样一个小的圆盘中包含了 7 个定向麦克风。在播放音乐的时候,也始终可以听到用户的声音。Amazon Echo 可以用 Alexa 实现唤醒,Alexa 是一种非常复杂的信息处理层的人机交互界面,将人的声音流转换为文本。在每一次交互的过程中,Alexa 都在进行训练,以便可以更好地聆听人的声音,然后更准确地触发并映射用户命令的动作。

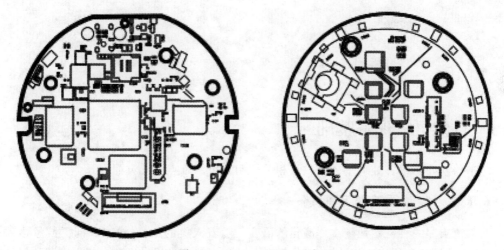

图 5-15　Amazon Echo 示意图

第6章

自然语言理解

6.1　自然语言理解基础

本节将从自然语言处理基础、发展、相关应用与技术难点等几方面展开。

6.1.1　自然语言处理概述

自然语言是一种自然地随文化演化的语言。随着人类的发展,语言和词汇数量达到一定程度,大脑已经无法完全记住,此时便需要一种文字将信息记录下来。使用文字的好处在于信息的传输可以跨越时间和空间。两个人不需要在同一时间、同一地点碰面就可以进行信息的交流。

创建文字最直接的方法就是模仿描述对象的形状,这就是所谓的"象形"文字。自然语言处理是人工智能最为困难的问题之一,早期象形文字的数量与记录一个文明的信息量是相关的,也就是说象形文字多,则代表这个文明的信息量大。自然语言是人类交流和思维的主要工具,所以自然语言处理涉及范围广泛。本意主要任务就是用机器理解这些自然语言并实现机器与环境的沟通。

自然语言处理是计算机科学领域与人工智能领域的一个重要方向,它主要研究如何用自然语言实现人与计算机之间进行有效通信的各种理论和方法。自然语言处理是融语言学、计算机科学、数学、人工智能于一体的科学,如图 6-1 所示。自然语言处理涉及以下内容:如何发音及如何感知并翻译语言;语言概念模型;用计算机处理语言;从语言中提取等智能信息等。相对来说,自然语言特别复杂。

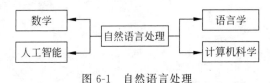

图 6-1　自然语言处理

自然语言处理可以定义为研究在人与人交际中以及在人与计算机交际中的语言问题的一门学科。研究者在研究表示语言能力和语言应用的模型时,需要建立计算框架以实现语言模型,提出相应的方法并不断地完善语言模型,再根据语言模型设计各种实用系统并探讨这些实用系统的评测技术。这里从科学角度和应用角度进行表述,从科学角度看,自然语言处理可以探寻人类通过语言交互信息的奥秘,更好地理解语言本身的内在规律;从应用角度看,以前人与计算机进行交流,需要借助鼠标、键盘,通过操作鼠标或在键盘上敲入文字操控计算机,而现在已经具备了一些用语音方式控制设备的技术。

自然语言处理涉及两类不同的语言处理模型。第一种是能力模型,也就是基于语言学规则,模拟先天的语言能力的模型。第二种是应用模型,根据不同的语言处理应用而建立的特定的语言模型,应用模型依赖大规模真实语料库。人类可以根据较低级语言单位的统计信息,运用相关的统计推理技术计算较高级语言单位上的统计信息。在计算机网络高速发展的情况下产生了大量的信息,可以借助语料库进行建模。现在的计算机也具备很强的计算力,所以使用应用模型进行语言处理,具备了很好的基础,而基于语言学规则的模型,相对来说却比较困难。

自然语言处理是人工智能的重要分支,所以人类需要分析语言中所含有的语义。随着人工智能的深入发展,语言处理需要进一步的发展。自然语言处理也是应用语言学的分支,作为一门交叉性学科,涉及语言学、计算机科学、数学、心理学、信息论以及声学等。任何一种语言都是一种编码方式,而语言的语法规则是编解码的算法,比如人类把想要表达的东西通过语言组织起来,这就是进行了一次编码,如果对方能理解这个语言,那么他就可以使用这门语言的解码方式进行解码。20世纪50年代,学术界对人工智能和自然语言理解的认识是这样的:要让机器完成语音识别必须让计算机理解自然语言,因为人类就是这么做的。这种方法论被称为"鸟飞派",也就是看鸟怎么飞从而造出大飞机。事实上,飞机的发明原理是空气动力学而不是仿生学。1970年以后统计语言学使自然语言处理重获新生,其中的关键就是贾里尼克(Jelinek)和他领导的IBM Watson实验室。最初,他们使用统计方法将当时的语音识别率从70%提升到90%,同时语音识别规模从几百个单词增加到几万个单词。在这种情况下,自然语言处理才能依靠各种交叉性学科的基础得以重生,所以机器能够处理自然语言的关键在于为自然语言的上下文相关特性建立数学模型,即统计语言模型。

6.1.2　自然语言处理发展

自然语言处理经历了萌芽期、快速发展期、低速发展期、复苏融合期四个阶段,如图6-2所示。

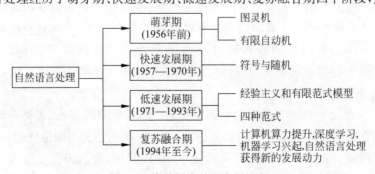

图6-2　自然语言处理发展历程

1. 萌芽期

萌芽期是 1956 年前。1956 年以前被视为自然语言处理的基础研究阶段。一方面，人类文明经过几千年的发展积累了大量的数学、语言学和物理学的知识，这些知识不仅是计算机诞生的必要条件，同时也是自然语言处理的理论基础；另一方面，图灵在 1936 年首次提出图灵机的概念，图灵机作为计算机的理论基础，促使 1946 年电子计算机的诞生。计算机的诞生又为机器翻译和随后的自然语言处理提供了基础。

由于机器翻译的社会需求，这一时期也进行了许多自然语言处理的基础研究。1948 年，香农把离散马尔可夫过程的概率模型应用于描述语言的自动机，接着他又把热力学中熵的概念引入语言处理的概率算法中。20 世纪 50 年代初，克莱尼（Kleene）研究了有限自动机和正则表达式。1956 年乔姆斯基（Chomsky）又提出了上下文无关的语法并把它运用到自然语言处理中，他们的工作直接催化了基于规则和基于概率这两种不同的自然语言处理技术的产生，而这两种不同的自然语言处理技术，又引发了数十年有关基于规则方法和基于概率方法的争执。

此外，这一时期还取得了一些令人瞩目的研究成果，如 1946 年柯尼希（Köenig）进行的关于声谱研究，1952 年贝尔实验室开展的语音识别系统的研究。1956 年人工智能的诞生为自然语言处理翻开了新的篇章。这些研究成果在后来的数十年中逐步与自然语言处理的其他技术相结合，这种结合既丰富了自然语言处理的技术手段，同时也拓宽了自然语言处理的社会应用面。

2. 快速发展期

1957—1970 年是自然语言处理的快速发展期。在这一时期，自然语言处理快速融入人工智能的研究领域中。在人工智能的研究领域中涉及声音、文字及图像，显然这个时候图像处理还没有具备良好条件，因为它涉及更大量的计算，而文字和声音相对来说具有一定的机会。由于有基于规则和基于概率这两种不同方法的存在，自然语言处理的研究在这一时期分为了两大阵营。一个是基于规则方法的符号派，另一个是采用概率方法的随机派，这一时期两种方法的研究都取得了长足的发展。

从 20 世纪 50 年代中期开始到 60 年代中期。以 Chomsky 为代表的符号派学者开始了形式语言理论和深层句法的研究，20 世纪 60 年代末又进行了形式逻辑系统的研究。而随机派学者采用了基于贝叶斯方法的统计学研究方法，在这一时期也取得了巨大的进步。但在这一时期，人工智能领域多数学者注重研究推理和逻辑问题，只有少数来自统计学和电子专业的学者在研究具有概率的统计方法和神经网络，所以基于规则方法的研究势头明显强于基于概率方法的研究势头。这一时期的重要研究成果包括 1959 年宾夕法尼亚大学成功研究的 TDAP 系统、布朗美国音料英语语料库的建立等。1967 年美国心理学家奈瑟（Neisser）提出认知心理学的概念，直接把自然语言处理与人类的认知相关联。

3. 低速发展期

1971—1993 年是自然语言处理的低速发展期。随着研究的深入，人类看到基于自然语言处理的应用在短时间内并不能得到解决，而一连串新的问题又不断地涌现，于是许多人对自然语言处理的研究丧失了信心。从 20 世纪 70 年代开始，自然语言处理的研究进入了低谷时期。

4. 复苏融合期

1994年至今是自然语言处理的复苏融合期。20世纪90年代中期,有两件事从根本上促进了自然语言处理研究的复苏与发展。第一件事是20世纪90年代中期以来计算机的速度大幅提升和存储量的大幅增加,为自然语言处理改善了物质基础,使得语音和语言处理的商品化开发成为可能;第二件事是1994年,互联网的商业化和同期网络技术的发展使基于自然语言的信息检索和信息抽取的需求变得更加突出。仅仅二十多年的时间,自然语言处理经历了神经语言模型、多任务学习、Word嵌入、NLP的神经网络、注意力机制与预训练语言模型等技术阶段,如图6-3所示。

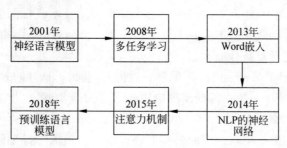

图 6-3　人工智能复苏融合期的技术发展

(1) 神经语言模型解决的是在给定已出现的词语的文本中预测下一个单词的任务,这是最简单的语言处理任务,有许多实际应用,例如智能键盘、电子邮件回复建议等。人类在敲入一个字的时候系统会从库中调出下一个字供人类选择。如果这个选择能够百分之百确定,那么输入就会变得很轻松。

(2) 多任务学习旨在依靠其他相关任务提升主要任务的方法能力。简单来说,多任务学习是一种集成学习方法,通过对几个任务同时训练而使多个任务互相影响。当然这种影响是很隐晦的,一般影响的是共享参数,多个任务共享一个结构,这个结构的参数在优化时会被所有任务影响。在所有任务收敛时,这个结构就相当于融合了所有任务,因此,一般情况下,它的方法能力比单任务强。比如一个包括英语到德语的发音任务、句子结构的解析任务和英语到英语的自编码任务的多任务学习,在这个多任务学习中,通过翻译任务句子的解析任务和自编码任务相互影响,最后能够得到一个更完美的英语到德语的翻译、句子解析以及英语到英语的自编码。传统的机器学习模型往往只关注一个任务,而多任务学习对多个任务进行同时训练。在多任务学习模型中,可以同时利用多个任务中所包含的信息,因此相比于单任务模型,多任务学习往往得到的效果更佳。

(3) Word嵌入也就是词嵌入。词嵌入是一种将文本中的词转换成数字向量的方法。为了使用标准机器学习算法对它们进行分析,就需要把这些被转换成数字的向量以数字形式直接输入,过程就是把一个维数为所有词数量的高维空间嵌入到一个维数低的连续向量空间中。每个单词或者词组被映射为实数域上的向量,词嵌入的结果就是生成了词向量。

词嵌入中一个比较典型的编码就是One-Hot编码。One-Hot编码是最基本的向量方法,One-Hot编码使用大量的向量表示文本中的词,其中只有对应于该词的是1,而其他所有的都是0。比如库中有1000个词,那么这个向量的维度就是1000。One-Hot编码的主要问题是不能表示词之间的相似性。在给定的语料库中,会期望诸如猫狗之类的词具有一些相似性,使用点积计算向量之间的相似性,但是在 One-Hot 编码中,语料库中任何两个词之间的点积总是为 0,这对更高层次的理解是不利的。

(4) 2013 年和 2014 年标志着神经网络模型开始在 NLP 中被采用。RNN、CNN 和 GAN 等成为使用最广泛的神经网络。RNN 是处理 NLP 中普遍存在的动态输入序列的理想选择,但是 RNN 很快就被经典的 LSTM 所取代。在自然语言处理中,因为 CNN 的动态变化相对更强,所以相对使用比较少。

(5) 注意力机制被认为是一种资源分配的机制,可以理解为对于原本平均分配的资源,根据注意力对象的重要程度重新分配资源。重要的单位就多分一点,不重要的单位就少分一点。在自然语言处理中,注意力机制是一个比较重要的技术。在深度神经网络的结构设计中,注意力所要分配的资源基本上就是权重。输入一个词时,这个词跟后面的词之间的关系,就需要依靠权重进行重新分配。

(6) 预训练语言模型最开始是在图像领域提出的,获得了良好的效果,近几年被广泛应用到自然语言处理对象中。预训练模型的应用通常分为两步,第一步是在计算性能满足的情况下,用某个较大的数据集训练出一个较好的模型;第二步是根据不同的任务改造预训练模型,用新生任务的数据集在预期的模型上进行微调。预训练模型的好处是训练代价较小,配合下游任务可以实现更快的收敛速度并且能够有效地提高模型性能,尤其是对一些训练数据比较稀缺的任务。换句话说,预训练方法可以理解为让模型基于一个更佳的初始状态进行学习,从而达到更优的性能。预训练模型取得良好效果的前提是各种语言模型之间存在内在关系。最简单的自然语言处理的应用就是机器翻译,可以用替代的方式进行翻译,类似于从字典中找出相应的单词然后进行替代。

6.1.3　自然语言处理相关运用

Google 翻译基于 SMT-统计机器进行翻译。这并不是单字逐字替换的工作,而是一种简洁而又优美的思想。两种语言中的同一句子被分成单词,再进行匹配,这种操作重复了近 5 亿次,记录下了很多模式。例如,记录德语中的"haus"翻译成英语中的"house""building"或"construction"的次数,如果大多数时候原词都被翻译成"house",也就是"房子",那么机器就会使用这一结果。如果大多数时候原词都被翻译成"building",也就是"建筑",那么机器也会使用这个结果。值得注意的是,人类并没有使用任何规则,也没有使用任何词典,所有的结论都是由机器完成的。其指导方针是统计结果和逻辑,统计翻译由此诞生。这种方法比之前的所有方法都更加有效、准确,而且无须语言学家,使用的文本越多,得到的翻译结果就越合理。Google 翻译会收集尽可能多的文本,然后对数据进行处理,从而找到合适的翻译,而这依靠的是大量的数据,如图 6-4 所示。

语音识别已被用来替代其他的输入方式,例如键入、单击或选择文本。如今语音识别已成为众多产品中的一个热门话题,语音识别已经进入千家万户,像亚马逊的 Alexa、百度的小度等。人类对它提出各种请求和任务,它们也会给出相应的响应,这些响应来自云服务。虽然在很多时候这些设备能够给人类提供准确的响应,但是有时也还是会出现一些啼笑皆非的情况,有时会提供不够准确的结果。

情感分析是一种语言理解和数据挖掘任务,用于衡量人类的观点倾向,有助于收集顾客对商品或者服务是否满意,搜索负面文本并识别主要的投诉可以显著地帮助改变概念、改进

图 6-4　语音识别与机器翻译

产品和广告,并降低不满的程度,如图 6-5 所示。人类通过一些词(如商品,电影)发现各个用户的观点倾向。从自然语言产生的历史来看,需要从识别、产生、重新生成和转换等几个维度思考其应用,语音识别、实体识别等跟识别有关;语音合成、主题抽取跟产生有关;根据文本分类与聚类重新生成一些摘要信息,或者根据问题重新生成一些答案可以将文本翻译成不同的语言类型。

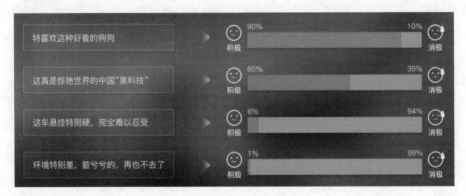

图 6-5　情感分析案例

6.1.4　自然语言处理技术难点

1. 单词边界界定

自然语言处理内容较为丰富而且内容仍在根据社会的需求不断增长。在口语中,词与词之间通常是连贯的,因此语言处理的技术难点主要是单词边界的界定。中文中,词和词之间是连贯的,没有界定词,也没有界定符号,比如“苹果电脑”可以指“苹果”和“电脑”,也可以指“苹果电脑”,所以界定字词的边界通常是能使给定的上下文最为通顺且在文法中无误的一种最佳组合。

2. 词义的消歧

许多字词不仅只有一种意思,在中文中甚至有些词有多种读音,有多种词性。如“开门”的“开”是动词;而“开关”的“开”和“关”组合成一个名词。又比如“苹果”是一种水果,也可以指“苹果电脑”,所以必须要从上下文中选出使句意最为通顺的一种解释。

3. 句法的模糊性

"胖商人儿子很好",人类可以理解为"胖商人的儿子",也可以理解为"胖的商人儿子",自然语言的文法通常是模棱两可的,针对一个句子通常可能会剖析出多颗剖析树。因此,必须依赖语义及前后文的信息才能在其中选择一棵最适合的剖析树。

4. 语言行为计划

句子常常并不只是字面的意思,甚至有些字面上的贬义可以成为褒义,可以成为语义的褒义。文字只是信息的载体而不是信息的本身。随着信息量的增加,没有人能学会并记住这么多的文字,这就需要进行概括和归类,也就是使用一个词表达相同或者相似的一类意思。比如"日"原指"太阳",但是它又可以理解为时间上的"一天"。这种概念的聚类与现在自然语言处理或者机器学习的聚类很相似,只是在远古时代完成理解可能需要上千年,而现在只需要几小时。文字根据意义聚类总会具有歧义性,即不清楚一个多义字在特定环境下具体表示的含义是什么。

5. 不规范的输入

句子通常并不是字面上的意思。进行语音处理时,经常会遇到外国口音或者地方口音的情况,或者在文本处理时出现拼写、语法或者光学字符错误,这些都属于不规范等输入,可能导致理解错误。一般情况下,因处在不同的地域,不同文明的文字和语言也是不同的。当两个文明碰撞时,就产生了翻译的需求。翻译能达成是因为不同的文字系统在记录信息的能力上是等价的。

6.2 自然语言理解技术

自然语言处理技术包括词法分析、句子分析、语义分析、语用分析等。

6.2.1 词法分析

词法分析包括中文分词、词性分析、命名实体识别、新词发现及词性标注等。

1. 中文分词

分词就是将连续的字序列按照一定的规范重新组合成词序列的过程。在英文的行文中,单词之间是以空格作为自然分界符的,而中文只是字、句、段,无法通过明显的分界符进行简单划界。虽然英文也同样存在短语的划分问题,不过在词的层面上,中文比英文要复杂、困难得多。

2. 词性分析

词的类型包括实词和虚词,其中实词又包括名词、动词、形容词、数量词和代词等;虚词包括副词、介词、连词、助词、叹词、拟声词等。实词和虚词在句子中的含义有着很大的区别,值得注意的是,在不同的语境中,汉语中的词性会发生变化,即在不同的语境中,词性并不相同。因此要处理好词性,必须掌握语境中的词性。比如"这是科学家的发明创造"中的"发明"是名词;而"科学家发明了计算机"中的"发明"是动词。"星期天我在家"的"在"是动词,而"星期天我在家看书"的"在"是介词,"星期天我在复习功课"的"在"是副词,所以词性处理比较复杂。

3. 命名实体识别

命名实体识别是自然语言处理中的一项很基础的任务,指的是从文本中识别出命名性的子称项,为关系抽取等任务做铺垫,狭义上是识别出人名、地名和组织机构名这三类命名实体。例如,对于句子:"小明在北京大学的燕园看了中国男篮的一场比赛",其中"小明"是人名,"北京大学"是组织机构名,"燕园"是地名,"中国男篮"也是组织机构名。

4. 新词发现

新词发现也就是对已有的语料进行挖掘,从中识别出新词。新词发现也可称为"未登录词识别",严格意义上"新词"是指随着时代发展而新出现或者旧词新用的词语,如"下课""豆腐渣工程"等。新词中有外来词、新造词语、方言词汇、简略词等,是能够独立运用的最小语言单位。

汉语文本与西方语言的区别:汉语的最小单位是字,英语的最小单位是词。两个汉字可以组成一个词,而英语的词就是词。如汉语中汽车、火车、自行车都有"车"这个字,其抓住了共性和个性,"共性+个性"就是新概念,可组合性比较强。而英语中汽车、火车、自行车分别用 buss、car 和 bike 来表示,它们没有任何共性。由于英语没有掌握共性和个性的关系,每一个事物都要造一个词,描述世界需要极大的词汇量。汉语没有时态,只有表示时间的词,因此不需要对动词进行变化,只需把动作与为数不多的表时间的词组合就可以清晰地表达实践中的操作。比如"我做了什么""我在做什么""我将做什么",其中"做了""在做"和"将做"具有时间概念。而英语为了表示时间要求所有的动词都要有过去时、现在时或将来时等变换形式,所以这些动词数以千计。英语以空格作为分隔符,本身不表达任何含义,而汉字之间不需要空格,一个字与下一个字不会混淆。

汉字在句子中用标点符号断句。如图 6-6 所示,"苹果南京市长江大桥"中"苹果"是一个词,但它的意义有些不同,到底是代表水果"苹果"还是代表电脑"苹果";"南京市长江大桥"的过程就更为复杂了,它可以代表一个整体名词叫"南京市长江大桥",它是南京市的位于长江上面的一座大桥,包含了位置以及名词长江大桥;但是这个短语还可以用另外一个方式进行解读:南京市市长,江大桥,所以在具体的句子中很难确定。

苹果

南京市长江大桥

图 6-6 标点符号断句

汉语分词是一个很重要的问题,也就是让计算机系统在汉语文本中的词与词之间自动加上空格或者其他的边界标记。

分词的基本方法有统计模型分词法、N-最短路径方法、基于 HMN 的分词方法、基于三元统计模型的分词方法、由字构成词的汉语分词方法等。以三元统计模型的分子方法为例进行分析,假设一个字符串由 m 个词组成,若要计算字符串的概率,也就是由 m 个词得到最后的字符串的概率。根据概率论中的面试法则计算,假设需要得到任何两个词之间的一些关系,直接计算概率的难度比较大,所以根据 n-gram 假设当前词仅与前面几个词相关,如当前词与前一个词相关,那么在计算时就可以得到一个二元模型;如果当前词与前面两个词相关,那么就可以得到三元模型,以此类推。三元模型的计算工作量比二元模型的计算工作量更大。

词表分词法有正向最大匹配法、逆向最大匹配法、双向匹配法、逐词匹配法等,这里以正向最大匹配法为例进行说明。对于输入的一段文本从左到右以贪心法切分出当前位置上长度最大的词,正向最大匹配法是基于词典的分子方法,其分子原理是单词的颗粒度越大所能表示的含义越确切。主要方法有:从一个字符串的开始位置选择一个最大长度的片段,如果序列不足以选择,那么就选择全部序列。首先看该片段是否在词典中,如果是,则作为一个分出来的词;如果不是,则从右边开始减少一个字符。然后再看短一点的片段是否在词典中,依次循环,直到剩下最后一个。例如语句"我毕业于重庆大学","我毕业于重庆大学",词典中没有,那么从"我"开始,然后"我毕业",那么就可以分出"我毕业","于"又是一个单独的词,"重庆大学"是一个词,因为在字典中是可以找得到的,所以可以把"我毕业于重庆大学",把它分为"我""毕业""于""重庆大学",这就是正向最大匹配法的结果。逆向最大匹配法的原理与其相同。

由字构词的方法见示例:"外商投资企业在改善重庆市出口商品结构中发挥了显著作用"。其中的"外"可以用 B 表示。如果是单独的"外商",那么"商"可以用 E 表示,也就是"外商"是一个专业的词。但是,在这里用 I 表示"商",I 是"inside"的含义,也就是外商投资企业在改善××××的过程。"投资"中的"投"是开始,"资"这里也把它定义为"I"。企业的"企"是开始,那么"业"用 n 表示,也就是"外商投资企业"是一个整体。"在"是开始,然后"改善"中的"改"是开始,"善"是结束;然后"重庆市"中的"重"是开始,"庆"是中间的词,"市"是结束;"出口"中的"出"是开始,"口"是结束;"商品"中的"商"是开始,"品"是结束;"结构"中的"结"是开始,"构"是结束,"中"是一个单独的词也就是 Single;"发挥"中的"发"是开始,"挥"是结束;"那"也是一个单独的词;还有"显著"中的"显"是开始,"著"是结束;"作用"中的"作"是开始,"用"是结束;最后的句号也是一个单独的词。词有开始也有结束。其中有一些相应的模式,例如 BI、BIE、BME、BM、BIS、BMS。而这样的标准模式会对分词产生较好的效果影响。

5. 词性标注

词性是词汇基本的语法属性,通常也称为词类。词性标注就是在给定的句子中判断每个词的语法范畴。词性标注是自然语言处理中一项非常重要的基础性工作。如图 6-7 所示,对"苹果电脑"进行分词,可以把它分为 BEBE,表示"苹果"和"电脑";也可以把它分为 BMME,表示"苹果电脑"是一个整体。可以看到"苹果"是一个普通名词,"电脑"也是一个普通名词,而"苹果电脑"是一个专有名词,虽然都是名词,但是可以对其进行区分,可以确定在句子中如何界定。再举一个例子,如图 6-7(b)所示,"上海"是一个专有名词,"浦东"也是一个专有名词,"开发"是一个名词,"与"是一个连接词,"法治"是一个普通名词,"建设"是一个普通名词。

汉语是一种缺乏形态变化的语言,词的类别不能直接从词的形态变化中获取。那么常用词兼类(一词多类)的现象特别多,在研究中需要特别注意。语言学界在词性划分的目的和标准等问题上存在着比较大的分歧。例如"开",翻译成英文可以有 open、opening 和 opened,词性就比较容易获取,但是在汉语中,"我开了一扇门"中的"开"是动词。"我昨天开

苹果/NN

计算机/NN

苹果计算机/NR

(a) 示例一

上海_NR浦东_NR开发_NN与_CC法制_NN建设_NN同步_W

(b) 示例二

图 6-7　词性标注

了一扇门""我打算开一扇门""他去开门",其中的"开"本身没有一个时态的问题。"我开了一扇门"是过去时,"我打算开一扇门"是将来时,"他去开门"也是一个将来时,所以要把一些动作和其他的一些介词与它或者副词组合起来,才能够判断它的正确形态。

词性标注中常用的方法有基于统计模型的词性标注方法、基于规则的词性标注方法、统计方法与规则方法相结合的词性标注方法、基于有限状态转换机的词性标注方法及基于神经网络的词性标注的生词处理方法等。

接下来用基于规则的词性标注方法对词性标注进行说明。基于规则的词性标注方法是人类较早提出的一种词性标注方法,其基本思想是按词的按搭配关系和上下文语境搭建词性标注。早期的消息规则一般由人类编写,随着语料库规模的逐步增大,人工提取规则的方式显然是不现实的。于是人们提出了基于机器学习的规则自动提取方法,也就是基于规则的错误驱动的机器学习方法。它的基本思想是运用初始状态标注器标识未标注的文本,由此产生已标注的文本。文本一旦被标注,将其与正确的标注文本进行比较,学习器可以从错误中学习一些规则,从而形成一个排序的规则,使其能够修正已标注的文本,标注结果更接近于参考答案。在所有学习到的可能的规则中搜索那些使已标注文本中的错误数减少最多的规则加入到规则级,并将该规则用于调整已标注的文本,然后对已标注的语料重新打分。不断重复这个过程,直到没有新的规则能使已标注的语料错误数减少,最终的规则级就是学习所得到的规则结果。这种方法的标注速度要快于文本,但仍然存在着学习时间过长的问题,改进方法是在算法的每次迭代过程中只调整受到影响的小部分规则而不需要搜索所有的转换规则。每当一条获取的规则对训练语料实时标注后,语料中只有少数词性会发生改变,而只有在词性发生改变的地方才影响与该位置相关规则的得分。

Verb adject(4):VA,VC,VE,VV.
Noun (3): NR. NT, NN.
Determiner and number (3) :DT,CD,OD.
Localizer (1):LC.
Measure word(1):M.
Pronoun (1):PN.
Adverb (1): AD.
Preposition (1): P.
Conjunction (2): CC, CS.
Particle (8): DEC. DEG, DER. DEV, SP, AS. ETC. SP, MSP.
Others (8): IJ, ON,PU,JJ, FW, LB. SB. BA.

对于标准的类别,动词有 VA、VC、VE、VV,VA 表示助动词,VC 表示系动词,VE 表示情态动词,VV 是普通动词。名词有 NR、NT、NN,NR 代表专用名词,NT 代表间名词,NN 代表普通名词,其他就不再一一展开了,具体如图 6-8 所示。

图 6-8　标准类别

6.2.2　句子分析

句子分析可以分为句法结构分析和依存关系分析两种,可以看到 Miss Smith、put、two books、on the table,这里有名词、动词、名词,还有状态。那么要怎么分析它? 首先做一个转换,"史密斯小姐放两本书在上面这餐桌","史密斯小姐放两本书在这餐桌上面",这是转换后的结果,还要对它进行生成,"史密斯小姐放两本书在这桌子上面",最后可以得到"史密斯小姐把两本书放在这张桌子上面",这是最后完整的结果,但是要经过一些复杂的转换和生成才能得到最终的结果。

6.2.3 语义分析

语义可以分为两部分——研究单个词的语义(即语义)以及单个词的含义是怎么联合起来组成句子的含义。语义研究的是词语的含义结构以及说话的方式,常见的任务有词语消歧、词表示、同义词或者上下位词的挖掘。词语消歧,即前面所讲的"苹果",词表示即在 6.1 节所涉及的 One-Hot 编码,也就是用一个 k 维向量表示一个词,而且这个向量还含有这个词语的意思,One-Hot 能够表示一个词,但是它最大的问题就是词与词之间的关系是不存在的,因为两者之间的内积为 0。常见更合理的表示方法主要有 Word2Vec 等。语义的多样性导致的多词义,例如"房子"的近义词有"房屋""房产"。语义的层次性导致词语间具有上下位的关系,像房产、存款、股票可归纳为财产,可以使用一些机器学习的方法挖掘词语间的这种关系,相对来说,这是比较复杂的。

6.2.4 语用分析

语用分析主要研究人类如何运用这种语言,如何使用语言达到某种目的,还有言外行为,会话含义如何根据话语进行推导,还有一个合作的原则。行为有言内的行为、言外的行为及言后的行为,所以要对每句话进行分析。语用分析需要遵循图 6-9 所示的原则。

(1) 质的原则就是真实可靠。例如,通过"17~19℃,小雨转多云"这句话回答"今天天气如何"这个问题,如果分析得到"今天是大晴天",这个质肯定是有问题的。

(2) 量的原则是量不多不少。例如,根据"今天受副高气压和西伯利亚冷空气的作用,局部地区会有锋面雨",那么"今天天气很好"这个量显然偏多。

(3) 相关性原则是要有相关性。例如,"前两天的天气还不错,都是晴天"这句话与今天的天气情况没有太大的关系,相关性不强。

(4) 方式准则是简短无歧义。"这两天的天气说坏也不坏,说好也不好,我觉得还是不错的。"这句话既不简短也容易造成歧义。

原则	解释	例子: 今天天气如何?
质的原则	真实可靠	今天是大晴天, 17~19℃
量的原则	不多不少	今天天气很好, 今天受副高气压和西伯利亚冷空气的作用, 局部地区会有锋面雨
相关性原则	相关	前两天的天气还不错, 都是晴天
方式准则	简短无歧义	这两天的天气说坏也不坏, 说好也不好, 我觉得还是不错的

图 6-9 语用分析

6.3 自然语言理解案例分析

本节将从 NLTK 的使用、Jieba 分词和情感分析等三方面分析自然语言处理案例。

6.3.1 NLTK 的使用

NLTK(Natural Language ToolKit)是一个使用比较广泛的自然语言处理工具,可以通过网络下载它及相应的数据集。下面通过相应例子介绍 NLTK 的使用。

1. 数据抓包

如图 6-10 所示,可以针对某一个网站进行数据抓包,然后把获得的内容传送到 HTML,并把 HTML 的内容打印出来。如图 6-11 所示,通过数据抓包可以查看网站所对应的 HTML 源码。

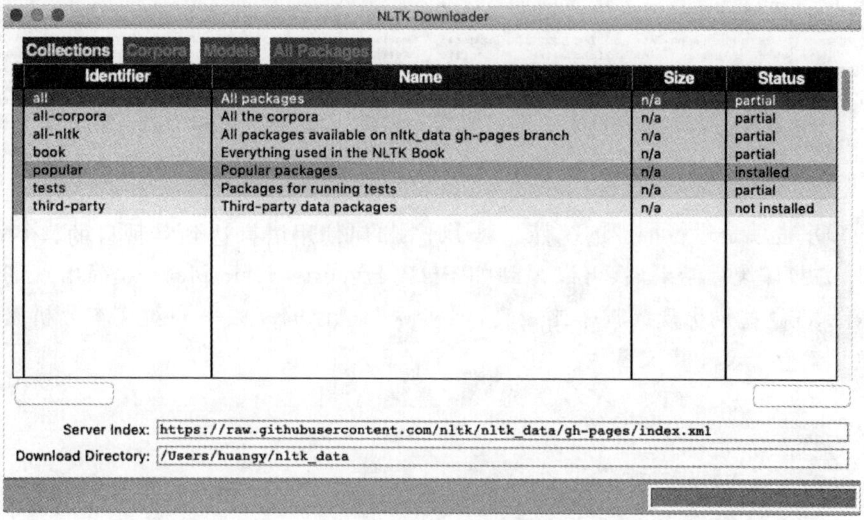

图 6-10　数据抓包

图 6-11　数据抓包结果

2. 词频统计

在 NLTK 中,可以使用 BeautifulSoup 工具抓取刚才 HTML 的内容,进行分析并将分析之后的内容传送到文本,从中进行断句,得到 token 并打印。图 6-12 所示为在这个网站抓取的一些词,如 PHP、Hypertext 等。

```
In [28]: from bs4 import BeautifulSoup
         import urllib.request
         response = urllib.request.urlopen('http://php.net/')
         html = response.read()
         #soup = BeautifulSoup(html,"html5lib")
         soup = BeautifulSoup(html, 'html.parser')
         text = soup.get_text(strip=True)
         tokens = [t for t in text.split()]
         print (tokens)

['PHP:', 'Hypertext', 'PreprocessorDownloadsDocumentationGet', 'InvolvedHelpGetting', 'StartedIntroductionA', 'simpl
e', 'tutorialLanguage', 'ReferenceBasic', 'syntaxTypesVariablesConstantsExpressionsOperatorsControl', 'StructuresFunc
tionsClasses', 'and', 'ObjectsNamespacesErrorsExceptionsGeneratorsReferences', 'ExplainedPredefined', 'VariablesPrede
fined', 'ExceptionsPredefined', 'Interfaces', 'and', 'ClassesContext', 'options', 'and', 'parametersSupported', 'Prot
ocols', 'and', 'WrappersSecurityIntroductionGeneral', 'considerationsInstalled', 'as', 'CGI', 'binaryInstalled', 'a
s', 'an', 'Apache', 'moduleSession', 'SecurityFilesystem', 'SecurityDatabase', 'SecurityError', 'ReportingUsing', 'Re
gister', 'GlobalsUser', 'Submitted', 'DataMagic', 'QuotesHiding', 'PHPKeeping', 'CurrentFeaturesHTTP', 'authenticatio
n', 'with', 'PHPCookiesSessionsDealing', 'with', 'XFormsHandling', 'file', 'uploadsUsing', 'remote', 'filesConnectio
n', 'handlingPersistent', 'Database', 'ConnectionsCommand', 'line', 'usageGarbage', 'CollectionDTrace', 'Dynamic', 'T
racingFunction', 'ReferenceAffecting', "PHP's", 'BehaviourAudio', 'Formats', 'ManipulationAuthentication', 'ServicesC
ommand', 'Line', 'Specific', 'ExtensionsCompression', 'and', 'Archive', 'ExtensionsCryptography', 'ExtensionsDatabas
e', 'ExtensionsDate', 'and', 'Time', 'Related', 'ExtensionsFile', 'System', 'Related', 'ExtensionsHuman', 'Language',
'and', 'Character', 'Encoding', 'SupportImage', 'Processing', 'and', 'GenerationMail', 'Related', 'ExtensionsMathemat
ical', 'ExtensionsNon-Text', 'MIME', 'OutputProcess', 'Control', 'ExtensionsOther', 'Basic', 'ExtensionsOther', 'Serv
icesSearch', 'Engine', 'ExtensionsServer', 'Specific', 'ExtensionsSession', 'ExtensionsText', 'ProcessingVariable',
'and', 'Type', 'Related', 'ExtensionsWeb', 'ServicesWindows', 'Only', 'ExtensionsXML', 'ManipulationGUI', 'Extensions
Keyboard', 'Shortcuts?This', 'helpjNext', 'menu', 'itemkPrevious', 'menu', 'itemq', 'pPrevious', 'man', 'pageg', 'nNe
xt', 'man', 'pageGScroll', 'to', 'bottomg', 'gScroll', 'to', 'topg', 'hGoto', 'homepageg', 'sGoto', 'search(current',
'page)Focus', 'search', 'boxPHP', 'is', 'a', 'popular', 'general-purpose', 'scripting', 'language', 'that', 'is', 'e
```

图 6-12　使用 BeautifulSoup 工具抓取内容

词的频率也就是进行词频的统计。对于刚刚得到的 token,用 NLTK 的频率分布工具进行统计,并打印统计结果,就可以得到如 PHP、Hypertext、simple、and 等出现的频率,如图 6-13 所示。这些词出现的频率比较高,但实际上这样的高频率词对文本分析是不利的,因为连接词对整个文本意义不大。

```
In [29]: from bs4 import BeautifulSoup
         import urllib.request
         import nltk
         response = urllib.request.urlopen('http://php.net/')
         html = response.read()
         soup = BeautifulSoup(html, 'html.parser')
         text = soup.get_text(strip=True)
         tokens = [t for t in text.split()]
         freq = nltk.FreqDist(tokens)
         for key,val in freq.items():
             print (str(key) + ':' + str(val))

PHP::1
Hypertext:1
PreprocessorDownloadsDocumentationGet:1
InvolvedHelpGetting:1
StartedIntroductionA:1
simple:1
tutorialLanguage:1
ReferenceBasic:1
syntaxTypesVariablesConstantsExpressionsOperatorsControl:1
StructuresFunctionsClasses:1
and:47
ObjectsNamespacesErrorsExceptionsGeneratorsReferences:1
ExplainedPredefined:1
VariablesPredefined:1
ExceptionsPredefined:1
Interfaces:1
ClassesContext:1
options:1
parametersSupported:1
```

图 6-13　高频词统计

3. 停止词

NLTK 中提供了相应的停止词字典。如图 6-14 也列出了部分停止词。在刚才的分词中,需要去掉停止词,再做词频分析,这样的分析会更有意义。

```
In [15]: from nltk.corpus import stopwords
         stopwords.words('english')
         'you',
         "you're",
         "you've",
         "you'll",
         "you'd",
         'your',
         'yours',
         'yourself',
         'yourselves',
         'he',
         'him',
         'his',
         'himself',
         'she',
         "she's",
         'her',
         'hers',
         'herself',
         'it',
         "it's"
```

图 6-14　停止词

如果一个词在停止词的字典里，把它清空并对停止词之外的词进行统计，如图 6-15 所示，可以看到没有词 and 了。图 6-16 所示为分词的分布曲线。

```
In [30]: from bs4 import BeautifulSoup
         import urllib.request
         import nltk
         from nltk.corpus import stopwords
         response = urllib.request.urlopen('http://php.net/')
         html = response.read()
         soup = BeautifulSoup(html, 'html.parser')
         text = soup.get_text(strip=True)
         tokens = [t for t in text.split()]
         clean_tokens = tokens[:]
         sr = stopwords.words('english')
         for token in tokens:
             if token in stopwords.words('english'):
                 clean_tokens.remove(token)
         freq = nltk.FreqDist(clean_tokens)
         for key,val in freq.items():
             print (str(key) + ':' + str(val))

         PHP:1
         Hypertext:1
         PreprocessorDownloadsDocumentationGet:1
         InvolvedHelpGetting:1
         StartedIntroductionA:1
         simple:1
         tutorialLanguage:1
         ReferenceBasic:1
         syntaxTypesVariablesConstantsExpressionsOperatorsControl:1
         StructuresFunctionsClasses:1
         ObjectsNamespacesErrorsExceptionsGeneratorsReferences:1
         ExplainedPredefined:1
         VariablesPredefined:1
         ExceptionsPredefined:1
         Interfaces:1
         ClassesContext:1
         options:1
         parametersSupported:1
         Protocols:1
```

图 6-15　清空停止词

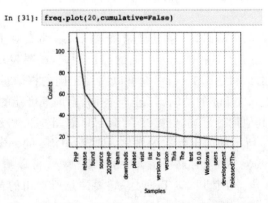

图 6-16　分词的分布曲线

4. 文本处理

对于一个比较简单的句子：Hello Adam,how are you? I hope everything is going well. Today is a good day,see you dude. 可以根据相应的符号对它进行断句,比如逗号、问号、点号。这个断句相对来说比较简单。下一个断句中有一个点号,那么点号会被认为是断句符,还是什么其他的符号？用 NLTK 的断句工具进行分析,可以看到这个点号并没有被当成断句符,而是当成句子中的一部分,所以这样的断句是比较准确的。对它进一步断句,也就是把句子中的词提取出来,那么分出来之后就有 Hello,Mr. Adam,how are you? 等。NLTK 不仅对英文有效,在这里,用一个法文的作为例子进行尝试,进行语言转换,法文的句子在断句也得到了比较准确的结果,如图 6-17 所示。

```
In [32]: from nltk.tokenize import sent_tokenize
         mytext = "Hello Adam, how are you? I hope everything is going well. Today is a good day, see you dude."
         print(sent_tokenize(mytext))

         ['Hello Adam, how are you?', 'I hope everything is going well.', 'Today is a good day, see you dude.']
```

```
In [33]: from nltk.tokenize import sent_tokenize
         mytext = "Hello Mr. Adam, how are you? I hope everything is going well. Today is a good day, see you dude."
         print(sent_tokenize(mytext))

         ['Hello Mr. Adam, how are you?', 'I hope everything is going well.', 'Today is a good day, see you dude.']
```

```
In [34]: from nltk.tokenize import word_tokenize
         mytext = "Hello Mr. Adam, how are you? I hope everything is going well. Today is a good day, see you dude."
         print(word_tokenize(mytext))

         ['Hello', 'Mr.', 'Adam', ',', 'how', 'are', 'you', '?', 'I', 'hope', 'everything', 'is', 'going', 'well', '.', 'Today', 'is', 'a', 'good', 'day', ',', 'see', 'you', 'dude', '.']
```

```
In [35]: from nltk.tokenize import sent_tokenize
         mytext = "Bonjour M. Adam, comment allez-vous? J'espère que tout va bien. Aujourd'hui est un bon jour."
         print(sent_tokenize(mytext,"french"))

         ['Bonjour M. Adam, comment allez-vous?', "J'espère que tout va bien.", "Aujourd'hui est un bon jour."]
```

图 6-17　文本处理

5. 词干提取

从功能方面来讲,NLTK 还可以比较好地处理同义词、反义词或者单词词干。

例如单词 pain,提取时要考虑如何对它进行定义,与它相关的例子等问题。先给出 pain 的定义："物理伤害",后续处理时就可以采用这个定义。

如图 6-18 所示,NLP 是缩写语,那么其缩写语的定义是什么？NLP 的定义是信息科学中的一个分支,主要处理自然语言信息。对于单词 Python,从本质出发,NLTK 一般会将其翻译为"大蟒蛇"而不是 Python 语言。对于 computer,其同义词有 computing machine、computing device、data system 等,而 small 的反义词主要有 large、big。这些都是 NLTK 可以处理的功能。

NLTK 中的词干工具对 working 的处理结果是 work,那么对于法文的处理也是同样的,如图 6-19 所示。用词干工具提取 increase 的原形动词,结果发现提取有一些错误。如果用 WordNet 的提取工具和还原工具,那么可以实现正确的提取。playing 对应的动词形式 play 也是正确的。把 playing 的动词、名词、形容词、副词等可能的结果提取出来,则它的动词形式、名词形式及其他词的形式,也能够给出结果,如图 6-20 所示。

最后给出如图 6-21 所示的词干提取的实例,用 WordNet 的词干提取方式进行。观察 stones、speaking、bedroom、jokes、Lisa、purple 的提取情况,可以看到 speak 和 speaking、purpl 和 purple 存在差异。在使用 NLTK 时一定要注意所选用的包,如果选用的包不对,那么得到的结果就可能会出错。

```
In [36]: from nltk.corpus import wordnet
         syn = wordnet.synsets("pain")
         print(syn[0].definition())
         print(syn[0].examples())

         a symptom of some physical hurt or disorder
         ['the patient developed severe pain and distension']

In [46]: from nltk.corpus import wordnet
         syn = wordnet.synsets("NLP")
         print(syn[0].definition())
         syn = wordnet.synsets("Python")
         print(syn[0].definition())

         the branch of information science that deals with natural language information
         large Old World boas

In [37]: from nltk.corpus import wordnet
         synonyms = []
         for syn in wordnet.synsets('Computer'):
             for lemma in syn.lemmas():
                 synonyms.append(lemma.name())
         print(synonyms)

         ['computer', 'computing_machine', 'computing_device', 'data_processor', 'electronic_computer', 'information_processin
         g_system', 'calculator', 'reckoner', 'figurer', 'estimator', 'computer']

In [38]: from nltk.corpus import wordnet
         antonyms = []
         for syn in wordnet.synsets("small"):
             for l in syn.lemmas():
                 if l.antonyms():
                     antonyms.append(l.antonyms()[0].name())
         print(antonyms)

         ['large', 'big', 'big']
```

图 6-18　词干提取

```
In [39]: from nltk.stem import PorterStemmer
         stemmer = PorterStemmer()
         print(stemmer.stem('working'))

         work

In [40]: from nltk.stem import SnowballStemmer
         french_stemmer = SnowballStemmer('french')
         print(french_stemmer.stem("French word"))

         french word

In [41]: from nltk.stem import PorterStemmer
         stemmer = PorterStemmer()
         print(stemmer.stem('increases'))

         increas

In [42]: from nltk.stem import WordNetLemmatizer
         lemmatizer = WordNetLemmatizer()
         print(lemmatizer.lemmatize('increases'))

         increase

In [43]: from nltk.stem import WordNetLemmatizer
         lemmatizer = WordNetLemmatizer()
         print(lemmatizer.lemmatize('playing', pos="v"))

         play
```

图 6-19　NLTK 中的词干提取

```
In [44]: from nltk.stem import WordNetLemmatizer
         lemmatizer = WordNetLemmatizer()
         print(lemmatizer.lemmatize('playing', pos="v"))
         print(lemmatizer.lemmatize('playing', pos="n"))
         print(lemmatizer.lemmatize('playing', pos="a"))
         print(lemmatizer.lemmatize('playing', pos="r"))

         play
         playing
         playing
         playing
```

图 6-20　WordNet 的词干提取

```
In [45]: from nltk.stem import WordNetLemmatizer
         from nltk.stem import PorterStemmer
         stemmer = PorterStemmer()
         lemmatizer = WordNetLemmatizer()
         print(stemmer.stem('stones'))
         print(stemmer.stem('speaking'))
         print(stemmer.stem('bedroom'))
         print(stemmer.stem('jokes'))
         print(stemmer.stem('lisa'))
         print(stemmer.stem('purple'))
         print('----------------------')
         print(lemmatizer.lemmatize('stones'))
         print(lemmatizer.lemmatize('speaking'))
         print(lemmatizer.lemmatize('bedroom'))
         print(lemmatizer.lemmatize('jokes'))
         print(lemmatizer.lemmatize('lisa'))
         print(lemmatizer.lemmatize('purple'))
```

```
stone
speak
bedroom
joke
lisa
purpl
----------------------
stone
speaking
bedroom
joke
lisa
purple
```

图 6-21　词干提取实例

6.3.2　Jieba 分词

1. Jieba 分类

Jieba 分词有 4 种模式：精确模式、全模式、搜索引擎模式和 paddle 模式。

（1）精确模式可以将句子最精确地切开。

（2）全模式可以尽可能地把词语都扫描出来。

（3）搜索引擎模式是对长词再次切开，提高召回率，适合用于搜索引擎分词。

（4）paddle 模式适用于网络模型实现分词。

2. Jieba 的主要功能

Jieba 包含两种方法：Jieba.cut 和 Jieba.cut_for_search，两者返回的结构都是一个可迭代的生成器，可以使用 for 循环获得分词后得到的每一个词语。

（1）jieba.cut 方法接收三个输入参数：需要分词的字符串、cut_all 参数（控制是否采用全模式）和 HMM 参数（控制是否使用 HMM 模型）。

（2）jieba.cut_for_search 方法接收两个参数：需要分词的字符串和是否使用 HMM 模型。该方法适用于搜索引擎构建倒排索引的分词，待分词的字符串可以是 Unicode 或 UTF-8 字符串、GBK 字符串。

3. Jieba 分词应用

举一个例子："我想大口吃肉大碗喝酒"。如图 6-22 所示，用 Jieba 的精确模式输出：我，想，大，口吃，肉，大碗，喝酒！那么从这个分类的结果中，可以看到它的"大，口吃"这个地方是出现错误的。这种方式它的返回接口是一个生成器，对大量的数据分值很重要，占的内存比较小。

图 6-22　Jieba 的精确模式输出

如图 6-23 所示，Jieba 的全模式对"大口吃"采取了特别的处理："我 想 大口"，那么"大口"是一个词，"口吃"也是一个词，它实际上没有把"大口吃"准确区分出来。相应的"吃肉"，这里把"肉"单独提取出来了。还有"大碗喝酒"，特点是把文本分成尽可能多的词。

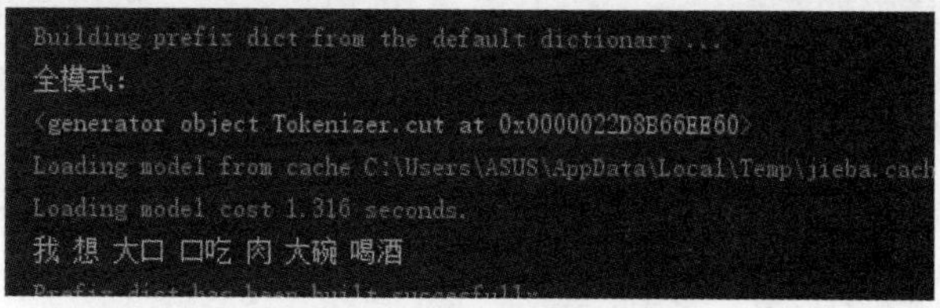

```
Building prefix dict from the default dictionary ...
全模式：
<generator object Tokenizer.cut at 0x0000022D8E66EE60>
Loading model from cache C:\Users\ASUS\AppData\Local\Temp\jieba.cach
Loading model cost 1.316 seconds.
我 想 大口 口吃 肉 大碗 喝酒
Prefix dict has been built succesfully.
```

图 6-23　Jieba 的全模式输出

如图 6-24 所示，用 Jieba 的搜索引擎的模式分析"我想大口吃肉大碗喝酒"，最后得到的结果是：我，想，大，口吃，肉，大碗，喝酒！

```
Building prefix dict from the default dictionary ...
搜索引擎模式：
<generator object Tokenizer.cut_for_search at 0x000002386FD0BEE8>
Loading model from cache C:\Users\ASUS\AppData\Local\Temp\jieba.cache
Loading model cost 1.350 seconds.
Prefix dict has been built succesfully.
我，想，大，口吃，肉，大碗，喝酒，！，！，！
```

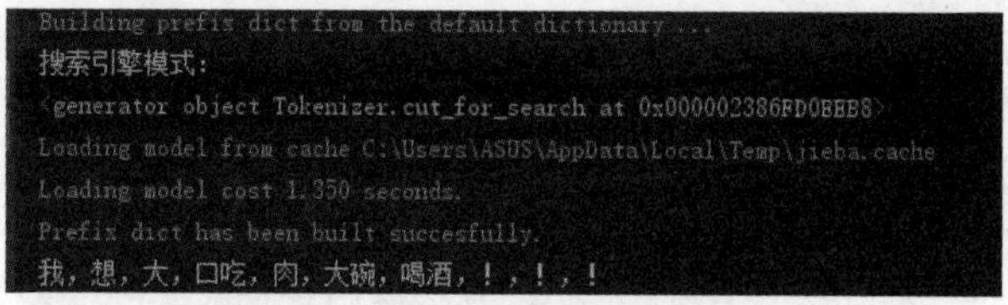

图 6-24　Jieba 的搜索引擎模式输出

也可以利用 Jieba 的 paddle 模式获取句子"我想大口吃肉大碗喝酒"的词性，如名词、动词、代词等。如图 6-25 所示，paddle 模式获取的结果是："我想"是动词，"大"是副词，"口吃"是名词，"肉"也是名词。得到结果后，还可以对词性进行筛选过滤，图 6-26 所示就是提取其中的名词。

```
分词及词性：
<generator object cut at 0x00000257C5B73308>
Loading model from cache C:\Users\ASUS\AppData\Local\Temp\jieba.cache
Loading model cost 1.328 seconds.
Prefix dict has been built succesfully.
[('我', 'r'), ('想', 'v'), ('大', 'a'), ('口吃', 'n'), ('肉', 'n'), ('大碗', 'm'), ('喝酒', 'v'), ('！', 'x'), ('！', 'x'), ('！', 'x')]
```

图 6-25　Jieba 的 paddle 模式输出

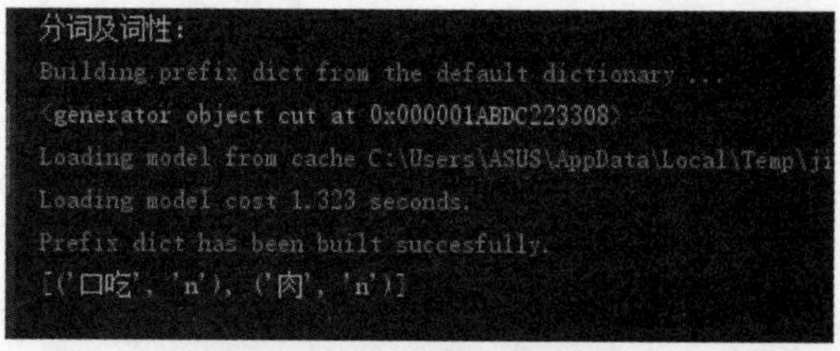

```
分词及词性：
Building prefix dict from the default dictionary ...
<generator object cut at 0x000001ABDC223308>
Loading model from cache C:\Users\ASUS\AppData\Local\Temp\ji
Loading model cost 1.323 seconds.
Prefix dict has been built succesfully.
[('口吃', 'n'), ('肉', 'n')]
```

图 6-26　词性过滤

6.3.3　情感分析

文本情感分析又称意见挖掘(opinion mining)，是指对带有情感色彩的主观性文本进行采集、处理、分析、归纳和推理的过程。

情感信息抽取是情感分析最底层的任务。情感抽取就是分析一段话中哪些句子或单元与情感有关,把这些句子或单元抽取出来,即抽取情感评论文本中有意义的信息单元。抽取这个单元之后,要把情感文本单元分成若干类别,供用户查看。可以简单地将其分为褒义和贬义,细致一点可以把它分为喜怒哀乐等。

情感信息分类之后,就要做情感信息的检索与归纳。所谓检索就是帮助用户检索出主体相关且包含情感信息的文档。而归纳就针对大量的主体相关的情感文档自动分析和归纳整理出情感分析结果供用户参考,以节省用户翻阅相关文档的时间。

情感分析需要对资源进行评估以及建设,评测主要有 TREC、NTCIR、COAE 等机构。因为对于不同的应用,消费者的评价用词和色彩也是不一样的,所以针对不同类别的评论进行资源建设也是有必要的。例如,由康奈尔大学提供的影评数据集和电影评论是与电影相关的;而麻省理工学院提供的多角度的餐馆评论语料,是与餐馆有关的;中科院提供的酒店评论语料,是与酒店有关的。

在情感分析案例中,首先要提取关键词,也就是要分词,去掉一些关键的停用词,提取一些主体词。比如在分析电影的过程中,如果一个电话号码不重要,就需要把它过滤掉,然后在正文基础上做特征的提取。在研究的过程发现形容词与文本的情感关系比较大,在其他的方面也有很大的价值,但这个还需要更多的实验进行证明。

情感分析中的难点在于中文语言表达比较含蓄微妙。特别地,挫败感的表达方式对情感分析有很大的影响,一般挫败感的表达会从描述期望开始,中间会出现各种赞美之词,最后再表达失望的感受。一般在看到各种赞美词时,就会觉得这个表达是正面的,因此这种表达方式很难界定。

由于文本情感分析涉及人工智能、机器学习、数据挖掘、自然语言处理等多个研究领域,因此还需要更多的学者进行充分的研究。

## 第7章

知 识 推 理

本章将从知识表示、知识推理与问题求解、知识推理与问题求解案例分析三方面阐释知识推理,从而使读者能更深刻理解且掌握知识如何推理以及问题如何求解。

7.1 知识表示

7.1.1 知识表示概念

首先,回顾一下什么是图灵测试。图灵测试是指测试者与被测试者(一个人和一台机器)隔开的情况下,测试者通过一些装置(如键盘)向被测试者随意提问。进行多次测试后,测试者需判断对方是人还是机器。如果机器让平均每个测试者做出超过30%的误判,那么这台机器就通过了测试,并被认为具有人类智能。在测试的过程中,需要一些部件来帮助测试者判断。

测试者通过自然语言提出问题,被测试者需要理解并交流问题。如果对方是人,则可以通过大脑理解思考,并回答问题;而如果对方是机器的话,则需要通过机器学习的方法,先对问题中的知识进行表示,再根据知识进行推理。当部分问题中存在图片或者视频时,被测试者需要通过视觉的方式进行理解,识别测试者的行为和测试者提出的各种对象,甚至还需要与测试者进行一些动作的互动。在这个过程中,还需要应用到其他感官,比如触觉、嗅觉、听觉等。总之,要顺利通过整个图灵测试,上述几个部件都十分重要,一旦有一个部件出现问题,那么都有可能导致测试者的推测出现偏差。

知识表示从金字塔角度展开,如图7-1所示。首先从噪声中提取数据,再从数据中抽取信息。信息中包含了知识,最后可以在知识中抽取出元数据。数据是信息的一种表示形式,是用一组符号及其组合表示的信息,数据是信息的载体和表示。信息是数据在特定场合下的具体含义,或者

图 7-1　知识金字塔

说信息是数据的寓意。而知识是把相关信息关联在一起所形成的信息结构,元数据是关于数据的数据。当人们描述现实世界的现象时,就会产生抽象信息,这些抽象信息便可以看作元数据,元数据可以描述数据的上下文信息。

将现阶段研究与金字塔结构内容进行对比后,可以发现:从噪声中抽取数据和在数据中进行信息表示这两个过程已经完成,而从信息中抽取知识,再在知识中提取元数据是现在研究的重点。如何将知识表示出来,如何让机器能够更好地学习知识、理解知识,并能够运用知识,是自然语言理解中一个重要的问题。

知识是理解这个世界的基础,是智能行为的基础。如果机器要与人进行交互的话,就必须要通过知识来进行。所以需要理解什么是知识,知识是如何表示的,如何支撑我们制造智能人工产品。

知识表示和推理面临的主要的挑战有:常识知识(commonsense knowledge)的表征;以知识为基础的系统在计算效率和推理准确性之间进行权衡的能力;表示和处理不确定的知识和信息的能力。一般来说,知识用逻辑表示会比较简单,用文字进行表述理解起来就比较复杂。

MIT 的兰德尔·戴维斯(Randall Davis)、霍华德·什洛贝(Howard Shrobe)和彼德·索洛维茨(Peter Szolovits)认为知识表示最基本意义上是一种替代物,一种事物本身的替代物,通过该实体对世界进行推理,可以得到有意义的后果。即知识表示是物体在知识界中的抽象,我们可以通过触摸或视觉的方式观察这个知识,但是在我们的大脑中,这个物体是一个抽象。对该物体用知识进行描述,对方能够通过描述得到一个直观的印象。它是一套本体论的约定,也就是对这个问题的回答:我应该用什么样的术语看待这个世界? 即知识表示是对现实世界中所存在对象的具体表述。通过该描述可以进行推理,并得到有意义的结果,而且要跟真实世界中对象的理解一致。

知识表示是认知科学和人工智能两个领域共同存在的问题。在认知科学里,它关系到人类如何储存和处理资料。在人工智能里,其主要目标为储存知识,让程序能够处理,达到人类的智慧。但是目前这个领域仍然没有一个完美的答案。接下来探讨数据和知识之间的关系,如图 7-2 所示。知识最终表现为数据,数据可以分为结构化数据、半结构化数据和非结构化数据,在结构化数据方面,目前已经做到了很好的处理,但是在非结构化数据和半结构化数据中,目前还在继续努力研究。在后两种数据中,需要进行知识抽取中属性抽取、关系提取和实体抽取等操作,从而得到初步的知识表示。对于初步知识表示,还要进行实体对齐中实体消歧、共指消解等相应操作,在这样一个对齐的实体上,才能够更好地进行知识推理并发现知识,从而与一些标准知识表示进行对比和质量评估,最后存储有效的知识。

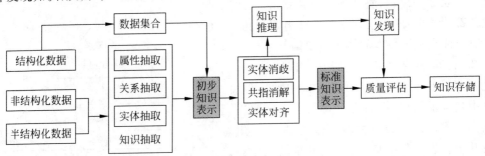

图 7-2　数据与知识的联系

知识表示和推理是人工智能的一个领域,它致力于将有关世界的信息以一种计算机系统可以用来解决复杂任务的形式表示出来,例如医疗诊断疾病或用自然语言进行对话。同时,知识表示结合了心理学关于人类如何解决问题和表示知识的方法,从而设计出使复杂系统更容易设计和构建的模型。

从人工智能的角度来看知识表示,人类如何表示知识?对知识的表示是否可用于不同的领域?知识表示方案是否具有表现力?表示法应该具有何种规范性质?只有把这样的一些问题标准化之后,才能够更好地应用计算机。

7.1.2 知识表示的发展和分类

知识表示的发展可以分为如图 7-3 所示的几个阶段。

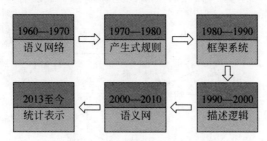

图 7-3 知识表示的发展阶段

对知识表示方法进行具体的展开,主要从几方面来看:第一个就是逻辑表示,第二个是语义网络表示,第三个是框架表示,第四个是产生式规则。

7.1.3 知识表示的方法

1. 谓词逻辑表示

谓词逻辑表示法是指各种基于形式逻辑(formal Logic)的知识表示方式,利用逻辑公式描述对象、性质、状况和关系。它只能表示出精确的知识,而对不确定的知识无法有效表示,同时这种表示方法也不能很好地体现知识的内在联系。其根本目的在于把教学中的逻辑论证符号化,能够采用属性演绎的方法,证明一个新语句是从那些已知正确的语句推导出来的,那么也就能够断定这个新语句也是正确的。

谓词逻辑的表示法通常用合取符号(∧)和析取符号(∨)连接形成的谓词公式表示。例如,对事实性知识"张三是学生,李四也是学生",可以表示为:ISSTUDENT(张三)^ISSTUDENT(李四)

谓词逻辑可以对原子命题做进一步的分析,分析出其中的个体词、谓词、量词,研究它们的形式结构的逻辑关系及正确的推理形式和规则。如图 7-4 所示就是常见的谓词逻辑表达式。

2. 语义网络

语义网络是知识表示中最重要的方法之一,是一种表达能力强而且灵活的知识表示方法;同时,语义网络还是一种用图来表示知识的结构化方式。在一个语义网络中,信息被表达为一组节点,节点通过一组带标记的有向直线

$$\neg P \qquad (\text{not } P)$$
$$P \wedge Q \qquad (\text{and } P \ Q)$$
$$P \vee Q \qquad (\text{or } P \ Q)$$
$$P \Rightarrow Q \qquad (\text{if } P \ Q)$$
$$P \Leftrightarrow Q \qquad (\text{iff } P \ Q)$$
$$(P_1 \wedge \cdots \wedge P_n) \quad (\text{and } P_1 \ \cdots \ P_n)$$
$$(P_1 \vee \cdots \vee P_n) \quad (\text{or } P_1 \ \cdots \ P_n)$$

图 7-4 常见谓词逻辑表达式

彼此相连,用于表示节点间的关系。节点表示各种事物、概念、情况、属性、动作及状态等,每个节点可以带有若干属性。有向直线表示各种语义联系,指明它所连接的节点间的某种语义关系,方向体现了节点所代表的实体的主次关系。

如图 7-5 所示是一个简单的语义网络,从图中可以看到各种对象之间的联系,比如猫是一种哺乳动物、哺乳动物是一种动物、鱼也是一种动物、鱼生活在水中等。通过语义网络,能够较好地对事物之间的关系进行阐述。由此可知,语义网络表示方法的优点如下。

(1) 表示自然,易于理解,应用广泛。

(2) 符合人类联想记忆。

(3) 可利用结构化知识来表示。

但其不足之处在于:不够严谨,没有公认的逻辑基础;难以有效处理,处理和检索的比较低。

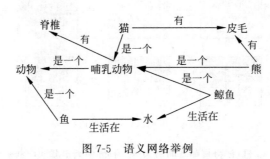

图 7-5 语义网络举例

3. 产生式系统

产生式系统是一种更广泛的规则系统,早期的专家系统多数是基于产生式系统的。产生式系统用来描述若干不同的以一个基本概念为基础的系统,这个基本概念就是产生式规则或产生式条件和操作对。产生式系统依据人类大脑记忆模式中的各种知识之间的大量存在的因果关系,并以前提(IF)和动作(THEN)的形式,即产生式规则表示出来。这种形式的规则捕获了人力求解问题的行为特征,并通过认识行动的循环过程来求解问题。

如图 7-6 所示为一个简单的产生式系统,从图中可以看到,若一个动物会飞且会下蛋,那么这个动物就是鸟类;若一个动物是哺乳类且有蹄,那么这个动物就是蹄类动物。上述符合产生式系统的规则,"如果(IF)条件为 X,那么(THEN)实施行动 Y",即当一个产生式的条件得以满足,则执行该产生式规定的某个行动,推理出最后的结果。

图 7-6 产生式系统举例

一个产生式系统由规则库、综合数据库和控制机构三部分组成,其优点如下。

(1) 具有自然性,即符合人类表达因果关系的知识表示形式,表示直观、自然,便于进行推理。

（2）具有模块性，产生式系统中的规则形式相同，易于模块化管理。

产生式系统的不足如下。

（1）效率不高，匹配规则代价高，求解复杂问题容易造成组合爆炸。

（2）不能表达具有结构性的知识，即不能把具有结构关系的事物间的区别与联系表示出来。

4. Prolog

Prolog(Programming in Logic)是一种逻辑编程语言，也是知识表示方法中最早的人工智能语言。在 Prolog 中，最基本的做法是先描述事实（确定对象与对象之间的关系），然后用询问目标的方式查询各种对象之间的关系，系统会自动进行匹配、回溯，并给出答案。Prolog 定义了目标和目标之间关系的事实，也定义了目标和关系之间的规则。

如图 7-7 所示为 Prolog 的简单示例，从图 7-7(a)可以看出，john 与 mary 之间是互相喜欢的关系。再解读图 7-7(b)的一条语句，X 和 Y 是姐妹关系，X 是女性，M 和 F 是 X 的父母，那么可以推理出 M 和 F 也是 Y 的父母。

```
                                    sister-of(X,Y) :- female(X),
                                                      parent(X,M,F),
                                                      parent(Y,M,F)
                    likes (john,mary)
                    (a) 示例1                          (b) 示例2
```

图 7-7　目标与目标之间的关系及目标与关系之间的规则举例

5. 框架系统

框架是知识表示的基本单位，描述对象（事物、事件或概念等）属性的数据结构。其最突出的特点是善于表示结构性知识，能够表示知识的内部结构关系以及知识之间的特殊关系，并把与某个实体或实体级的相关特性都集中在一起。框架表示法认为，人们对现实世界中各种事物的认识，都是以一种内需框架的结构层形式存储在记忆中，当面临一个新事物时，就从记忆中找出一个合适的框架，并根据实际情况对其进行修改补充，从而形成对当前事物的认识。

框架是一种描述固定情况的数据结构，一般可以把框架看成节点和关系组成的网络。框架的最高层次是固定的，在框架的较低层次上，有许多终端被称为槽，而每个槽都可以有一些附加说明，被称为侧面。槽可以描述某一方面的属性，侧面可以描述相应属性的一方面，通常是一个属性值。

6. 状态空间表示

状态空间表示(state space representation)是一种基于解答空间的问题表示和求解方法，它是以状态和操作符为基础的。在利用状态空间图表示时，从某个初始状态开始，每次加一个操作符，递增地建立起操作符的试验序列，直到达到目标状态为止。由于状态空间法需要扩展过多的节点，容易出现"组合爆炸"，因而只适用于表示比较简单的问题。

状态空间表示法的具体流程为，首先把问题的初始状态（初节点）作为当前状态，选择合适的算符对其进行操作，生成一组子状态，然后检查目标状态是否在其中出现。若出现，则搜索成功；若不出现，则按某种搜索策略从已生成的状态中再选一个状态作为当前状态，重复上述过程,直到目标状态出现,或者不再有可供操作的状态为止。也就是把问题用状态的方式来表示,问题之间的转换用状态空间转换图来表示。

7. 专家系统

专家系统是一个智能计算机程序系统,其内部含有大量的某个领域专家水平的知识与经验,能够利用人类专家的知识和解决问题的方法来处理该领域问题。也就是说,专家系统是一个具有大量的专门知识与经验的程序系统,它应用人工智能技术和计算机技术,根据某领域一个或多个专家提供的知识和经验进行推理和判断,模拟人类专家的决策过程,以便解决那些需要人类专家处理的复杂问题。简而言之,专家系统是一种模拟人类专家解决领域问题的计算机程序系统。如图 7-8 所示是专家系统的基本流程。

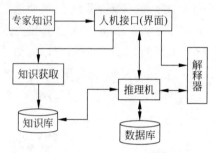

图 7-8　专家系统运行流程图

从图 7-8 中可以看出,专家系统中有知识库、数据库、推理机、解释器、人机接口(界面)。知识库存取和管理所获取的专家知识和经验。数据库存放系统推理过程中用到的控制信息、中间假设和中间结果。推理机利用知识进行推理,求解专门的问题,具有启发推理、算法推理,正向、反向或双向推理,串行或并行推理等功能。解释器是用户解释系统的行为,解释器作为专家系统和用户之间的"人机"接口,如果知识能够更好地去解释,人就能更好地依赖专家系统,而目前的深度学习中最欠缺的就是解释器。知识获取是专家系统与专家的"界面",即专家如何去确定知识。

8. 知识图谱

知识图谱(knowledge graph)在图书情报界称为知识域可视化或知识领域映射地图,是显示知识发展进程与结构关系的一系列不同的图形,用可视化技术描述知识资源及其载体,挖掘、分析、构建、绘制和显示知识及它们之间的相互联系。知识图谱应用数学、图形学、信息可视化技术、信息科学等学科理论以及方法与计量学引文分析、共现分析等方法,并利用可视化的图谱形象地展示学科的核心结构、发展历史、前沿领域以及整体知识架构,达到多学科融合的目的。

目前知识图谱发展得比较好,可以表示某一个领域的知识,并把这个领域进一步展开,在子领域中再进行知识图谱的表示,如图 7-9 所示。

知识图谱涉及知识获取、知识表示学习、时序知识图谱以及知识应用等,然后每个概念还可以进一步去展开。比如说,时序知识图谱可以展开为时序嵌入、实体动态学、时序关系依赖的分析。

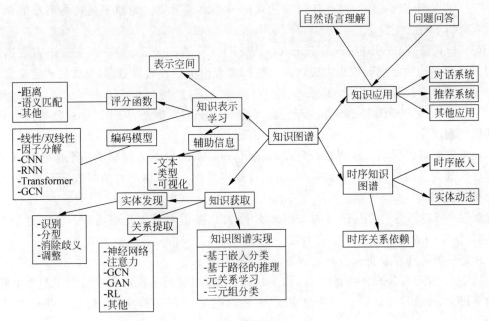

图 7-9　知识图谱的表示方法

7.2　知识推理与问题求解

本节将从知识推理、问题求解及游戏 AI 应用三方面展开。

7.2.1　知识推理的概念及证明

1. 概念

因为知识推理中涉及比较高深的哲学问题,所以主要从数理的方面考虑。推理是利用某些语句的符号表示来推导新的语句,虽然语句是抽象对象,但它们表示的是具体对象,并且易于操作。推理应该具有良好的伸缩性,即需要高效的推理算法。

2. 如何实现自动推理证明

逻辑方法是自动证明中常用的方法。"如果…则…"这个逻辑是最简单的,与或非的逻辑表示也是比较常用的。如何进行逻辑推理? 推理的过程是怎么样的? 怎么去实现逻辑推理? 这些问题都是需要去解决的。如果已知事实 1 和事实 2 存在,且在已有知识库中有:如果事实 1 存在,则有结论 1;如果事实 2 存在,则有结论 2,所以通过知识库,就能得到结论 1 和结论 2。自然语言不适合计算机推理,因为其存在模棱两可性,因此需要一种逻辑表示方法。

谓词逻辑是一种形式语言,适合表示事物的状态、属性及概念等,也可以用来表示事物间确定的因果关系。谓词逻辑中包括以下几项。

(1) 项(Term),其中常量和变量都可被称为项,如果 f 是一个 n 元函数符号,t_1,$t_2,\cdots,t_n$ 是项,则 $f(t_1,t_2,\cdots,t_n)$ 也是项,所有项都是由一定的规则产生。

(2) 原子公式(Atom),如果 P 是一个 n 元谓词符号,$t_1,t_2,\cdots,t_n$ 是项,则 $P(t_1,$

$t_2,\cdots,t_n$)是一个原子公式,其他任何表达式都不是原子公式。即原子公式是最小的单元,具有不可拆分性。

(3) 合式公式(Well-Formed Formula,WFF)又称谓词公式,是一种形式语言表达式,即形式系统中按一定规则构成的表达式。按照模型论中一种通行习惯,合式公式定义如下:①原子公式是合式公式;②若 F 和 G 是 WFF,则 $\sim F,F\wedge G,F\vee G,F\rightarrow G,F=G$ 都是 WFF;③若 F 是 WFF,x 是自由变量,则 $(\forall x)F,(\exists x)F$ 都是 WFF。合式公式仅由有限次使用规则产生。

在推理时可以用消解原理进行处理,消解原理基本出发点为要证明一个命题为真可以通过证明其否命题为假来得到,将多样的推理规则简化,并分别进行消解。接下来,对消解原理举例说明。

假设:所有不贫穷并且聪明的人都是快乐的,那些看书的人是聪明的。李明能看书且不贫穷,快乐的人过着激动人心的生活。

求证:李明过着激动人心的生活是否为真命题?

图 7-10 所示为推理证明的过程,图 7-10(a)为使用谓词逻辑语言将假设中的文字转换成数学语言,而图 7-10(b)则是基于消解原理对问题进行逐步求解,最终结果这是个假命题。

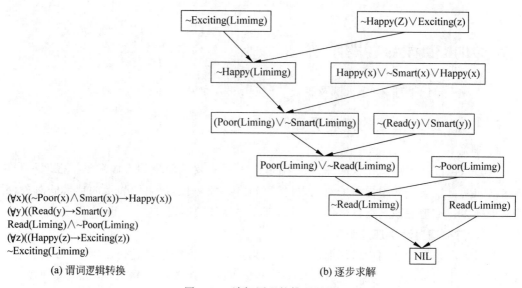

(∀x)((~Poor(x)∧Smart(x))→Happy(x))
(∀y)((Read(y)→Smart(y))
Read(Liming)∧~Poor(Liming)
(∀z)((Happy(z)→Exciting(z))
~Exciting(Limimg)

(a) 谓词逻辑转换　　　　　　　　　　(b) 逐步求解

图 7-10　消解原理的推理证明

7.2.2　问题求解

1. 问题求解概念

机器能够自动找出某个问题的正确解决策略,然后举一反三去解决同类问题。即有了问题的描述之后,就需要去进行问题的求解。

2. 案例:传教士野人问题

以一个传教士野人问题对问题求解进行展开。在河的左岸有 N 个传教士、N 个野人和一条船,传教士想用这条船把所有人都运过河去,但有以下条件限制:传教士和野人都会划船,但船每次最多只能运 K 个人;在任何岸边野人数目都不能超过传教士,否则传教士会被野人吃掉。假定野人会服从任何一种过河安排,请规划出一个确保传教士安全过河的计划。我们可以用状态空间法进行求解,状态表示问题在某一个时刻所处的"位置""情况"等,且根据问题的关键因素,一般用向量形式表示。

在本案例中,假设 $N=3$,$K=1$,则状态可表示为(左岸传教士数,左岸野人数,船的位置(1 左岸,0 右岸)),其中初始状态为(3,3,1),最后的目标状态要为(0,0,0)。接着确定算子,即使状态发生改变的操作,本例中算子为将传教士或野人运到河对岸,那么可定义算子为

MOV-1m1c-1r:将一个传教士(m),一个野人(c),从左岸运到右岸(r)

传教士和野人的状态有四种,可以表示为 0、1、2、3,而船的位置状态是 0 或者 1,所以状态总数为 32 种。其中有些状态是不允许存在的,比如(1,2,0),这时野人数量要大于传教士数量;(0,0,1),船不能停在没有人的左岸边。状态变迁主要考虑的是每次人数只能增减 1,且船也要发生位置变换,比如(3,3,1)变成(3,2,0),表示船把野人送到了左岸。因此只要进行遍历,遇到错误状态返回,并进行标记,下次就不会再重复这个错误过程。经过有限次遍历之后,就可以完成整个安全过河的过程。

3. 解的搜索

问题实现需要用到解的搜索,进行无信息搜索和有信息搜索。无信息的搜索又称为盲目搜索,主要有宽度优先和深度优先方法;给定信息的搜索又称为启发式搜索,启发式算法有 A 算法和 A^* 算法等。

7.2.3 游戏 AI 应用:路径规划与搜索

1. 广度优先搜索

广度优先搜索算法又称为宽度优先搜索,目的是系统地展开并检查图中的所有节点,以找寻结果。换句话说,它并不考虑结果的可能位置,而是彻底搜索整张图,直到找到结果为止。算法的核心思想是:从初始节点开始,应用算符生成第一层节点,检查目标节点是否在这些后继节点中,若没有,再用产生式规则将所有第一层的节点逐一扩展,得到第二层节点,并逐一检查第二层节点中是否包含目标节点。若没有,再用算符逐一扩展第二层的所有节点……如此依次扩展、检查,直到发现目标节点为止,如图 7-11 所示。

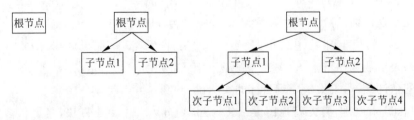

图 7-11 广度搜索算法的流程

广度搜索算法的流程需要注意如下几点。

(1)每生成一个子节点,就要提供指向它们父节点的指针。当解出现时候,通过逆向跟踪,找到从根节点到目标节点的一条路径。

(2)生成的节点要与前面所有已经产生的节点比较,以免出现重复节点,浪费时间和空

间,还有可能陷入死循环。

(3) 如果目标节点的深度与路径长度成正比,则找到的第一个解即为最优解,这时,搜索速度比深度搜索要快些,在求最优解时往往采用广度优先搜索;如果节点不与深度成正比,则第一次找到的解不一定是最优解。

(4) 广度优先搜索的效率还有依赖目标节点所在位置的情况,如果目标节点处于较深层时,则需搜索的节点数呈指数增长。

2. 深度优先搜索

深度优先搜索属于图算法的一种,其过程简要来说是对每一个可能的分支路径深入到不能再深入为止,而且每个节点只能访问一次,即最重要的是顺序,能不重不漏地搜索到每一个节点。深度优先搜索的两个注意点是回溯和剪枝。

深度优先遍历图的方法:从图中某顶点 v 出发,依次从 v 的未被访问的邻接点出发,对图进行深度优先搜索,直至图中和 v 有路径相通的顶点都被访问。若此时图中尚有顶点未被访问,则从一个未被访问的顶点出发,重新进行搜索,直到图中所有顶点均被访问过为止,如图 7-12 所示。

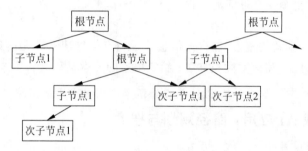

图 7-12   深度搜索算法的流程

深度优先遍历使用的数据结构是栈(stack),将访问过的节点标记后,并压入栈中,再遍历此时跟栈顶元素相关联的节点,将其中未标记的节点标记,并压入栈中……以此类推,当该栈顶的元素相关联的节点都被访问过了,则该元素弹出栈……直到栈空,遍历完成。

3. A 算法和 A* 算法

这里对 A 算法不做过多介绍,主要讲解 A* 算法。启发式算法离不开启发式信息,而启发式信息反映在评估函数中。评估函数 $f(n)$ 定义为:从初始节点 S_0 出发,经过节点 N 到达目标节点 S_g 的所有路径中最小路径代价的估计值。其一般形式为 $f(n)=g(n)+h(n)$,$g(n)$ 表示从初始节点 S_0 到节点 N 的实际代价;$h(x)$ 表示从 N 到目标节点 S_g 的最优路径的估计代价,不大于 n 到目标的实际代价。

A* 算法基本原理,首先将地图虚拟化,将其划分为一个个小方块,并用二维数组表示地图。再从起点出发不停寻找周围的点,根据评估函数在地图中循环遍历,直至找到终点,并产生成本总和最小的路径。A* 算法在运算过程中,每次从优先队列中选取 $f(n)$ 值最小(优先级最高)的节点作为下一个待遍历的节点。另外,A* 算法使用两个集合表示待遍历的节点与已经遍历过的节点,通常称为 open_set 和 close_set。完整的 A* 算法描述如下,不断进行循环遍历,直至得到最优解。

```
初始化 open_set 和 close_set;
将起点加入 open_set 中,并设置优先级为 0(优先级最高);
如果 open_set 不为空,则从 open_set 中选取优先级最高的节点 n:
    如果节点 n 为终点,则:
        从终点开始逐步追踪 parent 节点,一直达到起点;
        返回找到的结果路径,算法结束;
        如果节点 n 不是终点,则:
            将节点 n 从 open_set 中删除,并加入 close_set 中;
            遍历节点 n 所有的邻近节点:
                如果邻近节点 m 在 close_set 中,则:
                    跳过,选取下一个邻近节点;
                如果邻近节点 m 也不在 open_set 中,则:
                    设置节点 m 的 parent 为节点 n;
                    计算节点 m 的优先级;
                    将节点 m 加入 open_set 中;
```

4. 其他算法

Dijkstra 算法,原始版本仅适用于找到两个顶点之间的最短路径,后来更常见的变体固定一个顶点作为源节点,然后找到该顶点到图中所有其他节点的最短路径,产生一个最短路径树。本算法每次取出未访问节点中距离最小的,用该节点更新其他节点的距离。需要注意的是绝大多数的 Dijkstra 算法不能有效处理带有负权边的图。每次从未求出最短路径的点中取出距离起点最小路径的点,以这个点为桥梁刷新未求出最短路径的点的距离。

贪婪算法,在对问题求解时,总是做出在当前看来是最好的选择。也就是说,不从整体最优上加以考虑,所做出的是在某种意义上的局部最优解。贪婪算法不能保证得到全局最优解,最重要的是要选择一个最优的贪婪策略,如果贪婪策略选得不好,结果就会比较差。

7.3 知识推理与问题求解案例分析

7.3.1 游戏 AI 应用:简单的游戏 AI

简单的游戏 AI 包含数独游戏、迷宫游戏等常见的游戏。数独游戏逻辑比较简单,因此机器能搜索很多步,甚至于能够穷举到所有结果,只要给定相应的游戏规则,机器就能计算出最后的结果,在这过程中主要运用到了深度优先、广度优先等算法。迷宫游戏中,给定一个迷宫,其图形表示如图 7-13 所示。迷宫图中蕴含着重要的知识表示,其底层含有数据表示的数据结构,在逻辑方面,从底层的数据结构开始进行搜索。

7.3.2 游戏 AI 应用:Alpha Go 中的人工智能

围棋游戏的搜索会更复杂,本文主要分析 Alpha Go 的一些机理。

围棋起源于 2500 年前的古代中国,两个玩家使用棋子进行游戏,目标(胜利条件)是包围比对手更多的区域。围棋有 19×19 个网格,轮换条件是一名玩家放置一枚棋子或者放弃,当两名玩家都放弃放置棋子后游戏结束。对弈过程中有两条基本规则,一是捕获规则:没有自由的棋子,就要捕获并从棋盘上移除;二是 KO 规则:一个玩家不允许移动使游戏

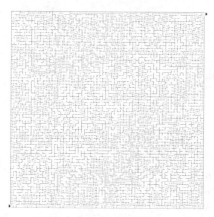

图 7-13　迷宫的图形表示

返回到之前的位置。捕获规则如图 7-14 所示,如果白子下在 A 的位置把黑子包围了,那么就需要把黑子移除。

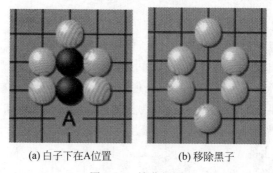

(a) 白子下在A位置　　　　　　(b) 移除黑子

图 7-14　捕获规则

KO 规则如图 7-15 所示,如果白子下在位置 1,一个黑子被白子捕获,但根据规则黑子不能在下一步下在位置 2。

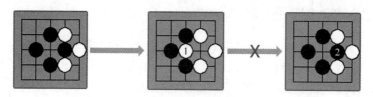

图 7-15　KO 规则

最终通过比较黑子和白子的分数(目数)来确定输赢。如图 7-16(a)所示,白子的目数为 12,而如图 7-16(b)所示黑子则为 13,所以本局黑子胜利。

围棋的棋盘有 361 个位置,从布局上面来讲每个没有占据的位置都是可选的,因此其难度比象棋要大得多。象棋的广度是 35,深度是 80,围棋的广度是 250,深度是 150 围棋的分支可能性相对会更大。

如何判断围棋的优化函数、分支系数及值函数?模拟就是 Alpha Go 自己和自己下棋,类似于棋手在脑袋中的推演,就是棋手说的"计算"。面对当前局面 Alpha Go,会用某种策略进行多次模拟,预测随后几步或者一直下到终局,最终根据盈利决定如何下棋。

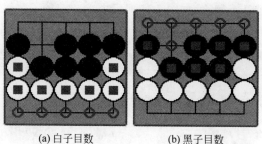

(a) 白子目数　　　　　(b) 黑子目数

图 7-16　对弈胜利的条件

首先给出几个基本表达式，$s = (1, 0, -1, \cdots)$ 为状态，其中 1 表示白子，-1 表示黑子，0 表示无子；$a = (0, \cdots, 0, 1, 0, \cdots)$ 为策略行动，落子位置为 1，$f(s)$ 为策略实施，即根据前面的一个状态来决定下一步落子的位置；

$$\text{Score}(s) = \begin{bmatrix} r_{11} & \cdots & r_{1n} \\ \vdots & \ddots & \vdots \\ r_{n1} & \cdots & r_{nn} \end{bmatrix}$$

表示落子点的分数，最后取分数最大的一个。

若在步骤 t 采取的策略行动为 a_t

$$a_t = \text{argmax}[Q(s_t, a) + U(s_t, a)]$$

其中，Q 是行动值，U 为奖励值。Q 值的计算如下：

$$Q(s, a) = \frac{1}{N(s, a)} \sum_{i=1}^{n} 1(s, a, i) V(S_L^i)$$

其中，

$$N(s, a) = \sum_{i=1}^{n} 1(s, a, i)$$

$$V(S_L) = (1 - \lambda) v_\theta(S_L) + \lambda z_L$$

而 U 值的计算如下：

$$U(s, a) \propto \frac{P(s, a)}{1 + N(s, a)}$$

各参数所表达的意思如表 7-1 所示。

表 7-1　参数表示

参　　数	意　　义
a_t	步骤 t 采取的策略行动
$Q(s_t, a)$	移动 a 的平均奖励
$P(s, a)$	移动 a 的先验概率
$N(s, a)$	访问父节点的次数
U	奖励值
V_θ	棋盘计算出来的价值函数
Z_L	计算得到的奖励
λ	混合参数

Alpha Go 中用到了几个网络,如图 7-17 所示。

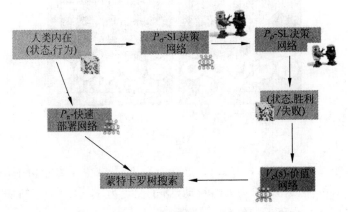

图 7-17 训练深度神经网络

如图 7-19 所示,Alpha Go 实际由两部分组成,第一部分是自我学习经验,第二部分是自我价值训练,共包括 4 个网络:监督策略网络、增强型策略网络、价值网络和快速部署网络,这 4 个网络与蒙特卡罗树搜索(Monte Carlo Tree Search,MCTS)一起组成了 Alpha Go。图 7-18(a)构成了自我学习经验,包括学习的数据。图 7-18(b)是自我价值训练,通过给定一些数据,经过网络的训练,最后给出下棋的策略。

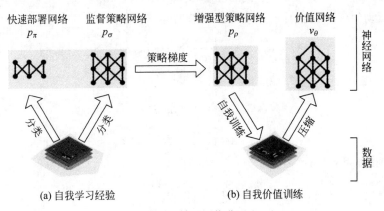

图 7-18 神经网络分区

Google 从围棋对阵平台上获得了人类选手的围棋对应棋谱,对于每一种棋盘都会有一个人类进行的解法,这就是一个天然的训练样本,如此得到了近 3000 万个训练样本。

1. 学习棋谱

棋盘的状态向量标记为 s,棋盘大小为 19×19,共有 361 个交叉点,每个交叉点有 3 个状态,并且考虑到每个位置可能会使用多次。系统先学习棋谱,得到一些策略,用 P_{human} 表示。Google 的实验结果表示这个方法不够好,第一数量不足以覆盖所有情况,第二质量太差,人类的经验未被正确跟机器学习相关联。P_σ 主要用于训练 Alpha Go 如何落子。

2. 蒙特卡罗树搜索

MCTS 是一种搜索方法,每一轮 MCTS 包括 4 个步骤选择。

(1)选择:从根节点 R 开始,选择连续的子节点向下至叶节点 L。

（2）扩展：除非任意一方的输赢使得游戏在节点 L 结束，否则创建一个或多个子节点并选取其中一个节点 C。

（3）模拟：从节点 C 开始，用随机策略进行游戏，又称为 playout 或者 rollout。

（4）反向传播：使用随机游戏的结果，更新从节点 C 到节点 R 的路径上的节点信息。

如图 7-19 所示，每一个节点的内容代表胜利次数/游戏次数。选择胜率大的分支进行扩展搜索（7/10→5/6→3/3），到了 3/3 叶节点进行展开选择一个行动，然后进行模拟，评估这个行动的结果。然后把结果回溯到根节点。

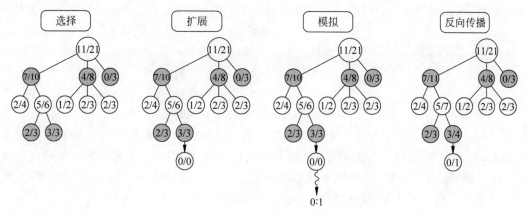

图 7-19　蒙特卡罗树搜索流程图

Alpha Go 将策略迭代与 MCTS 结合起来，对于每个状态，根据策略网络输出的策略选择动作，执行 MCTS。MCTS 输出策略通常比策略网络输出的策略更加健壮，因此这个过程可以看作策略迭代中的策略提升，通过随机的方式来增强人类的经验。

3. 自我学习

从监督学习中间学到了一个策略 P_0，Alpha Go 会另外去做一个模型 P_1。P_1 一开始和 P_0 一样（模型参数相同），稍微改变 P_1 的参数，然后让 P_1 和 P_0 下棋。多次模拟之后，如果 P_1 比 P_0 强，即赢的次数比较多，则 P_1 就成为新参数，表示为 $P_{human++}$，这就是 Alpha Go 的自我学习机制。因为要超越人类就必须用人类知识之外的棋谱来学，这也是 Alpha Go 自己创造的棋谱。

4. 价值网络

下一步棋要去判断这步棋的成功率如何，但是围棋中成功率计算很困难，甚至于没法计算，一般用深度学习做一个近似估计。这时可以使用价值网络，步骤如下。

（1）开盘用 P_{human} 加 L 步。

（2）$L+1$ 步，完全随机一个落子，记为状态 $V(S_{L+1})$。

（3）用 $P_{human++}$ 进行对弈，由于 L 是一个随机数，可以对应开局、中盘及官子等不同阶段，得到一系列状态 S 和结果 r 的对应结果。

（4）根据得到的 S 和 r，使用神经网络回归得到价值函数。价值函数的目的是判断局势。

总体来说，Alpha Go 依赖强大的计算平台，通过监督学习进行机器学习，使用卷积神经网络等工具，利用 MCTS 方法进行启发式搜索，再使用一些方法进行优化，最后综合形成一个强大的围棋对战工具。机器战胜人类棋手虽然引起了较大轰动,有些人认为人工智能已经达到了一个很高的高度,可以跟人类相比拟了。人工智能利用计算机在记忆存储搜索方面确实比人类强大的计算资源,才导致在围棋对战中具有很强大的计算,但是在真正的智能方面,人工智能还有很长的路要走。

7.3.3 游戏 AI 应用:机器自动训练玩游戏

机器可以从环境中自动学习,即机器首先一无所知,然后像人类一样去进行尝试,学习一些经验,从而机器可以逐渐熟练地用学到的经验去做事情,接下来以游戏为例进行展开。

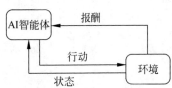

图 7-20 AI 智能体的训练过程

首先,如图 7-20 所示,AI 智能体从环境中获取状态,根据状态又对环境做出相对应的行动,AI 智能体每行动一次都可以得到一定的报酬,通过报酬对智能体进行训练。

couple 是 open aim 中最简单的一个环境,couple 的目的就是感知平衡。游戏规则很简单,游戏里面有一个移动的小车,车上立着一根杆子,小车需要左右移动来保持杆子竖直,如果感知倾斜的角度大于 15°,那么游戏结束。同时,小车也不能移出一定范围,中间到两边各 2.4 个单位长度,游戏中包含了小车的位置速度、棍子的角度和速度,行动就是小车可以往左(0)或往右(1)移动,木棒每保持平衡 1 个时间步,就得到 1 分,即报酬。每一场游戏的最高得分为 200 分。每一场游戏的结束条件:木棒倾斜角度大于 41.8°或者已经达到 200 分。最终获胜条件为最近 100 场游戏的平均得分高于 195。

首先用随机函数,相应代码如图 7-21 所示。

```
for t in range(max_number_of_steps):
    env.render()  # 更新并渲染游戏画面
    action = np.random.choice([0, 1])  # 随机决定小车运动的方向
    observation, reward, done, info = env.step(action)  # 获取本次行动的反馈结果
    episode_reward += reward
```

图 7-21 随机函数代码

这里只是使用 np.random.choice([0,1])随机决定小车运动的方向,并没有进行任何的智能学习,经过游戏之后发现平均得分只有 22。

选择 Q-learning 算法,那么如果在时间步 t 时,状态为 s_t,采取的行动为 a_t,本次行动的有利程度记为 $Q(s_t,a_t)$,则有

$$Q(s_t,a_t)=(1-\alpha)Q(s_t,a_t)+\alpha[r_{t+1}+\gamma \max Q(s_{t+1},a_{t+1})]$$

其中,α 称为学习系数,γ 称为报酬衰减系数,r_t 为时间步为 t 时得到的报酬(因为报酬仅与时间有关)。

具体优化函数代码如图 7-22 所示。

这时的学习比较简单,取得的效果不是很明显,运行代码发现虽然分数有所提高,但是效果并不显著。随着训练的进行,在过拟合之前最高的平均分数也只有 32 分,比随机学习多了 10 分。为了提高效率,引入了贪心策略,如图 7-23 所示,小车学习速度会进一步提高。

优化

```
def get_action(state, action, observation, reward):
    next_state = digitize_state(observation) # 获取下一个时间步的状态，并将其离散
    next_action = np.argmax(q_table[next_state]) # 查表得到最佳行动
    #------训练学习，更新
q_table------
        alpha = 0.2 # 学习系数α
        gamma = 0.99 # 报酬衰减系数γ
        q_table[state, action] = (1 - alpha) * q_table[state, action] + alpha * (reward + gamma *
q_table[next_state, next_action]) # ------
        return next_action, next_state
```

图 7-22　优化函数代码

进一步优化

```
def get_action(state, action, observation, reward):
    next_state = digitize_state(observation)
    epsilon = 0.2 # ε-贪心策略中的ε
    if epsilon <= np.random.uniform(0, 1):
        next_action = np.argmax(q_table[next_state])
    else:
        next_action = np.random.choice([0, 1]) # 后面的内容跟之前一样
```

图 7-23　贪心策略优化代码

7.3.4　游戏 AI 应用：Flappy Bird

再来看另外的一个应用：Flappy Bird 游戏。Flappy Bird 是一款 2013 年推出的鸟飞类游戏，由越南河内独立游戏开发者阮哈东(Dong Nguyen)开发。Flappy Bird 操作简单，通过单击手机屏幕使 Bird 上升，穿过柱状障碍物之后得分，碰到则游戏结束。由于障碍物高低不等，控制 Bird 上升和下降需要反应快并且灵活，要得到较高的分数并不容易，游戏如图 7-24 所示。

游戏中用到了神经网络和遗传算法。神经网络就是一堆节点(代表大脑中存在的神经元)，这些节点通过权重相连(模拟神经元之间形成的连接)，如图 7-25 所示。

图 7-24　Flappy Bird 游戏

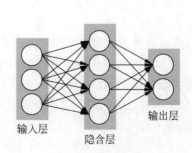

输入层　　隐含层　　输出层

图 7-25　神经网络

遗传学中,物种随着时间的推移,以一定的规律进行变化和演化,最终将得到一个全新的物种。这个新的物种,在特定的环境与规则下,将拥有比原有的物种更加出色的表现。在遗传学中,将适应度(fitness)定义为某种等级,并通过进化将现有物种转化为具有更高适应度等级的物种。在对遗传算法的定义中,将"物种"替换为"神经网络",便得到了神经进化。从一组神经网络(数百个)开始,然后对其多次执行进化步骤,最后得到一组与开始的神经网络不同的神经网络,它们比起初的神经网络具有更高的适应度。

考虑在时间 t 有一个神经网络池,运用遗传交叉进行随机突变,在时间 $t+1$ 处得到另一个神经网络池。多次重复此步骤,可以获取最终的网络。对基因进化的期望是

$$\sum \text{fitness}(\text{network}[i])_t < \sum \text{fitness}(\text{network}[i])_{t+1}$$

在每个时间步长,都从一个大小为 n 的神经网络池开始,并根据其适应度为每个网络分配一个选择概率,适应度越高,选择概率就越大。执行此选择步骤 $n/2$ 次,在每个选择步骤中选择两个网络。然后,利用每个选定的网络执行交叉和随机突变,以获取新的网络对。最后,拥有的 n 个网络将继续发展到下一代。

遗传算法中的交叉形式可以是任何形式,只要将选定网络中的某个交换到另一个即可。可以选择某个层并交换权重,也可以选择一堆节点并交换其权重。其中任何一个都适合进行遗传交叉的描述。使用两个网络(父代)执行此步骤将提供两个网络作为输出(子代),如图 7-26 所示。

将从交叉中获得的所有子代进行随机突变,以一定的概率在网络中随机选择权重,并对其进行一些调整。突变可能是添加一个较小的值或翻转符号等,如图 7-27 所示,最终获得突变基因。

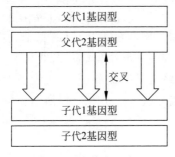

图 7-26 遗传交叉流程

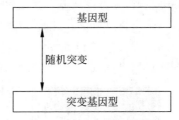

图 7-27 随机突变流程

在 Flappy Bird 中,用户只有一个操作,单击一个按钮即可拍打。考虑一个形状非常简单的三层神经网络,其形状为(3,7,1),可用来预测动作。在示例中,每只鸟都由一个神经网络表示,如图 7-28 所示。

综上所述,可以通过以步骤定义其模型代码。

(1)创建一个大小为 total_models 的池,这些池都是随机初始化的。由于需要一个很大的池,因此建议至少使用大约一百个网络实现初始化池,代码如图 7-29 所示。

(2)定义交叉函数,代码如图 7-30 所示。

(3)定义预测函数,代码如图 7-31 所示。

(4)选择网络中连接第一层的 3 个节点到第二层的 7 个节点的权重集,然后将这些权重交换给池中给定的两个网络,代码如图 7-32 所示。

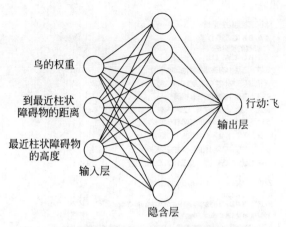

图 7-28　Flappy Bird 的神经网络

```
for i in range(total_models):
    model = Sequential()
    model.add(Dense(output_dim=7, input_dim=3))
    model.add(Activation("sigmoid"))
    model.add(Dense(output_dim=1))
    model.add(Activation("sigmoid"))
    sgd = SGD(lr=0.01, decay=1e-6, momentum=0.9, nesterov=True)
    model.compile(loss="mse", optimizer=sgd, metrics=["accuracy"])
    current_pool.append(model)
```

图 7-29　初始化池

```
def model_crossover(model_idx1, model_idx2):
    global current_pool
    weights1 = current_pool[model_idx1].get_weights()
    weights2 = current_pool[model_idx2].get_weights()
    weightsnew1 = weights1
    weightsnew2 = weights2
    weightsnew1[0] = weights2[0]
    weightsnew2[0] = weights1[0]
    return np.asarray([weightsnew1, weightsnew2])
```

图 7-30　交叉函数

```
def predict_action(height, dist, pipe_height, model_num):
    global current_pool
    # The height, dist and pipe_height must be between 0 to 1 (Scaled)
    height = min(SCREENHEIGHT, height) / SCREENHEIGHT - 0.5
    dist = dist / 450 - 0.5 # Max pipe distance from player will be 450
    pipe_height = min(SCREENHEIGHT, pipe_height) / SCREENHEIGHT - 0.5
    neural_input = np.asarray([height, dist, pipe_height])
    neural_input = np.atleast_2d(neural_input)
    output_prob = current_pool[model_num].predict(neural_input, 1)[0]
    if output_prob[0] <= 0.5:
    # Perform the jump action
        return 1
    return 2
```

图 7-31　预测函数

```
def model_mutate(weights):
    for xi in range(len(weights)):
        for yi in range(len(weights[xi])):
        if random.uniform(0, 1) > 0.85:
            change = random.uniform(-0.5,0.5)
            weights[xi][yi] += change
    return weights
```

图 7-32　随机选择权重突变

　　继续进行随机突变,以 0.15 的概率随机选择权重,然后使用 $-0.5 \sim +0.5$ 的随机数更改其值。初始化一个神经网络池来表示一组鸟类(在这种情况下为 100 只),在每个游戏结束后执行进化,以便它们在飞行中表现更好,即达到了优化的目的。

7.3.5　暴力破解逻辑求解问题

　　为了得到问题的解,可以使用暴力方法破解。这里以 2018 年的行政科推理试题为例,如图 7-33 所示。

　　这些题之间存在相互关系,该如何挖掘里面的关系,接下来可以进行相应的推理,如图 7-34 所示。

1.这道题目的答案是:

A.A B.B C.C D.D

2:第5题的答案是:
A.C B.D C.A D.B

3.以下选项中的答案与其他三项不同:

A.第3题 B.第6题 C.第2题 D.第4题

4.以下选项中两题的答案相同:

A.第 1.5题 B.第 2.7 题 C.第1.9题 D.第 6,10题

5.以下选项中哪一题的答案与本题相同:

A.第8题 B.第4题 C.第9题 D.第7题

6.以下选项中哪两题的答案与第8题相同:

A.第2.4题 B.第1.6题 C.第3.10题 D.第5.9题

7.在此十道题中,被选中次数最少的选项字母为:
A.C B.B C.A D.D

8.以下选项中哪一题的答案与第1题的答案在字母中不相邻:
A.第7题 B.第5理 C.第2题 D.第10题

9.已知 "第1题与第6题的答案相同" 与 "第X题与第5题的答案相同" 真假性相反,那么X为:
A.第6题 B.第10题 C.第2题 D.第9题

10.在此10题中, ABCD四个字母出现次数最多与最少者的差为:
A.3 B.2 C.4 D.1

图 7-33   2018 年行政科推理试题

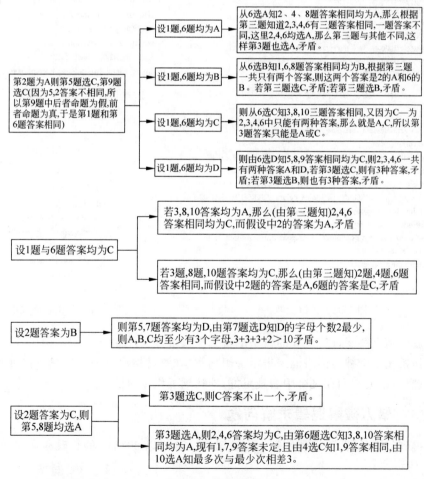

图 7-34   推理过程

上述是利用逻辑关系图进行推理,也可以利用 Python 书写代码的方式进行问题的求解,因此可使用 Python 暴力穷举的方法,如图 7-35 所示。穷举算法是一种最简单的算法,其依赖计算机的强大计算能力来穷尽每一种可能的情况,从而达到求解的目的。穷举算法效率不高,但适用于一些没有明显规律可循的场合。穷举算法的基本思想就是从所有可能的情况中搜索正确的答案,其执行步骤如下。

(1) 对于一种可能的情况,计算其结果。

(2) 判断结果是否满足要求,如果不满足则执行第(1)步搜索下一个可能的情况;如果满足要求,则表示寻找到一个正确的答案。

```python
def check(l):
    t=[2,3,0,1]
    if l[5]!=t[l[2]]:
        return False; #q2
    t=[l[3],l[6],l[2],l[4]]
    x=t[l[3]]
    t.pop(l[3])
    if x in t:
        return False; #q3
    t=[(l[1],l[5]),(l[2],l[7]),(l[1],l[9]),(l[6],l[10])]
    if t[l[4]][0]!=t[l[4]][1]:
        return False; #q4
    t=[l[8],l[4],l[9],l[7]]
    if l[5]!=t[l[5]]:
        return False; #q5
    t=[(l[2],l[4]),(l[1],l[6]),(l[3],l[10]),(l[5],l[9])]
    if t[l[6]][0]!=t[l[6]][1] or t[l[6]][0]!=l[8]:
        return False; #q6
    t=[2,1,0,3]
    tt=[l.count(0),l.count(1),l.count(2),l.count(3)]
    if tt.index(min(tt))!=t[l[7]]:
        return False; #q7
    t=[l[7],l[5],l[2],l[10]]
    if abs(t[l[8]]-l[1])%3<=1:
        return False; #q8
    t=[l[6],l[10],l[2],l[9]]
    if (l[1]==l[6])==(t[l[9]]==l[5]):
        return False; #q9
    t=[3,2,4,1]
    if max(l.count(0),l.count(1),l.count(2),l.count(3))-min(l.count(0),l.count(1),l.count(2),l.count(3))!=t[l[10]]:
        return False #q10
    return True
```

图 7-35 Python 暴力穷举实现

第8章

机器学习和深度学习

8.1 机器学习

8.1.1 机器学习的定义

从广义上来说,机器学习是一种能够赋予机器学习的能力以此让它完成直接编程无法完成的功能的方法。从实践的意义上来说,机器学习是利用数据训练出模型,然后使用模型预测的方法。

(1)"训练"与"预测"是机器学习的两个过程,"模型"则是过程的中间输出结果,"训练"产生"模型","模型"指导"预测"。

(2)机器学习方法是计算机利用已有的数据(经验),得出了某种模型(迟到的规律),并利用此模型预测未来(是否迟到)的一种方法。

8.1.2 机器学习与其他学科的联系

(1)模式识别=机器学习。两者的主要区别在于前者是从工业界发展起来的概念,后者则主要源自计算机学科。

(2)数据挖掘=机器学习+数据库。大部分数据挖掘中的算法是机器学习的算法在数据库中的优化。

(3)统计学习近似等于机器学习。机器学习中的大多数方法来自统计学,但是在某种程度上两者是有分别的,二者的分别在于:统计学习重点关注的是统计模型的发展与优化,偏数学,而机器学习更关注的是能够解决问题(偏实践),因此机器学习研究者会重点研究学习算法在计算机上执行的效率与准确性的提升。

(4)计算机视觉=图像处理+机器学习。图像处理技术用于将图像处理为适合进入机器学习模型中的输入,机器学习则负责从图像中识别出相关的模式。

(5)语音识别=语音处理+机器学习。

(6)自然语言处理=文本处理+机器学习。

8.1.3 机器学习的应用范围

机器学习跟模式识别、统计学习、数据挖掘、计算机视觉、语音识别、自然语言处理等领域有很深的联系。从范围上来说，机器学习与模式识别、统计学习、数据挖掘是类似的，同时，机器学习与其他领域的处理技术的结合，形成了计算机视觉、语音识别、自然语言处理等交叉学科。因此，一般说数据挖掘时，可以等同于机器学习。同时，我们平常所说的机器学习应用，应该是通用的，不仅仅局限在结构化数据或图像音频等领域。

8.1.4 机器学习的总结

机器学习是目前业界最为火热的一项技术，从网上的每一次购买东西，到自动驾驶汽车技术，以及网络攻击抵御系统等，都有机器学习的因子在内。同时机器学习也是最有可能使人类完成 AI 梦想的一项技术，各种人工智能目前的应用，从聊天机器人到计算机视觉技术的进步，都有机器学习努力的成分。作为一名当代的计算机领域的开发或管理人员，以及身处这个世界，使用 IT 技术带来便利的人们，最好都应该了解一些机器学习的相关知识与概念，因为这可以帮你更好地理解带来莫大便利的技术的背后原理，也可以更好地理解当代科技的发展进程。

机器学习的思想是，存在通用算法可以提供一些有关数据集的有趣信息，而无须编写任何特定于该问题的自定义代码。无须编写代码，而是将数据提供给通用算法，然后根据数据构建自己的逻辑。

例如，对于在识别"8"这个例子，首先，好消息是识别器在简单的图像上确实能很好地工作，其中字母正好位于图像的中间，但坏消息是当字母不在图像中居中时，识别器完全无法工作。仅有最小的变动就可能毁了一切，此时可以用以下两种方式处理提高处理结果。

（1）用滑动窗口搜索：对图像进行分区，然后一个区域一个区域地进行滑动，这样就能找到有"8"的区域，可以与模型匹配上，就能够比较准确地识别。

（2）更多数据和更深的网络：训练网络时，只显示出完美居中的"8"字，这样的结果不利于识别其他"8"的变体，所以需要用更多的数据训练图像。不需要收集新的数据，只需要编辑一个脚本生成一个新的图像，通过创建已有图像的不同版本创建训练数据，这是一种非常有用的技术。使用这种技术，可以轻松创建很多训练数据。此外，通过扩大网络规模可以学习更复杂的模式，为了扩大网络，可以堆叠节点，称其为深度神经网络，因为它比传统的神经网络具有更多的层次。

图像处理基本思想是从大图像开始，逐步将其逐步精简，直到最终获得单个结果。通过一系列的卷积、最大池化和全连接，可以完成图像处理的流程步骤。

步骤 1：将图像分解为重叠的图像图块。

步骤 2：将每个图块送入一个小型神经网络。

步骤 3：将每个图块的结果保存到新数组中。

步骤 4：下采样。

步骤 5：做出预测。

解决现实世界中的问题时，这些步骤可以根据需要多次组合和堆叠，可以在任何希望减小数据大小的地方加入最大池化。卷积步骤越多，网络就能学会识别的功能就越复杂。例如,第一个卷积可能会学会识别尖锐的边缘,第二个卷积可能会使用其锐利的边缘知识来识别喙,第三步可能会使用喙的相关知识识别整个鸟类,等等。

8.2　深度学习

8.2.1　深度学习的定义

深度学习是一种特征学习方法,把原始的数据通过非线性的复杂模型转换为更高层次、更抽象的表达。维基百科对深度学习的定义:是机器学习的分支,它试图使用包含复杂结构或者由多重非线性变换构成的多个处理层对数据进行高层抽象的算法。

8.2.2　深度学习的发展历程

深度学习的发展历程如图 8-1 所示。

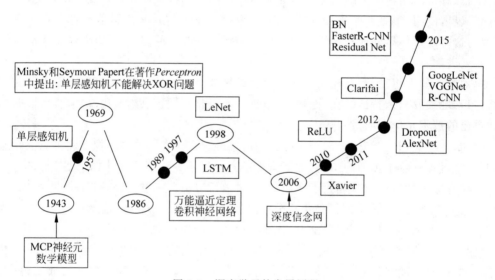

图 8-1　深度学习的发展历程

神经网络构成了深度学习的支柱。神经网络的目标是找到一个未知函数的近似值,它由相互联系的神经元形成。这些神经元具有权重和在网络训练期间根据错误进行更新的偏差。激活函数将非线性变换置于线性组合,而这个线性组合稍后会生成输出。激活的神经元组合会给出输出值。

8.2.3　深度学习的应用范围

1. 深度学习在计算机视觉方面的应用

计算机视觉是深度学习技术最早实现突破性成就的领域。随着 2012 年深度学习算法 AlexNet 赢得图像分类比赛 ILSVRC 冠军,深度学习开始被人们熟知。ILSVRC 是基于 ImageNet 图像数据集举办的图像识别比赛,在计算机视觉领域拥有极高的影响力。2012—2015 年,通过对深度学习算法的不断探究,ImageNet 图像分类的错误率以每年 4％速度递减;到 2015 年,深度学习算法的错误率仅为 4％,已经成功超过人工标注的错误率 5％,实现了计算机领域的一个突破。

传统机器学习算法很难抽象出足够有效的特征,使得学习模型既可区分不同的个体,又可以尽量减少相同个体在不同环境的影响。深度学习技术可从海量数据中自动学习更加有效的人脸识别特征表达。在人脸识别数据集 LFW 上,基于深度学习算法的系统 DeepID2 可以达到 99.47% 的正确识别率。

2. 深度学习在语音识别方面的应用

深度学习在语音识别领域同样取得突破性进展。2009 年深度学习的概念被引入语音识别领域,并对该领域产生了重大影响。短短几年之间,在 TIMIT 数据集上从传统混合高斯模型(Gaussian Mixture Model,GMM)的 21.7% 的错误率降低到了使用深度学习模型的 17.9%。到 2012 年,Google 基于深度学习建立的语音识别模型已经取代了混合高斯模型,并成功将 Google 语音识别的错误率降低了 20%。随着数据量进一步增大,使用深度学习的模型无论是正确率还是增长比率都要优于混合高斯模型。这样的增长在语音识别的历史上从未出现,深度学习之所以有这样的突破性进展,最主要的原因是其可以自动地从海量数据中提取更加复杂且有效的特征,而不是如混合高斯模型那样需要人工提取特征。

3. 深度学习在自然语言处理方面的应用

在过去几年之中,深度学习已经在语言模型、机器翻译、词性标注、实体识别、情感分析、广告推荐以及搜索排序等方向取得突出性成就。深度学习在自然语言处理问题上能够更加智能、自动地提取复杂特征。在自然语言处理领域,使用深度学习实现智能特征提取的一个非常重要的技术是单词向量。

8.2.4 人工智能、机器学习及深度学习的联系

人工智能的根本在于智能,而机器学习则是部署支持人工智能的计算方法。简单地讲,人工智能是科学,机器学习是让机器变得更加智能的算法,机器学习在某种程度上成就了人工智能。深度学习使机器学习能够实现众多的应用,并拓展了人工智能的领域范围。深度学习摧枯拉朽般地实现了各种任务,似乎所有的机器辅助功能都变为了可能。

1. 机器学习和深度学习的区别

(1)人工智能是为机器赋予人的智能。

(2)机器学习是一种实现人工智能的方法。

(3)深度学习是一种实现机器学习的技术。

人工智能、机器学习和深度学习之间的关系如图 8-2 所示。

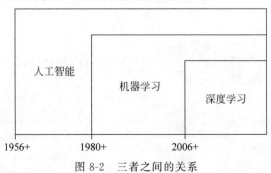

图 8-2 三者之间的关系

2. 机器学习与深度学习的对比

（1）数据依赖性。深度学习与传统的机器学习最主要的区别在于随着数据规模的增加其性能也不断增长。当数据很少时，深度学习算法的性能并不好，这是因为深度学习算法需要大量的数据来完美地理解它。在这种情况下，传统的机器学习算法使用制定的规则，性能会比较好。

（2）硬件依赖。深度学习算法需要进行大量的矩阵运算，GPU 主要用于高效优化矩阵运算，所以 GPU 是深度学习正常工作的必需硬件。与传统机器学习算法相比，深度学习更依赖安装 GPU 的高端机器。

（3）问题解决方式。当应用传统机器学习算法解决问题的时候，传统机器学习通常会将问题分解为多个子问题并逐个子问题解决，最后结合所有子问题的结果获得最终结果。相反，深度学习提倡直接端到端地解决问题。

（4）特征处理。特征处理是将领域知识放入特征提取器中，减少数据的复杂度并生成使学习算法更好地工作的模式的过程。特征处理过程很耗时而且需要专业知识。在机器学习中，大多数应用的特征都需要专家确定然后编码为一种数据类型。特征可以是像素值、形状、纹理、位置和方向。大多数机器学习算法的性能依赖所提取的特征的准确度。深度学习尝试从数据中直接获取高等级的特征，这是深度学习与传统机器学习算法的主要的不同。基于此，深度学习削减了对每一个问题设计特征提取器的工作。例如，在人脸识别中，CNN 尝试在前边的层学习低等级的特征（如边界、线条），然后学习部分人脸，最后是高级的人脸描述。

（5）执行时间。通常情况下，训练一个深度学习算法需要很长的时间。这是因为深度学习算法中参数很多，因此训练算法需要消耗更长的时间。最先进的深度学习算法 ResNet 完整地训练一次需要消耗两周的时间，而机器学习的训练会消耗的时间相对较少，只需要几秒到几小时。但两者在测试的时间上是完全相反，深度学习算法在测试时只需要很少的时间去运行，但机器学习的测试时间会随着数据量的提升而增加（有些机器学习算法的测试时间也很短）。

（6）可解释性。人们把可解释性作为比较机器学习和深度学习的一个因素。如图 8-3（c）假设使用深度学习自动为文章评分，深度学习可以达到接近人的标准。但是，深度学习算法不会告诉人们为什么它会给出这个分数。从数学的角度，人们可以找出是哪一个深度神经网络节点被激活，但人们不知道神经元应该是什么模型，也不知道这些神经单元层要共同做什么，所以无法解释结果是如何产生的。为了解释为什么算法这样选择，像决策树这样的机器学习算法会给出明确的规则，所以解释决策背后的推理是很容易的，如图 8-3（b）所示。决策树和线性/逻辑回归这样的算法主要用于工业的可解释性。

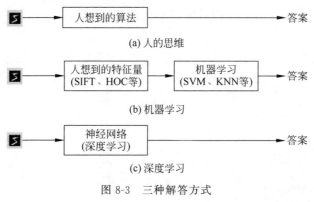

(a) 人的思维

(b) 机器学习

(c) 深度学习

图 8-3　三种解答方式

8.3 深度学习基础

8.3.1 卷积、池化和全连接

1. 卷积

1）单通道图像的卷积过程

卷积在数学上用通俗的话来说就是输入矩阵与卷积核（卷积核也是矩阵）进行对应元素相乘并求和，所以一次卷积结果的输出是一个数，最后对整个输入矩阵进行遍历，得到一个结果矩阵，如图8-4所示，则其中一个对应结果计算为：

$$1\times1+1\times0+1\times1+0\times0+1\times1+1\times0+0\times1+0\times0+1\times1=4$$

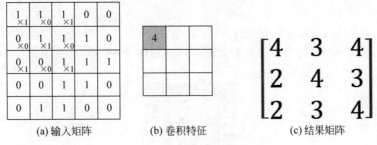

(a) 输入矩阵　　　　(b) 卷积特征　　　　(c) 结果矩阵

图 8-4　单通道图像的卷积过程

2）多通道图像的卷积过程

若输入含有多个通道，则对于某个卷积核，分别对每个通道求特征图后将对应位置相加得到最终的特征图（feature map），如图8-5所示。

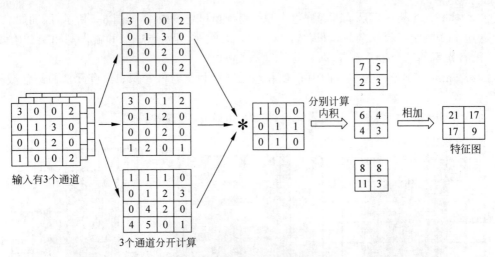

输入有3个通道　　　　3个通道分开计算

图 8-5　多通道图像的卷积过程

3）多个卷积核

若有多个卷积核，则对应多个特征图，也就是下一个输入层有多个通道，如图8-6所示。

4）步数的大小

图8-4～图8-6中展示的都是步长为1的情况，若步长为2，则每2步产生一个滑动窗

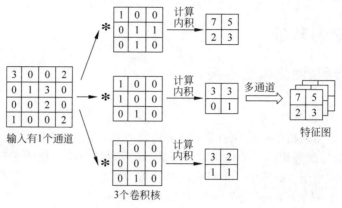

图 8-6　多个卷积核的卷积过程

口。如果输入大小为 5×5，卷积核的大小为 3×3，①为第一个滑动窗口，②为第二个滑动窗口，③为第三个滑动窗口，④为第四个滑动窗口，所以最后的特征大小为 2×2，如图 8-7 所示。

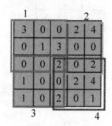

图 8-7　卷积步数为 2 的卷积过程

5）卷积操作的三种模式

3 种模式的主要区别是从哪部分边缘开始滑动窗口卷积操作，如图 8-8 所示，区别如下。

（1）Full 模式：第一个窗口只包含 1 个输入的元素，即从卷积核和输入刚相交开始做卷积。没有元素的部分做补 0 操作。

（2）Same 模式：当卷积核的中心 C 和输入开始相交时做卷积。没有元素的部分做补 0 操作。

（3）Valid 模式：卷积核和输入完全相交开始做卷积，这种模式不需要补 0。

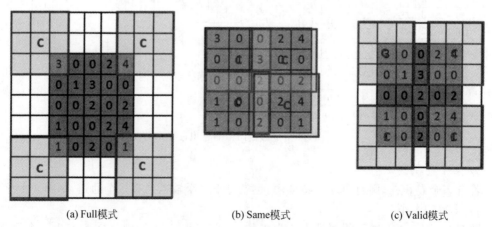

(a) Full模式　　　　　　(b) Same模式　　　　　　(c) Valid模式

图 8-8　3 种模式

2. 池化

池化的定义比较简单,最直观的作用便是降维,常见的池化有最大池化(max-pooling)、平均池化(mean-pooling)和随机池化(stochastic-pooling)。池化层不需要训练参数。最大池化是对局部的值取最大;平均池化是对局部的值取平均;随机池化是根据概率对局部的值进行采样,采样结果便是池化结果,如图 8-9 所示。

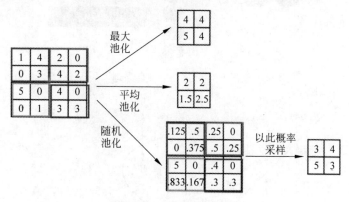

图 8-9 三种池化示意图

三种池化的意义如下所述。

(1)最大池化可以获取局部信息,可以更好保留纹理的特征。如果不用观察物体在图像中的具体位置,只关心其是否出现,则使用最大池化效果比较好。

(2)平均池化能保留整体数据的特征,突出背景的信息。

(3)随机池化中元素值大的被选中的概率也大,但不是像最大池化总是取最大值。随机池化一方面最大化地保证了 max 值的取值,另一方面又确保了不会完全是 max 值起作用,造成过度失真。除此之外,其可以在一定程度上避免过拟合。

3. 全连接

全连接层的输入是一维数组,多维数组需先进行拉平(flatten)一维化处理,然后连接全连接层。全连接层的每一个节点都与上一层的所有节点相连,把前边提取到的特征综合起来。由于其全相连的特性,一般全连接层的参数也是最多的。其中,x_1、x_2、x_3 为全连接层的输入,a_1、a_2、a_3 为输出,如图 8-10 所示,则有:

$$a_1 = w_{11} \cdot x_1 + w_{12} \cdot x_2 + w_{13} \cdot x_3 + b_1$$

$$a_2 = w_{21} \cdot x_1 + w_{22} \cdot x_2 + w_{23} \cdot x_3 + b_2$$

$$a_3 = w_{31} \cdot x_1 + w_{32} * x_2 + w_{33} \cdot x_3 + b_3$$

拉平就是将多维数组转换为一维数组的过程,通过拉平可以使全连接更好地进行,如图 8-11 所示。

上一层 全连接层

图 8-10 全连接示意图

8.3.2 逻辑回归

1. 激活函数

在神经网络中,每一层输出的都是上一层输入的线性函数,所以无论网络结构怎么搭,输出都是输入的线性组合。但是线性模型的表达能力不够,引入激活函数是为了添加非线性因素,如图 8-12 所示。

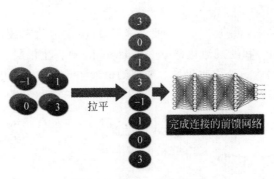

图 8-11　拉平一维化处理

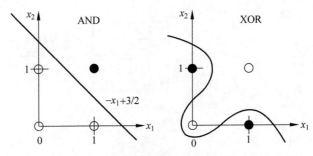

图 8-12　线性与非线性模型

非线性激活函数的作用就是将数据集中线性不可分数据转化为线性可分的，如图 8-13所示。

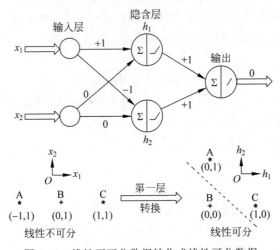

图 8-13　线性不可分数据转化成线性可分数据

常见的激活函数包括所示 Sigmoid、tanh、ReLU 和 Leaky ReLU 等，而相对应的激活函数导数图像如图 8-14 所示。

（1）激活函数 Sigmoid 定义为：

$$f(x) = \frac{1}{1 + e^{-x}}$$

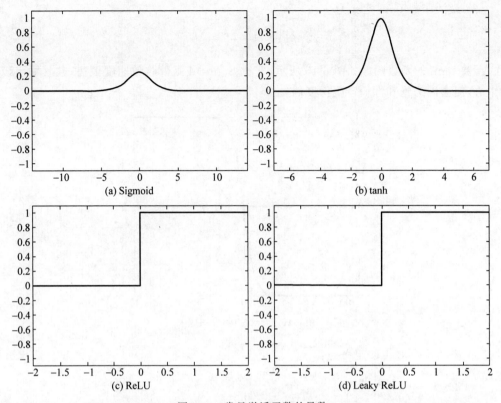

图 8-14 常见激活函数的导数

函数 Sigmoid 的函数图像如图 8-15 所示，Sigmoid 函数的输出映射在 $(0,1)$ 之间，单调连续，输出范围有限，优化稳定，可以用作输出层，易求导，在物理意义上最为接近生物神经元。但是 Sigmoid 函数的输出并不以 0 为中心，且由于 Sigmoid 的软饱和性，容易产生梯度消失，导致训练出现问题。

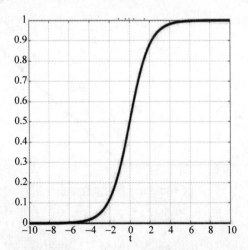

图 8-15 Sigmoid 的函数图像

（2）激活函数 tanh 定义为：

$$f(x) = \frac{1 - e^{-2x}}{1 + e^{-2x}}$$

函数 tanh 的函数图像如图 8-16 所示，它比 Sigmoid 函数收敛速度更快，且其输出以 0 为中心，但会因为饱和性而产生梯度消失。

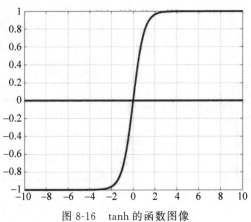

图 8-16　tanh 的函数图像

（3）激活函数 ReLU 定义为：

$$y = \begin{cases} x, & x \geqslant 0 \\ 0, & x < 0 \end{cases}$$

函数 ReLU 的函数图像如图 8-17 所示，相比起 Sigmoid 和 tanh，ReLU 在 SGD 中能够快速收敛，Sigmoid 和 tanh 涉及的很多很复杂操作，ReLU 都可以更加简单地实现，函数 ReLU 有效缓解了梯度消失的问题，在没有无监督预训练的时候也能有较好的表现，可以提供神经网络的稀疏表达能力。但是随着训练的进行，函数 ReLU 可能会出现神经元死亡、权重无法更新等情况。

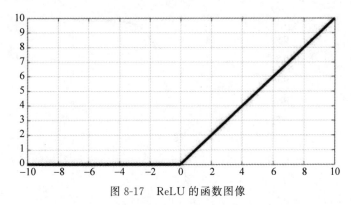

图 8-17　ReLU 的函数图像

2. 隐含层

隐含层可以起到特征提取的作用，更深的网络可以利用前一层提取的特征来学习更多复杂的功能，如图 8-18 所示。而且权重的值可以有很多，因此学习出来的参数可能并不是唯一的，如图 8-19 所示。

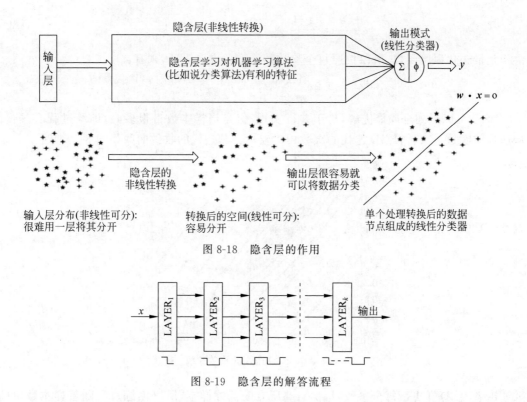

图 8-18　隐含层的作用

图 8-19　隐含层的解答流程

3. 损失函数

损失函数刻画模型与训练样本的匹配程度。深度学习中损失函数是整个网络模型的"指挥棒",通过对预测样本和真实样本标记产生的误差反向传播指导网络参数学习。

(1)平方损失函数较为容易理解,它直接测量机器学习模型的输出与实际结果之间的距离。定义机器学习模型的输出为 y_i,实际的结果为 t_i,那么平方损失函数可以被定义为:

$$J(\theta) = \frac{1}{N} \sum_{i=1}^{N} (y_i - t_i)^2$$

其中,i 表示第 i 个样本,目的是找到使 $J(\theta)$ 最小的 θ 值。

(2)交叉熵(cross entropy)损失函数。交叉熵用于评估当前训练得到的概率分布与真实分布的差异情况,减少交叉熵损失就是在提高模型的预测准确率,其离散函数形式为:

$$H(p,q) = -\sum_x p(x)\log[q(x)]$$

4. 梯度下降

梯度下降法是一阶最优化算法,通常也称为最速下降法。要使用梯度下降法找到一个函数的局部极小值,必须对函数当前点对应梯度(或者是近似梯度)的反方向的规定步长距离点进行迭代搜索。

梯度下降法的优化思想是用当前位置负梯度方向作为搜索方向,该方向为当前位置的最快下降方向。最速下降法越接近目标值,步长越小(cost 函数是凸函数,比如 x^2 梯度就是越来越小),前进越慢。

批量梯度下降法(Batch Gradient Descent,BGD)是梯度下降法最原始的形式,具体思路是在更新每个参数时都使用所有的样本,其能量形式为:

$$\frac{\partial J(\theta)}{\partial \theta_j} = -\frac{1}{m}\sum_{i=1}^{m}[y_i - h_\theta(x_i)]x_{i,j}$$

由于是最小化风险函数，所以按照每个参数的梯度负方向更新，则有：

$$\theta'_j = \theta_j + \frac{1}{m}\sum_{i=1}^{m}[y_i - h_\theta(x_i)]x_{i,j}$$

BGD 可以得到全局最优解，易于并行实现，但是当样本数目很多时，训练过程会很慢。从迭代的次数上来看，BGD 迭代的次数相对较少。其迭代的收敛曲线如图 8-20 所示。

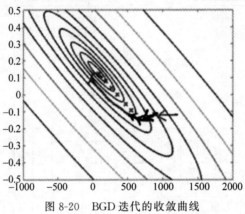

图 8-20　BGD 迭代的收敛曲线

由于 BGD 在更新每个参数时，都需要所有的训练样本，所以训练过程随着样本数量的加大而变得异常缓慢。SGD 正是为了解决批量梯度下降法这一弊端而提出的，其能量形式如下：

$$J(\theta) = \frac{1}{m}\sum_{i=1}^{m}\frac{1}{2}[y_i - h_\theta(x_i)]^2 = \frac{1}{m}\sum_{i=1}^{m}\text{cost}[\theta,(x_i,y_i)]$$

利用每个样本的损失函数对求偏导得到对应的梯度进行更新：

$$\theta'_j = \theta_j + [y_i - h_\theta(x_i)]x_{i,j}$$

SGD 的训练速度快，但是准确度下降，并不是全局最优且不易于并行实现。从迭代次数看，SGD 迭代的次数较多，在解空间的搜索过程看起来很盲目。其迭代的收敛曲线如图 8-21 所示。

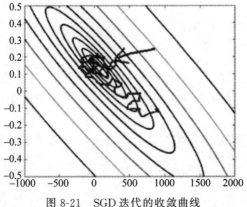

图 8-21　SGD 迭代的收敛曲线

BGD 和 SGD 各自均有优缺点,那么能不能在两种方法的性能之间取得折中? 即算法的训练过程比较快,而且还要保证最终参数训练的准确率,这正是小批量梯度下降法(Mini-batch Gradient Descent,MBGD)的初衷。MBGD 融合了 BGD 和 SGD 的优势,它将整体样本中的一部分视为一个 mini-batch,然后针对这个 mini-batch 进行梯度更新。

5. 学习率

学习率(learning_rate)表示了每次参数更新的幅度大小。学习率过大,会导致待优化的参数在最小值附近波动,不收敛。学习率过小,会导致待优化的参数收敛缓慢。在训练过程中,参数的更新向着损失函数梯度下降的方向。

6. 逻辑回归

逻辑回归是一种有监督的统计学习方法,主要用于对样本进行分类。逻辑回归主要在流行病学中应用较多,具体包括如下应用。

(1) 寻找危险因素,如寻找某一疾病的危险因素等。

(2) 预测,根据模型预测在不同的自变量情况下,发生某病或某种情况的概率有多大。

(3) 判别,实际上跟预测有些类似,也是根据模型判断某人属于某病或属于某种情况的概率有多大,也就是看一下这个人有多大的可能性是属于某病。

逻辑回归比较常用的情形是探索某疾病的危险因素,根据危险因素预测某疾病发生的概率,等等。例如,想探讨胃癌发生的危险因素,可以选择两组人群,一组是胃癌组,一组是非胃癌组,两组人群肯定有不同的体征和生活方式等。这里的因变量就是是否胃癌,即"是"或"否",自变量就可以包括很多了,如年龄、性别、饮食习惯、幽门螺杆菌感染等。自变量既可以是连续的,也可以是分类的。

逻辑回归的常规步骤主要有 3 步:构造预测函数、构造损失函数及用梯度下降法求最小值。

1) 构造预测函数

逻辑回归是一个分类方法,用于解决分类问题,常用于解决二分类问题。此处选用 Sigmoid 函数,构造的预测函数为:

$$h_\theta(x) = g(\theta x) = \frac{1}{1 + e^{-\theta x}}$$

2) 构造损失函数

采用对数似然函数作为损失函数,曲线是凸的,可以方便求解:

$$\text{cost}[h_\theta(x), y] = \begin{cases} \log(h_\theta, x_1), & y = 1 \\ \log[1 - h_\theta(x)], & y = 0 \end{cases}$$

根据伯努利分布,有:

$$P(y \mid x; \theta) = [h_\theta(x)]^y [1 - h_\theta(x)]^{1-y}$$

取似然函数:

$$L(\theta) = \prod_{i=1}^{m} p(y_i \mid x_i; \theta) = \prod_{i=1}^{m} h_\theta(x_i) y_i [1 - h_\theta(x_i)]^{1-y_i}$$

则对数似然函数为:

$$l(\theta) = \log L(\theta) = \sum_{i=1}^{m} \{y_i \log[h_\theta(x_i)] + (1 - y_i)\log[1 - h_\theta(x_i)]\}$$

最大似然估计就是要求 $l(\theta)$ 取最大值时 θ 的值，令 $J(\theta) = -\dfrac{1}{m}l(\theta)$，有：

$$J(\theta) = -\frac{1}{m}\sum_{i=1}^{m} \{y_i \log[h_\theta(x_i)] + (1 - y_i)\log[1 - h_\theta(x_i)]\}$$

所以，$J(\theta)$ 取最小值时，θ 为要求的最佳参数。

3) 梯度下降法求 $J(\theta)$ 的最小值

参数优化也有梯度下降法，拟牛顿法等不同的方法，此处用梯度下降法，梯度下降公式为：

$$\theta_j := \theta_j - \alpha \frac{\partial}{\partial \theta_j} J(\theta), \quad j = 1, 2, \cdots, n$$

其中，α 为学习步长。

求偏导的推导过程如下：

$$\frac{\partial}{\partial \theta_j} J(\theta) = -\frac{1}{m}\sum_{i=1}^{m}\left(y_i \frac{1}{h_\theta(x_i)} \frac{\partial}{\partial \theta_j} h_\theta(x_i) - (1 - y_i)\frac{1}{1 - h_\theta(x_i)}\frac{\partial}{\partial \theta_j} h_\theta(x_i)\right)$$

$$= -\frac{1}{m}\sum_{i=1}^{m}\left(y_i \frac{1}{g(\theta x_i)} - (1 - y_i)\frac{1}{1 - g(\theta x_i)}\right)\frac{\partial}{\partial \theta_j} g(\theta x_i)$$

$$= -\frac{1}{m}\sum_{i=1}^{m}\left(y_i \frac{1}{g(\theta x_i)} - (1 - y_i)\frac{1}{1 - g(\theta x_i)}\right)g(\theta x_i)(1 - g(\theta x_i))\frac{\partial}{\partial \theta_j}\theta x_i$$

$$= -\frac{1}{m}\sum_{i=1}^{m}(y_i(1 - g(\theta x_i)) - (1 - y_i)g(\theta x_i))x_{i,j}$$

$$= -\frac{1}{m}\sum_{i=1}^{m}(y_i - g(\theta x_i))x_{i,j}$$

$$= -\frac{1}{m}\sum_{i=1}^{m}(y_i - h_\theta(x_i))x_{i,j}$$

$$= \frac{1}{m}\sum_{i=1}^{m}(h_\theta(x_i) - y_i)x_{i,j}$$

得到 θ 更新过程：

$$\theta_j := \theta_j - \alpha \frac{1}{m}\sum_{i=1}^{m}[h_\theta(x_i) - y_i]x_{i,j}$$

以下为逻辑回归的简单例子。鸢尾花(Iris)数据集是一个经典数据集，在统计学习和机器学习领域都经常被用作示例，如图 8-22 所示。数据集内包含 3 类共 150 条记录，每类各 50 个数据，每条记录都有 4 项特征：花萼长度、花萼宽度、花瓣长度和花瓣宽度，可以通过这 4 个特征预测鸢尾花属于(iris-setosa,iris-versicolour,iris-virginica)中的哪一品种。

8.3.3　神经网络的训练

1. 神经网络

神经网络可以看作是一堆逻辑回归分类器，每个输入都是上一层的输出，如图 8-23 所

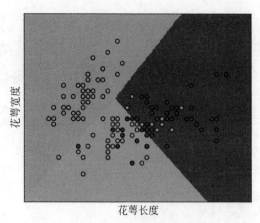

图 8-22 Iris 鸢尾花数据集

示。把逻辑回归不断地叠序,中间单元就可以被认为是用隐式目标值训练的线性分类器。

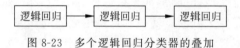

图 8-23 多个逻辑回归分类器的叠加

简单的神经网络模型一般包括以下几层:输入、多个层次的对输入的回馈以及最终的输出。其训练过程如下。

(1) 定义一个包含多个可学习参数(权重)的神经网络。

(2) 对输入的数据集进行迭代计算。

(3) 通过多层网络结构处理输入数据。

(4) 计算损失值(输出值与目标值的差值)。

(5) 反向传播梯度到神经网络的参数中。

(6) 根据更新规则更新网络中的权重。

得到的权重可以对具体应用进行预测及分类。

神经网络中包括两个关键计算:前向传播和反向传播。前向传播网络的基础结构有两个隐含层和一个输出层,每个单元包括一个标量,中间切向传播,输入 X,输出 Z,通常用一个向量代替一层中所有单元的标量。向量单元通常也被看作一个矩形,并且它们之间有连接向量,如图 8-24 所示。

反向传播网络的基础结构如图 8-25 所示。反向传播的关键是链式法则:对特定节点从输出节点沿着各种路径到权重 w 求偏导的加和。结果即输出 o 对权重 w 的导数。在图 8-26 的例子中,o 与 w 之间只有两条路径,实际中会更多。

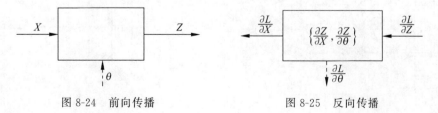

图 8-24 前向传播   图 8-25 反向传播

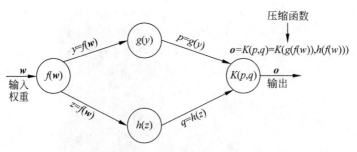

图 8-26 链式法则示意图

2. 神经网络的训练过程

神经网络的训练过程包括如下步骤。

(1)用神经网络对输入进行前向传播。

(2)根据真实误差计算损失值,判断是否是极小值,是否继续训练。如果不是极小值,那么继续训练,随着参数不断地往前传,如果最后得到了损失的极小值,则不用反向传播,如果没有得到极小值,那么需要去判断真实值和计算值之间的误差,误差要通过反向传播的方式传输,然后再决定如何调整权重,以便更好更快地得到极小值。

(3)计算梯度,反向传播回神经网络的参数中(计算并传播的是梯度),误差缩小到允许的范围,那么反向传播的过程就结束了。

(4)更新网络中的权重:

$$\theta \leftarrow \theta - \eta \frac{\mathrm{d}L}{\mathrm{d}\theta}$$

3. 神经网络的表示符号

神经网络的符号表示如图 8-27 所示。

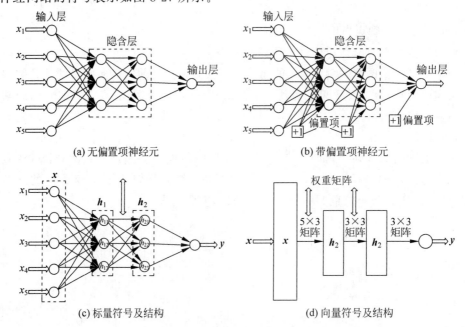

(a) 无偏置项神经元

(b) 带偏置项神经元

(c) 标量符号及结构

(d) 向量符号及结构

图 8-27 神经网络的符号表示

4．理解 Dropout

Dropout 可以作为训练深度神经网络的一种技巧。在每个训练批次中，通过忽略一半的特征检测器（让一半的隐含层节点值为 0），可以明显地减少过拟合现象。这种方式可以减少特征检测器（隐含层节点）间的相互作用，检测器相互作用是指某些检测器依赖其他检测器才能发挥作用。

简单一点来说，就是在前向传播时，Dropout 让某个神经元的激活值以一定的概率 p 停止工作，这样可以使模型泛化性更强，因为它不会太依赖某些局部的特征。图 8-28(a) 为标准的神经网络，图 8-28(b) 为应用 Dropout 后的神经网络。

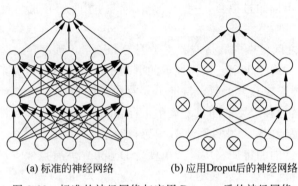

(a) 标准的神经网络　　　(b) 应用Droput后的神经网络

图 8-28　标准的神经网络与应用 Dropout 后的神经网络

1）Dropout 训练神经网络的过程

（1）训练前的神经网络如图 8-29 所示，首先随机（临时）删掉网络中一半的隐藏神经元，输入/输出神经元保持不变（图 8-30 中虚线部分表示临时被删的神经元）。

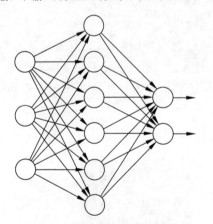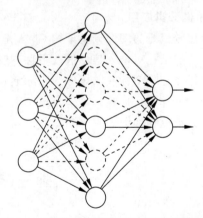

图 8-29　训练前的神经网络　　　　图 8-30　删除部分隐藏神经元的神经网络

（2）把输入 X 通过修改后的网络前向传播，然后把得到的损失结果通过修改的网络反向传播。一小批训练样本执行完这个过程后，在没有被删除的神经元上按照随机梯度下降法更新对应的参数 (w,b)。

（3）恢复被删掉的神经元（此时被删除的神经元保持原样，而没有被删的神经元已经有所更新）。

不断重复步骤（1）～（3），即可完成 Dropout 训练神经网络。

2）Dropout 解决过拟合

（1）取平均的作用。先回到标准模型，即没有 Dropout 的情况，用相同的训练数据训练 5 个不同的神经网络，一般会得到 5 个不同的结果，可以采用"5 个结果取均值"或者"多数取胜的投票策略"决定最终结果。例如 3 个网络判断结果为数字 9，那么很有可能真正的结果就是数字 9，其他两个网络给出了错误结果。这种"综合起来取平均"的策略可以有效防止过拟合问题。因为不同的网络可能产生不同的过拟合，取平均则有可能让一些"相反的"拟合互相抵消。Dropout 隐藏不同的神经元，就类似在训练不同的网络，随机删掉一半隐藏神经元导致网络结构发生变化，整个 Dropout 过程相当于对很多个不同的神经网络取平均。而不同的网络会产生不同的过拟合，一些互为"反向"的拟合相互抵消就可以达到整体上减少过拟合。

（2）减少神经元之间复杂的共适应关系。因为 Dropout 程序导致两个神经元不一定每次都在一个 Dropout 网络中出现。这样权重的更新不再依赖有固定关系的隐含节点的共同作用，阻止了某些特征仅仅在其他特定特征下才有效果的情况。迫使网络去学习更加鲁棒的特征，这些特征在其他神经元的随机子集中也存在。换句话说，假如神经网络是在做某种预测，它不应该对一些特定的线索片段太过敏感，即使丢失特定的线索，也应该可以从众多其他线索中学习一些共同的特征。从这个角度看 Dropout 就有点像 L_1 或 L_2 正则，减少权重，提高网络对丢失特定神经元连接的鲁棒性。

（3）Dropout 类似于性别在生物进化中的角色。物种为了生存往往会倾向于适应这种环境，环境突变则会导致物种难以做出及时反应，性别的出现可以繁衍出适应新环境的变种，有效地阻止过拟合，即避免环境改变时物种可能面临的灭绝。

8.3.4　机器视觉

1. 图像分类应用

目前比较流行的图像分类架构 CNN 是深度学习代表的算法之一，具有表征学习能力，能够按其阶层结构对输入信息进行平移不变分类。图像分类的核心任务是从给定的分类集合中给图像分配一个标签的任务。实际上，这意味着任务是分析一个输入图像并返回一个将图像分类的标签。标签总是来自预定义的可能类别集。

图像分类流程如图 8-31 所示。

图 8-31　图像分类流程

2. 目标检测应用

对象检测任务是同时对图像中的各个对象进行分类和定位，如图 8-32 所示。
目标检测的方式主要包括以下两种。

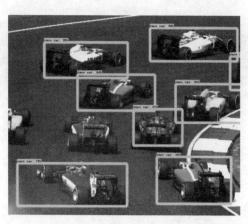

图 8-32 对象分类和定位

（1）用 One-Stage 方式一步到位，如图 8-33 所示。One-Stage 算法发展如图 8-34 所示。

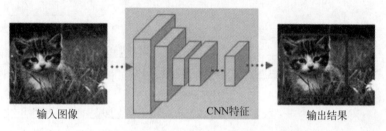

输入图像　　　　　　　　　CNN特征　　　　　输出结果

图 8-33 One-Stage 结构

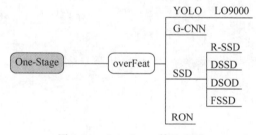

图 8-34 One-Stage 算法发展

（2）Two-Stage 方式的特点是训练时第一步训练区域候选网络（Region Proposal Network，RPN），第二步训练目标区域检测的网络。预测时也是先预测候选框，再将候选框用于预测，如图 8-35 所示。速度比 One-Stage 慢，但精度一般比 One-Stage 高。Two-Stage 算法发展，如图 8-36 所示。

3. 目标分割应用

现在常用的语义分割方法是全卷积网络（Fully Convolutional Network，FCN）。2014年，FCN 使用卷积取代全连接层，因此任意图像大小的输入都变成了可能，如图 8-37 所示。整体分为全卷积与反卷积，全卷积部分借用经典 CNN 网络并把最后的全连接层换成卷积，用于提取特征，形成热点图；反卷积部分在小尺寸的热点图上采样（将图像变大）得到原尺寸的语义分割图像。使用 FCN 实现目标分割的实例结果如图 8-38 所示。

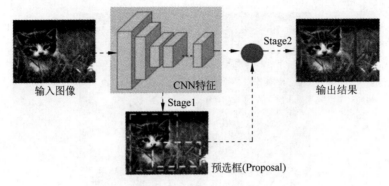

图 8-35　Two-Stage 结构

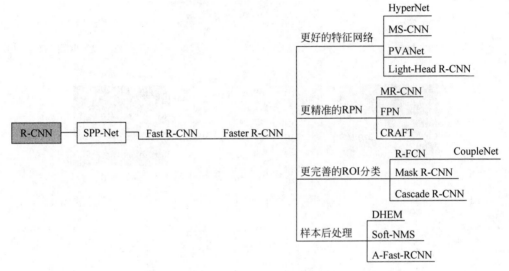

图 8-36　Two-Stage 算法发展

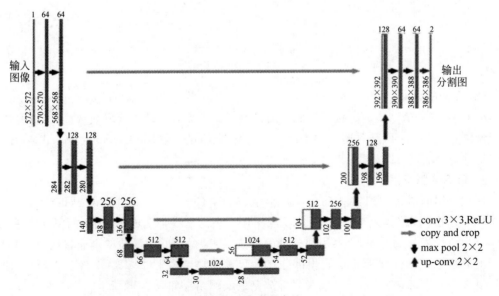

图 8-37　全卷积方法

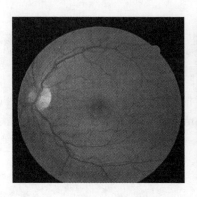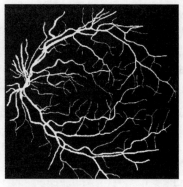

图 8-38 FCN 实现对眼底血管的目标分割

8.4 深度学习模型

8.4.1 什么是深度学习模型

深度学习模型是指一种包含深度神经网络结构的机器学习模型。算法工程师使用某种深度学习框架构建好模型,经调参和训练优化后,将最终生成的网络参数和模型结构一并保存,得到的文件即为可用于前向推理的模型文件。不同深度学习框架训练得到的模型文件的格式不尽相同,但完整的模型文件一般都包含了张量数据、运算单元和计算图等信息。

8.4.2 常见深度学习模型

1. 前馈神经网络和感知机

前馈神经网络(Feed Forward Neural Networks,FFNN)和感知机,信息从前(输入)往后(输出)流动,一般用反向传播训练,算是一种监督学习,如图 8-39 所示。

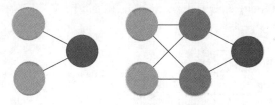

图 8-39 前馈神经网络和感知机

2. 径向基函数网络

径向基函数网络(Radial basis function,RBF)是一种用径向基函数作为激活函数的前馈神经网络,如图 8-40 所示。

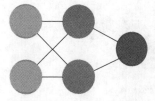

图 8-40 径向基函数网络

3. Hopfield 网络

Hopfield 网络（Hopfield network，HN）是一种每个神经元都跟其他神经元相连接的神经网络，如图 8-41 所示。

4. 马尔可夫链

马尔可夫链（Markov chains，MC）或离散时间马尔可夫链（Discrete Time Markov Chain，DTMC）被以为是玻尔兹曼机（Boltzmann machines，BM）和 Hopfield 网络的雏形，如图 8-42 所示。

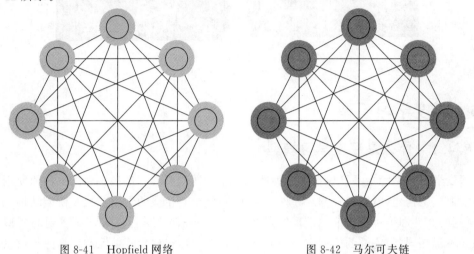

图 8-41　Hopfield 网络　　　　　　　　图 8-42　马尔可夫链

5. 玻尔兹曼机

玻尔兹曼机和 Hopfield 网络类似，但是一些神经元作为输入神经元，剩余的是隐含层，如图 8-43 所示。

6. 受限玻尔兹曼机

受限玻尔兹曼机（Restricted Boltzmann Machines，RBM）和玻尔兹曼机以及 Hopfield 网络都比较类似，如图 8-44 所示。

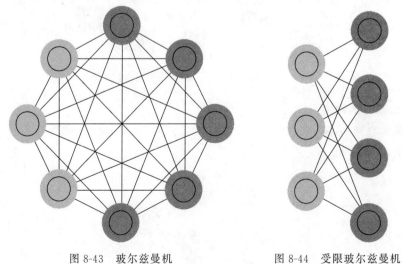

图 8-43　玻尔兹曼机　　　　　　　　图 8-44　受限玻尔兹曼机

7. 自动编码

自动编码(AutoEncoder,AE)和FFNN有些类似,它更像是FFNN的另一种用法,而不是本质上完全不同的另一种架构,如图8-45所示。

8. 稀疏自动编码

稀疏自动编码(Sparse AutoEncoder,SAE)与自动编码在某种程度是相反的,如图8-46所示。

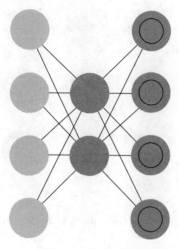

图8-45 自动编码

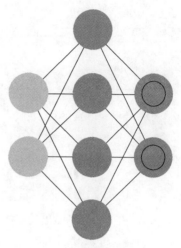

图8-46 稀疏自动编码

9. 变分自动编码

变分自动编码(Variational AutoEncoder,VAE)和AE架构相似。不同的是,VAE的输入样本的一个近似概率分布。这使得它与BM和RBM更相近,如图8-47所示。

10. 去噪自动编码

去噪自动编码(Denoising AutoEncoder,DAE)也是一种自编码机,它不仅需要训练数据,还需要带噪声的训练数据,如图8-48所示。

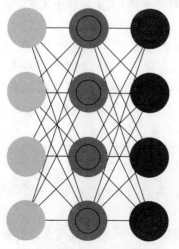

图8-47 变分自动编码

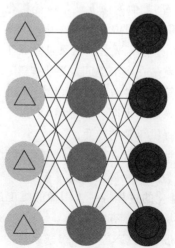

图8-48 去噪自动编码

11. 深度信念网络

深度信念网络(Deep belief networks,DBN)由多个 RBM 或 VAE 堆砌而成,如图 8-49 所示。

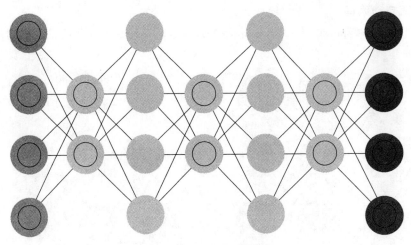

图 8-49　深度信念网络

DBN 是 Hinton 在 2006 年提出的,主要包括堆叠的 RBM(stacked RBM)和普通的前馈网络。

DBN 最主要的特色可以理解为两阶段学习:第一个阶段用堆叠的 RBM 通过无监督学习进行预训练(pre-train),第二个阶段用普通的前馈网络进行微调。

神经网络的精髓在于特征提取。堆叠的 RBM 有数据重建能力,即输入一些数据经过 RBF 还可以重建这些数据,这代表学到了这些数据的重要特征。将 RBM 堆叠的原因就是将底层 RBM 学到的特征逐渐传递到上层的 RBM 上,逐渐抽取复杂的特征。在得到这些良好的特征后就可以用传统神经网络进行学习。

DBN 更多是了解深度学习"哲学"和"思维模式"的一个手段,在实际应用中还是推荐 CNN/RNN 等,类似的深度玻尔兹曼机也有类似的特性,但工业界使用较少。

12. 卷积神经网络

CNN 如图 8-50 所示。从某种意义上 CNN 是为深度学习打下良好口碑的功臣。CNN 的精髓其实就是在多个空间位置上共享参数,据说视觉系统也有相类似的模式。

卷积运算是一种数学计算,和矩阵相乘不同,卷积运算可以实现稀疏相乘和参数共享,可以压缩输入端的维度。和普通 DNN 不同,CNN 并不需要为每一个神经元所对应的每一个输入数据提供单独的权重。

通过与池化结合,CNN 可以被理解为一种公共特征的提取过程,大部分神经网络都可以近似地认为神经元被用于特征提取。

卷积、池化的过程将一张图像的维度进行了压缩,卷积网络适合处理结构化数据,而该数据在跨区域上依然有关。

虽然一般都把 CNN 和图像联系在一起,但事实上 CNN 可以处理大部分格状结构化数据(grid-like data)。例如,图像的像素是二维的格状数据,时间序列等时间抽取相当于一维的格状数据,而视频数据可以理解为对应视频帧宽度、高度和时间的三维数据。

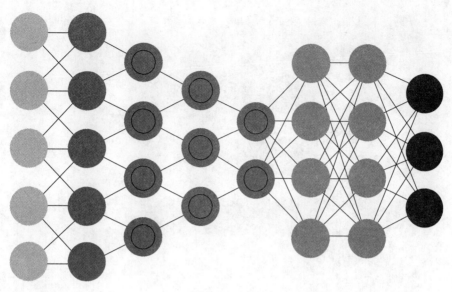

图 8-50　CNN

13. 去卷积网络

去卷积网络(Deconvolutional Network,DN)又称为逆图形网络,是一种逆向的 CNN,如图 8-51 所示。

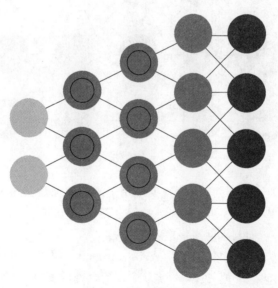

图 8-51　去卷积网络

14. 深度卷积逆向图网络

深度卷积逆向图网络(Deep Convolutional Inverse Graphics Network,DCIGN)实际上是 VAE,且分别用 CNN、DNN 作为编码和解码,如图 8-52 所示。

15. 生成对抗网络

GAN 如图 8-53 所示。GAN 采用无监督学习同时训练两个模型,内核哲学取自于博弈论。

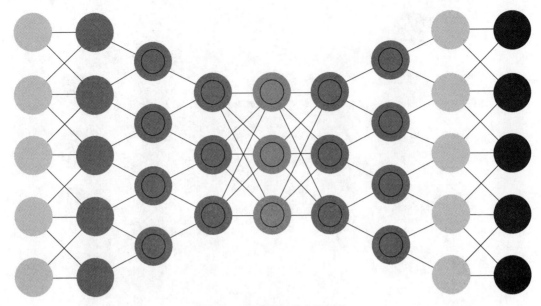

图 8-52　深度卷积逆向图网络

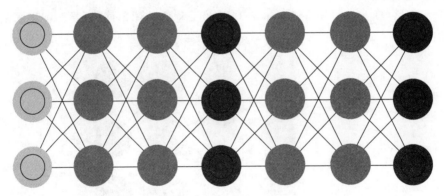

图 8-53　生成对抗网络

简单来说,GAN 训练两个网络:生成网络用于生成图像使其与训练数据相似;判别网络用于判断生成网络中得到的图像是训练数据还是伪装数据。生成网络一般有逆卷积层(deconvolutional layer),而判别网络一般就是 CNN。

熟悉博弈论的朋友都知道零和游戏(zero-sum game)很难得到优化方程或很难优化,GAN 也无法避免这个问题。但 GAN 的实际表现比预期的要好,而且所需的参数也远少于按照正常方法训练神经网络,可以更加有效率地学到数据的分布。

现阶段的 GAN 主要应用于图像领域,但很多人都认为它有很大的潜力推广到声音或视频等领域。

16. 循环神经网络

RNN 结构如图 8-54 所示,RNN 是一种特殊的神经网络结构,它是根据"人的认知是基于过往的经验和记忆"这一观点提出的。它与 DNN、CNN 不同,RNN 不仅考虑前一时刻的输入,而且赋予网络对前面的内容的一种"记忆"功能。

RNN之所以称为循环神经络,即一个序列当前的输出与前面的输出也有关。具体的表现形式为网络会对前面的信息进行记忆并应用于当前输出的计算中,即隐含层之间的节点不再无连接而是有连接的,并且隐含层的输入不仅包括输入层的输出还包括上一时刻隐含层的输出。

RNN的应用领域如下。

(1)自然语言处理:主要有视频处理,文本生成,语言模型,图像处理。

(2)机器翻译、机器写小说。

(3)语音识别。

(4)图像描述生成。

(5)文本相似度计算。

(6)音乐推荐、商品推荐、视频推荐等新的应用领域。

17. 长短期记忆网络

LSTM是一种改进之后的RNN,可以解决RNN无法处理长距离的依赖的问题,如图8-55所示。

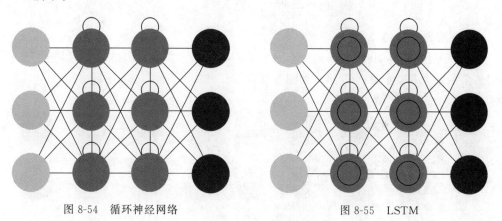

图 8-54 循环神经网络   图 8-55 LSTM

18. 门循环单元

门循环单元(Gated Recurrent Unit,GRU)类似LSTM的定位,可以认为是LSTM的简化版,如图8-56所示。

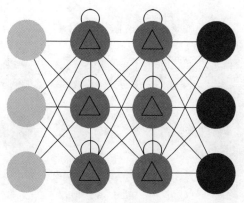

图 8-56 门循环单元

19. 神经图灵机

神经图灵机(Neural Turing Machine, NTM)是 LSTM 的抽象, 可以查看 LSTM 的内部细节, 具有读取、写入、修改状态的能力, 如图 8-57 所示。

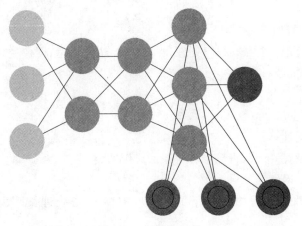

图 8-57　神经图灵机

20. 深度残差网络

深度残差网络(Deep Residual Network, DRN)是非常深的 FFNN, 它可以把信息从某一层传至后面几层(通常 2~5 层), 如图 8-58 所示。

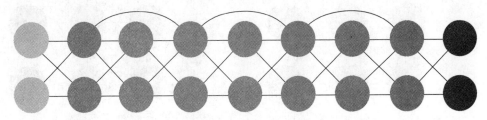

图 8-58　深度残差网络

21. 回声状态网络

回声状态网络(Echo state network, ESN)是另一种不同类型的(循环)网络, 如图 8-59 所示。

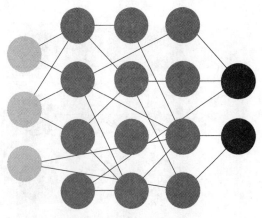

图 8-59　回声状态网络

22. 极限学习机

极限学习机(Extreme Learning Machine,ELM)本质上是随机连接的 FFNN,如图 8-60 所示。

23. 液态机

液态机(Liquid state machine,LSM)跟 ESN 类似,区别是用阈值激活函数取代了 Sigmoid 激活函数,如图 8-61 所示。

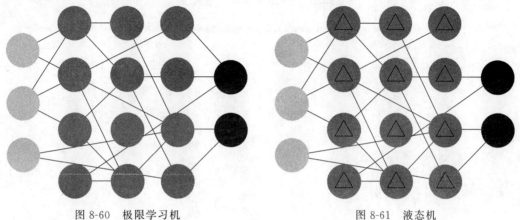

图 8-60 极限学习机　　　　　　　　　图 8-61 液态机

24. 支持向量机

支持向量机是一个二类分类器,它的目标是找到一个超平面,使用两类数据离超平面越远越好,从而对新的数据分类更准确,如图 8-62 所示。

25. Kohonen 网络

Kohonen 网络(Kohonen network,KN)也称为自组织映射(Self Organizing Map,SOM)或自特征映射(Self Feature Map,SFM),如图 8-63 所示。

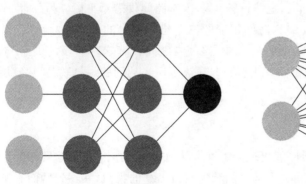

图 8-62 支持向量机

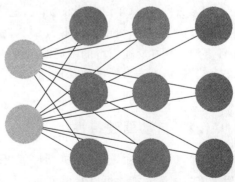

图 8-63 Kohonen 网络

第9章

自动驾驶

9.1 初识自动驾驶

自动驾驶也被称为无人驾驶、无人车等,但这几个词的表述其实是有一些区别的,自动驾驶是新一代科技革命背景下的新型技术,集中运用了现代传感技术、信息与通信技术、自动控制技术,计算机技术和人工智能技术,代表着未来汽车技术的战略制高点,是汽车产业转型升级的关键,也是目前世界公正的发展方向。

自动驾驶在减少交通事故、缓解交通拥堵、提高道路及车辆利用率等方面具有巨大的潜能。考虑这样的一个场景、我们通过手机或者其他方式发出一个申请,就近的车辆会自动驾驶到你面前并把你带到目的地,然后自动驾驶汽车会等待新的用户的申请。

在很多大城市,每年汽车增长 20％,道路增长 1％,人车路间供需不平衡。另外,汽车是使用率最低的工业品,城市不得不为 95％ 时间闲置的汽车建造大量的停车场,停车位甚至比车还要贵。现在交通出行的困局的根源是人、车、路三者之间在特定时间段的供需矛盾,修路等都是治标不治本的措施,即使是共享出行也只解决了一半的问题,我们需要从底层创新寻求现有交通出行问题的解决之道。

9.1.1 自动驾驶特性

自动驾驶关乎生命,理论上机器比人更适合开车。人在开车的时候,视距只有两三百米,但是机器的激光雷达可以看得更远;人类只能看到前面 180° 的视角,看不到后面有车追尾,机器可以环顾 360°;人只能靠个体学习积累驾驶经验,用里程数换取经验,但是机器可以通过 100 万辆车共享一个大脑去学习沉淀经验;所以说,机器比人更适合开车。机器能够得到更多的数据,学习更好的经验,可以从最好的驾驶员处学习经验,所以机器能够掌握更多的技术,用更好的技术开车。

人类开车走复杂的路段是靠自己的经验控制方向盘,但是机器可以学习怎样精准过弯。人类操纵汽车是靠感觉,但机器人可以做预判,可以精确到毫米甚至微米去控制机械。机器也不会疲劳驾驶,不会出现酒驾。在技术足够成熟的前提下,机械驾驶的综合安全性会比人类高一个量级,而这意味着全球每年死于交通事故的 125 万人得到拯救。

自动驾驶关乎时间,时间是最有价值的,在大部分人的一天中,上下班通勤是逃不掉的固定时间支出,交通拥堵会令本已很长的通勤时间加倍延长,现在城市里面堵车是常态。以北京为例,人均年拥堵时间高达 174h,按照拥堵损失的计算,国内每年因为交通拥堵会造成 5%～8% 的 GDP 损失。自动驾驶时代,用户在车上的时间会被解放出来,这些时间都可以转化为生产力,释放巨大的经济价值自动驾驶对环境和能源的影响。

自动驾驶汽车有望推动传统燃油汽车向电动汽车的快速转变,并大幅减少对石油的需求。提高自动驾驶的安全性和更好的在座效率,可以显著降低当前的交通拥堵成本。

自动驾驶将替代一些专业的驾驶人员,但是从经济价值上面来讲,部署自动价值的社会效益和经济效益明显超过其成本,而且每年自动驾驶带来的收益要远远超过未来 35 年工资损失的总和,自动驾驶技术带来的好处要远大于付出的成本。我们需要关注的是在技术对劳动力的替代过程中,如何通过社会化的手段将转化的成本控制到最低,同时还要考虑被替代人员怎么样进行再就业的问题。

目前的自动驾驶可分为两类,一类是目前非常火爆的无人驾驶,更强调的是车的自主驾驶,可以实现舒适的驾驶理念或者人力成本的节省,典型的例子为百度和 Google 的无人车;另一类是高级辅助驾驶系统(ADAS),其发展历史已久,在 1970 年就已进入汽车市场的布局中。两者都是利用安装在车上的各式各样的传感器收集数据,并结合地图数据进行系统计算,从而实现对行车路线的规划并控制车辆到达预定目标。无人驾驶利用传感器收集信息,利用地图数据估算路线,利用控制系统对车实施控制,最后达到替代人的目的。ADAS可以对人进行识别,判断驾驶员是否长时间驾驶,是否疲劳等,还可以通过其他的方式提高用户的体验感。这两种方式现在都有一些布局,ADAS 可以做无人驾驶汽车的前提,然后渐进式实现从辅助驾驶到自动驾驶的逐步递进方案。

9.1.2 自动驾驶技术分级

关于自动驾驶,在概念上,业界有着明确的等级划分。自动驾驶分类主要有两套标准:一是美国高速公路安全管理局(NHSTAB)制定的;二是国际汽车工程师协会(SAE)制定的,现在主要统一采用 SAE 分类标准。

根据 SAE 分类标准,自动驾驶可以分为六级,如图 9-1 所示。

(1) L0 级自动驾驶是人类驾驶员负责汽车工程师学会所称的"动态驾驶任务"的所有环节。动态驾驶任务是指控制车辆所采取的行动,可能有些系统(如自动紧急制动系统)会为司机提供帮助,甚至在特定情况下进行干预。但是,由于这些系统没有持续参与完成动态驾驶任务,因此它们还不能称为自动化系统。

(2) L1 级自动驾驶是辅助驾驶系统,能持续提供转向、加速或制动控制,但只在限制条件和特定情况下提供。自适应巡航控制系统被认为属于 L1 级自动驾驶,该系统可控制加速和制动,从而使汽车在公路上与前方车辆保持一定距离,但人类驾驶员仍然需要负责驾驶中的所有其他方面。

(3) L2 级自动驾驶也就是辅助驾驶系统,既提供转向也提供加速和制动控制,同样是在限制条件下提供。由于人类驾驶员需要定时干预,该级别的自动驾驶程度仍然不高。特斯拉最初的 Autopilot 虽然是比较先进的一个系统,仍被认为属于 L2 级自动驾驶系统。

(4) L3 级自动驾驶是我们开始进入实际自动驾驶的级别。该级别的自动驾驶是"有条件的自动驾驶",这意味着只有在一定条件下自动驾驶系统才能运行。但一旦开始运行,汽车就完全自动驾驶。通用汽车公司的新 SuperCruise 系统就属于 L3 级自动驾驶。同样,特斯拉最新版本的 Autopilot 也属于该级别。L3 级与 L2 级自动驾驶的差异在于自动驾驶的程度,在 L3 级,系统运行时,人类驾驶员通常无须进行干预,但仍需在一定程度上保持警惕,以便在系统提示需要人类接管时介入。

(5) L4 级自动驾驶属于"高度自动驾驶"。一般来说,使用 L4 级自动驾驶描述完全自动驾驶的系统。除了某些特殊情况,一般无须人类干预。依靠特殊地图工作的自动驾驶汽车(如目前正在研发中的大多数汽车)属于 L4 级自动驾驶。只要是有地图的地方,这类汽车都能实现完全自动驾驶,而无须人类干预,但并非在任何地方都能自动驾驶。

(6) L5 级自动驾驶属于完全自动驾驶。只要人类能够驾驶的地方,该类型汽车都能驾驶。只要有可通行的道路,这种车能去任何地方,任何时候都无须人类驾驶员干预。

图 9-1 自动驾驶等级的划分

在自动驾驶技术分级中,L2 和 L3 是重要的分水岭。L2 以下的自动驾驶技术仍然是辅助驾驶技术,尽管可以在一定程度上解放双手,但是环境感知接管仍然需要人类完成,并且在紧急情况下直接接管。而在 L3 级,环境感知的工作将由机器完成,驾驶员可以不再关注路况,从而实现了驾驶员双眼的解放。可以说,在 L2 以下是"Hands Off",在 L3 是"Eyes Off",而 L4 和 L5 则真正带来自动驾驶。跟消费者普遍希望的全能所不同,自动驾驶技术是有应用场景和功能要求的,以消费者最常见的量产自动驾驶汽车——特斯拉的 Autopilot 为例,虽然很多汽车爱好者在城市环境试驾 Autopilot 的,但官方给出的适用范围依然是高速公路和行车缓慢的路段,并对时速做出了限制。

9.2　自动驾驶的技术框架

自动驾驶是一个庞大且复杂的工程,涉及的技术很多。目前业界公认的说法是无人驾驶需要三大块的技术:环境感知学、决策和运动控制,简单来说,这也是一个从硬件到软件再到硬件的实践过程,例如,感知汽车的传感器看到了什么,再去做相应的分析,决策汽车的大脑思考怎么去处理;从不同的传感器看到了外部场景的数据,再去做信息融合,决定汽车应该怎样去操作并通过控制系统执行相应的操作。

自动驾驶的技术框架主要包括三部分。

(1) 负责最后控制的感知系统称为中层控制系统。

(2) 负责感知周围环境并进行识别和分析的系统称为上层控制系统。

(3) 负责路径规划和导航执行的系统称为底层控制系统,负责汽车的加速、刹车和转向。

三者相应的关系是很密切的,必须要清楚地知道周围的环境并进行准确的识别。根据用户的出发地和目的地进行路径规划时,要了解相应的精准地图。导航执行系统也要进行精准的控制。

9.2.1　环境感知

环境感知作为第一环节,处于智能驾驶车辆与外界环境信息交互的关键位置,其关键在于智能驾驶车辆更好地模拟人类驾驶员的感知能力,从而理解自身和周边的驾驶态势。环境感知模块处在自动驾驶系统的最上游,通过对来自不同传感器的数据的分析将分析结果传递给 pnc 模块,以实现车辆的自动驾驶环境感知模块的分析,结果包括路面动静态、目标轨迹(如车、人、护栏、马路牙)、交通信号灯的状态、交通标志识别结果及路面目标的状态预测。

根据对环境感知模块输出结果的分析,可以得到与任务相关的技术要点,如 2D/3D 目标检测、场景语义分割、实例分割、多传感器融合、多目标跟踪以及轨迹预测等。对于整个环境感知模块来说,将各个技术进行整合可以减少整个模块的延迟与内存显著的消耗,以达到高效、高精度和低成本的目的。

智能驾驶过程中,通过组合使用多类传感器和运用持续关联的感知技术,可以缩小感知盲区的范围,不会影响正常的驾驶。自动驾驶系统通过配置内部传感器和外部传感器获取自身状态及周边的环境信息,内部传感器主要有车辆速度传感器、加速传感器、人数传感器及横摆角速度传感器等,外部传感器主要有光学摄像头、激光雷达、毫米波雷达以及定位系统。

1. 视觉传感技术

视觉传感器安装使用的方法简单,获取的图像信息量大、成本低、作用范围广。近年来,得益于图像处理技术的快速发展和硬件性能的提高,摄像头也成为场景解读的绝佳工具。摄像头生成的数据,人就能看懂,但是测距能力堪忧,而且摄像头在拍照时受时间性影响较大,晚上的效果不太好,在雾天也会存在一些隐患。摄像头视觉属于被动视觉,受环境光照的影响较大,对光线过于敏感,过暗过强的光线以及两者之间的快速切变,也会影响它的成像,例如,汽车进入和驶出隧道时。在复杂交通环境中,视觉传感器存在目标检测困难,计算量大,算法难以实现的问题。视觉感知技术在应对道路结构复杂,人车复杂的交通环境中也还有很多不足,所以 L4、L5 级别的自动驾驶的实现有很多不足。

视觉感知技术主要有三种。

(1) 单目视觉技术,即通过单个相机完成环境感知,具有结构简单、算法成熟及计算量小等优点。

(2) 立体视觉技术,采用两个或者多个摄像机,从不同的视点进行观察,并通过计算图像像素间的位置恢复深度信息,进行三维重建,难点在于寻找多个图像中匹配的对应点。

(3) 全景视觉技术,成像视野较宽,但是图像畸变较大,分辨率较低,就像很多地方安装的鱼眼摄像头一样,要把鱼眼摄像头的数据变成矩形的一个图形,中间会存在很大的畸变。

2. 雷达技术

各种雷达的具体用途和结构不尽相同,但基本形式是一致的,包括发射机、发射天线、接收机、接收天线、处理部分以及显示器,还有电源设备、数据录取设备、抗干扰设备等辅助设备。雷达受外界环境影响比较小,获取的深度信息可靠性高,测距范围和视角大,准确率也比较高。另外,雷达每帧接收的数据量远小于相机进入的图像信息,更能满足智能驾驶对实时性的需求。雷达的最大缺点在于制造工艺复杂且成本比较高,在一定程度上,广泛应用受到限制。

雷达分为三类:激光雷达、毫米波雷达和超声波雷达。激光雷达利用激光进行探测和测量,其原理是向周围发射脉冲激光,遇到物体后反射回来,然后进行重建。激光雷达探测精度高,距离长,分辨率也比较高。激光雷达要解决两个问题,一是空间覆盖率的问题;二是时间一致性的问题。激光雷达可以分为一维激光雷达、二维激光雷达、三维激光扫描仪以及三维激光雷达等。一维激光雷达主要用于测距,二维激光雷达用于能扩测量目的识别、区域监测,三维激光雷达可以实现三维空间建模。车载的三维激光雷达一般安装在车顶,可以高速旋转,从而实时绘制出车辆周边的三维空间地图。同时,激光雷达还可以测量周边其他车辆在三个方向上的距离、速度、加速度和角速度等信息,再结合地图计算车辆的位置,以供车辆快速作出判断。目前激光雷达常用的应用主要有障碍物的检测与跟踪、路面检测等。

毫米波雷达的毫米是指波长,波长在 1~10mm 的电磁波换成频率后,毫米波的频率位于 30~300Hz,毫米波的波长介于厘米波和米波之间,因此毫米波兼有微波制导和光电制导的优点。毫米波雷达的优势在于可以全天候工作,在不良天气及夜晚的环境中也可以发挥作用,但激光雷达会受到雨雪、雾霾的影响。毫米波雷达测距比较远,200m 以上都可以胜任,但是分辨率低,较难成像。由于毫米波雷达技术相对成熟,成本较低,并且在不良天气下表现良好,可以作为感知设备中重要的一环。但是毫米波雷达不是激光雷达的替代品,而是激光雷达的重要补充设备。

目前汽车毫米波雷达频率分为 24GHz、77GHz 到 79GHz 三种,24GHz 又称为短波雷达,主要作为停车辅助,77GHz 主要作为盲点探测,79GHz 可用于主动巡航系统与汽车前向碰撞报警系统中,让驾驶员有足够的时间来刹车或者闪避。

3. 声呐技术

声呐可以与其他系统结合,实时有效地引用数据,声呐的视野比较窄。目前大部分的智能驾驶车辆仅依靠视觉感知和雷达感知就能够完成绝大多数交通环境的感知任务,也就忽略了听觉感知(交通环境中有许多声音也会携带重要信息,比如说喇叭,警笛等)。听觉感知系统主要涉及三种关键技术:声源定位技术、音频识别技术和软件无线电技术。目前常用的声源定位技术按其定位原理可分为三类:基于最大输出功率的可控波束形成技术、基于高分辨率谱估计的定位技术及基于声达时间差的定位技术。

驾驶的基础是自主导航,不仅需要获取车辆与外界环境的相对位置关系,还需要通过车身状态感知确定车辆的绝对位置。因此,智能定位与导航也是关键技术之一,智能驾驶车辆的未知数据不可能脱离感知态势的基准,目前在智能驾驶中常用的基准包括大地坐标系、摄像机坐标系、图像坐标系,雷达坐标系和驾驶员认知坐标系。目前定位的主要有 GPS、北斗卫星导航系统等。

4. 微型导航技术

微型导航技术可以分为单点定位和相对定位。惯性导航系统是一种利用惯性敏感器件,根据基准方向及最初的位置信息确定运载物在惯性空间中的位置、方向和速度的自主式导航系统。交通环境复杂多变,单一的导航系统会受限于自身的不足,而无法确保精准定位和导航,因此可以采用 GPS 加惯性导航系统的组合导航方式。惯性导航包括惯性测量单元和计算单元两大部件,惯性测量单元主要由加速度计和陀螺仪组成,计算单元则主要由姿态解算单元、积分单元和误差补偿单元三部分组成。

惯性导航的目的是实现自主式导航,而不依赖外界信息,包括卫星信息,北极指引等。惯性导航工作的核心原理是从过去的运动轨迹推算出目前的定位。日常生活中,我们都通过 x 轴、y 轴和 z 轴坐标进行三维定位,传感器可以测量各轴方向的线性运动以及围绕各轴的旋转运动。在实际应用惯性导航中,惯性测量器件是直接安装在运动物体上,因此惯性器件测得的角速度和加速度都是物体运动坐标中的细小量,还需要把它转换成地球坐标系的数据。

微型导航的主要优点如下。

(1)完全依靠运动载体自主地完成导航任务不依赖于任何外部的输入信息。

(2)不受气象条件的限制。

(3)提供的参数比较多。

(4)导航信息更新的速率比较高,短期精度和稳定性好,GPS 更新速度是每秒一次,但是惯性导航可以达到每秒几百次甚至更高。

微型导航的缺点是导航误差随时间发送,根据前述的状态经过计算叠加产生的时间异常导致定位误差会增大,每次使用前都需要较长的初始准备时间且惯性导航系统价格比较昂贵。

5. 高精度地图

在自动驾驶时代,目前大多数车载地图的分辨率已足够用于导航功能,但想要实现自动驾驶需要掌握更精确的车辆周边环境信息,还需要通过其他驾驶辅助系统做出实时反应的高精度地图,就是精度更高、数据维度更多的电子地图,精度更高体现在精确到厘米级别,数据维度除了原来的地图之外还要有与交通相关的周围静态的信息。高精度地图要将大量行车辅助信息转换为结构化数据。辅助信息可以分为两类:第一类是道路信息,包括道路宽度、坡度、曲率等;第二类是周围固定对象的对信息(如交通标志、交通信号等),这些都有地理编码,导航信息可以准确进行定位,从而引导车辆正确行驶。

高精度地图最重要的是对路网精确的三维表征(厘米级精度),有了高精度的三维信息,自动驾驶系统就可以通过 GPS、IMU 或者摄像头数据精确确认自己的当前位置。高精度地图中还有丰富的语音信息,如交通向灯、道路标志线等。普通的导航电子地图面向驾驶员,高精度地图面向机器,对数据的实质性要求更高。

作为无人驾驶的记忆系统,未来的高精度地图将具备三大功能。

(1) 要匹配车辆的位置,要提高测量定位的精度。

(2) 提供充足的外部辅助环境。

(3) 提供最新的路况,帮助制定最优的路径。

9.2.2　决策手段

有了环境感知,还需要进行通信的手段,例如,框架系统 V2X(Vehicle to everything),可以建立车与任何事物的联系,主要包括车与车(Vehicle to Vehicle,V2V),车与基础设施(Vehicle to Infrastructure,V2I),车与人(Vehicle to Person,V2P),车与云(Vehicle to Network,V2N)的建立。车辆通过传感器网络通信设备与周边的车、人、物进行通信,根据收集的信息进行分析决策。

V2X 包括专用短程通信技术(Dedicated Short Ronge Communication,DSRC)、LTE-V2X、5G-V2X 等技术方向。从技术角度上面来讲,DSRC 的技术比较成熟,稳定应用也比较多。LTE-V2X 是基于 LTE 移动蜂窝网络的 V2X 通信技术,是 CV2X(Cellular V2X)的一种。LTE 的时延高于 5G,时延在车联网中就意味着生死,现在高速公路的常见时速是 120km/h(33m/s),即使制动仅晚了一秒,也会多产生接近 40m 的制动距离,所以时延的重要性不言而喻。

有了通信,就会产生数据交付,所以需要用到多传感器数据融合(Multi-Sensor Data Fusion,MSDF)技术。传感器相当于眼睛、耳朵等输入感官,人工智能要把这些感官的数据进行综合,最后汇总成能够被解释而且有价值的信息。自动驾驶领域有许多不同类型的传感器,MSDF 的主要任务是要利用不同传感器的优势,同时最小化或者弱化每种传感器的弱点。如果 MSDF 出错,意味着下游阶段要么没有必要的信息,要么是使用了错误的信息,做出了错误的决策。使用什么样类型的传感器,怎么融合传感器收集的数据,使用多少传感器才能实现基于数据的对客观事件的描述,这些都是决策中需要解决的问题。从理论来讲,使用越多的传感器,对计算能力的要求就越高,这意味着自动驾驶汽车必须加载更多的计算机处理器和内存,这会增加汽车的重量,需要更多的功率,产生更多的热量。另外,使用传感器越多,传感器中间的某些数据出现错误的概率越大,这也是需要注意的问题。

9.2.3　决策规划

在一套完整的自动驾驶系统中,如果将感知模块比作人的眼睛和耳朵,那么决策规划就是自动驾驶的大脑。大脑在收到各种信息并进行决策后要对底层控制模块下达指令。决策规划可以处理很多很复杂的场景。

决策规划的目的有两方面,一是保障无人车的行车安全且遵守交规;二是为路径和速度的平滑优化提供相应的限制信息。决策规划的输入包括以下几类。

(1) 全局路径信息,也就是原点和目的点位置和中间的路径信息。

（2）道路结构，比如说当前的车道、相邻的车道、汇入的车道及路口等。

（3）交通信号灯和标志，比如红绿灯、人行道等道路标志等。

（4）障碍物的状态信息，比如障碍物的类型、大小和速度。

（5）障碍物的预测信息，比如障碍物未来可能的运动轨迹。

在做决策时，需要对这些输入信息进行融合，决策规划的输出是路径的长度以及左右限制边界，路径上的速度限制边界等。

1. 决策规划模块划分层次

典型的决策规划模块可以分为三个层次：全局路径规划、行为决策层和运动规划。全局路径规划在接触到一个给定的行驶目的地之后，结合地图信息生成一条全局路径为后续具体路径规划做参考；行为决策层在接触到全局路径之后，结合从感知模块得到的环境信息做出具体的行为决策；运动规划是根据具体的行为决策规划生成一条满足特定约束条件的轨迹，该轨迹作为控制模块的输入，决定车辆最终行驶的路径。

全局路径规划是指在给定车辆当前位置和终极目标之后，通过搜索选择一条最优的路径，最优包括路径最短或者到达时间最快。全局路径规划常用算法包括 Dijkstra 算法和 A* 算法以及基于这两种算法的多种改进。

Dijkstra 算法由计算机科学家 Dijkstra 在 1956 年提出，常用来寻找图中节点之间的最短路径。考虑这样的一个场景：图中连接点之间的移动代价并不相等（如汽车在平地和山脉中移动的速度通常是不相等的），Dijkstra 算法通过点与点之间的距离构建图进行具体的计算。在算法运行的过程中，把所有节点放入优先队列中，按照代价进行排序，每次都从优先队列中选出代价最小的作为下一个遍历的节点，直到到达终点。A* 算法在运算过程中，每次从优先队列中选取代价最小的节点作为下一个待遍历的节点。

在确定全局路径后，自动驾驶车辆需要根据具体的道路状况、交通规则、其他车辆的行为等情况做出合适的行为决策，这一过程面临三个主要问题。首先，真实的驾驶场景千变万化。其次，真实的驾驶场景是一个多智能体角色环境，包括驾驶员在内的每一个参与者所做出的行为都会对环境中的其他参与者带来影响，因此需要对环境中其他参与者的行为进行预测。最后，自动驾驶车辆对于环境信息不可能做到百分之百感知，例如存在许多被障碍物遮挡的可能。综合以上几点，在自动驾驶行为决策层，需要解决的是在多智能体决策的复杂环境中，存在感知不确定性情况的规划问题。可以说，这一难题是真正实现 L4 和 L5 级别自动驾驶技术的核心瓶颈之一。

2. 决策模型

自动驾驶车辆最开始的角色模型是有限状态机模型，车辆根据当前环境选择合适的驾驶行为（如停车、换道超车、避让等），模型通过构建有限的有向连通图描述不同的驾驶状态以及状态之间的转换关系，从而自动生成驾驶动作。有限状态机模型比较简单，是使用最广泛的行为角色模型，但它忽略了环境的动态性和不确定性。

决策树模型和有限状态机模型类似，也是通过根据当前驾驶状态选择不同的驾驶动作，但该类模型将驾驶状态和控制逻辑固化到了树形结构中，通过自顶向下的机制进行驾驶策略搜索。决策树模型具备可视化的控制逻辑，但是状态的行为空间较大的时候，控制逻辑会比较复杂。同时，决策树模型也无法考虑交通环境中存在的不确定性的因素。

基于知识的推理决策模型通过场景特征和驾驶动作的映射关系模仿人类驾驶员的行

为、角色、过程。该类模型将驾驶知识存储在知识库或者神经网络中,这里的驾驶知识主要是规则案例或者场景特征驾驶动作的映射关系,然后通过查询机制从知识库或者训练过的网络结构中推理出驾驶动作。基于知识的推理决策模型对先验驾驶知识和训练数据的依赖性较大,需要对驾驶知识进行精心整理、管理和更新。虽然基于神经网络的映射模型可以省去数据标注和知识整合的过程,但是也存在一些缺点:对数据依赖性很大;训练数据需要足够充分;将关系固化到网络结构中;解释性比较差;对于实际系统中出现的问题可追溯性较差。

最后一个是基于价值的决策模型。根据最大效应理论,基于效应价值的决策模型的基本思想是依据选择准则,在多个备选方案中选择出最优的驾驶策略和动作。为了评估每个驾驶动作的好坏程度,概率模型定义了效用或者价值函数,根据某些准则属性定量地评估驾驶策略符合驾驶任务目标的程度。对于驾驶任务而言,这些准则属性可以是安全性、舒适性、行车效率的效用和价值等,可以由其中的单个属性决定,也可以由多个属性决定。在确定具体的驾驶行为之后,需要将行为转换为一条更加具体的行驶轨迹,从而能够生成一系列针对车辆的距离控制信号,使车辆按照规划的目标行驶,这一过程称为运动规划。运动规划的概念在机器人领域已经有了较长的研究历史。

9.2.4 运动控制

1. 轨迹规划

在自动驾驶问题中,车辆周围的环境是持续动态变化的,因此,单纯的路径规划不能给出在行驶过程中一直有效的解,所以必须要加上一个时间维度。时间维度的增加为规划问题带来了巨大的挑战,路径规划问题可以在多项式时间里求解,而加入时间维度的运轨迹规划问题已经被证明是 NP-hard 问题。在自动驾驶的实际场景中,无论是车辆本身,还是对环境建立更为精确的模型,都意味着优化问题更为复杂的约束,同时也意味着求解更加复杂,所以必须在模型精确解和求解效率之间要寻求一个最佳的平衡点。

轨迹规划的未来趋势,一是与车辆动力学结合,将动力学参数、评价指标和路径规划结合起来,充分考虑车辆动力学的因素,规划出最合理的一个轨迹;二是与状态参数估计结合,状态参数估计可以更加准确地获得车辆的参数,因此可以将状态估计器加入到规划模块中,通过在线估计车辆的状态,并将其反馈给规划器,提高规划的质量。三是与机器学习结合,随着以深度网络为代表的人工智能的快速发展,许多传统的规划问题也带来了新的解决思路。在自动驾驶领域,尽管目前的端到端的模型存在类似黑箱的不可解释性,但相信随着人类对深度神经网络理解的不断加深,这一方法因其突出的简洁高效优势而具有很强的发展潜力。

2. 决策与运动规划模块融合

自动驾驶车辆在复杂环境中做出最优决策,这一问题与强化学习的定义非常吻合。随着深度强化学习技术的快速发展,越来越多的研究团队开始将其应用于自动驾驶的决策规划中,将行为决策与运动规划模块相融合,直接学习得到行驶轨迹。

3. 路权分配技术

路权是指道路使用者依据法律规定在一定的时间对一定的道路空间使用的权利,在智能驾驶中,路权可以用来描述满足车辆当前安全行驶所需要的道路空间,与车速强相关,可分为期望路权与实际路权。自主驾驶是智能汽车在任意时刻对路权的检测和使用,多次交付是车群在任意时刻对路权的竞争、占有及放弃等协同工作。自主驾驶的不确定性体现在车辆行驶中拥有的路权在不停发生变化。

4. 车辆的转向控制

自动驾驶控制的核心技术是车辆的纵向控制和横向控制技术,建立控制问题可归结于对电机驱动、发动机、传动和自动系统的控制,各种电机发动机传动模型、汽车运动模型和刹车过程模型与不同的控制器算法结合构成了各种各样的纵向控制模型。车辆的横向控制只垂直于运动方向上的控制,对于汽车,也就是转向控制目标是控制汽车自动保持期望的行车路线,并在不同的车速和风阻路况下有很好的乘车舒适感和稳定性。车辆横向控制主要有两种基本设计方法,一种是基于驾驶员模拟的方法,驾驶员通过方向盘怎么样去左转、右转;另一种是给予汽车横向运动力学模型的控制方法,也就是从汽车运动力学的方面来做一些解释。

5. 预测控制算法

传统的汽车控制方法主要有 PID 控制、模糊控制、最优控制及滑模控制等,这些算法都应用比较广泛。PID 控制器就是根据系统的误差利用比例、积分或微分计算得到控制量并进行控制。模糊控制系统在建模过程中利用人类积累的相关知识和生活经验进行推理,模拟人类大脑处理复杂事物的过程。最优控制的实现离不开最优化技术,最优化技术是研究和解决如何将最优化问题表示为数学模型,以及如何根据数学模型尽快求出其最优解这两个问题。

预测控制算法主要由预测模型反馈校正、滚动、优化和参考轨迹四部分组成,神经网络控制是研究和利用人脑的某些结构经理以及人的知识和经验对系统的控制。人在自动驾驶的时候,如何进行操作是一个经验问题,也可以说是一个黑盒子,怎样判断与前车的距离,怎样判断方向盘转弯的幅度,都是通过经验获得,很难量化。用神经网络可以把控制问题看成是模式识别问题,被识别的模式映射成行为信号的变化,信号神经控制最显著的特点是具有学习能力。一般来说,神经网络用于控制有两种方法,一种是用其建模,另一种是直接作为控制器来使用。近年来也有一些深度学习在控制领域的应用。目前深度学习的基本模型包括基于受限玻尔兹曼机的深度神经网络、基于自动编码器的深度神经网络、递归神经网络等。

6. 人机交互

人机交互是运动控制中最重要的一环,随着越来越多的辅助驾驶系统进入产品化的阶段,系统对于车辆的控制权变得越来越大,越来越复杂。那么现在的自动驾驶车应该给用户提供什么样的一个界面? 以前的方向盘和刹车系统在 L4 和 L5 可能已经没有了,所以这一方面也需要提供一些相应的建议。ADAS 辅助驾驶系统与 L4 和 L5 的车辆相比,界面又有一些不同,对于 ADAS 系统,驾驶员在获得辅助驾驶的同时也会分散注意力,增加驾驶负担,这是 ADAS 统面临的一个重要问题,一方面要看前面的路况,另外一方面要去看这个操作界面,此时如何避免出现事故都是需要考虑的问题。

9.3　测试验证和风险分析

自动驾驶车辆的测试是很重要的,只有通过测试,才能确定汽车已是否已经具备了自动驾驶能力。完全无人驾驶等技术正在实验室和封闭半封闭测试区紧锣密鼓地进行,只有经过长期的测试验证,自动驾驶汽车才能为大众提供安全可靠的出行服务。自动驾驶车测试包括软件测试,硬件测试,车辆驾驶、场测、路测等环节。测试的目的是验证应用功能、性能稳定性和鲁棒性功能安全形式认证等,所以要想汽车能够完全自动化,完全实现无人驾驶,测试的工作量是巨大的。

9.3.1　自动驾驶的测试

自动驾驶汽车的开发测试需要大量的训练、数据采集和标注工作,如何有效采集数据以及如何标记数据是当前自动驾驶领域的一个热门话题。数据的简单标注可以自动化,复杂标注仍然需要大量的人力,训练数据对于深度学习来说非常重要。除了训练数据采集,一个全面的评测数据集和合理的评测指标也非常关键。对于不同的任务,不同的技术阶段需要有不同的评测指标和方法,这样才能评价车辆达到了什么级别。自动驾驶汽车的实际道路测试有很大的局限性,需要采用模拟仿真测试进行弥补。Google、Tesla等很多公司借助模拟仿真的方法力图使无人驾驶的行驶历程尽快达到10亿英里(1英里=1.609344千米),没有这么大量的车辆路程,自动驾驶是不能够考虑到各个方面的。合理建模从软件到硬件的模拟仿真,可以为公司实验和测试无人驾驶汽车提供可能性,建模包括各种各样的应用场景、实时交通、司机行为、天气以及道路环境等,每一种因素都有很多种可能,各种因素的交叉带来了更多的可能性,所以足够的行驶里程是必须的。

目前仿真测试已经成为了真实路测的一个有益补充,而未来随着深度学习技术进一步的深入运用,仿真测试将为自动驾驶研发方面发挥越来越重要的作用,并将推动自动驾驶技术早日实现商业化。

自动驾驶不仅带来潜在的商业发展机会和新的价值创造来源,也带来了新的风险,对用户企业而言,数据管理、用户隐私和数据保护也很重要,自动驾驶汽车不会毫无风险,关键是将风险维持在消费者和监管者都能接受的水平。在未来发展中,应该全面关注网络安全问题,让联网的汽车和其生态体系更安全、更警惕、更有韧性。在数据方面,保护个人信息是重中之重,心怀不轨的人会想方设法地得到这些信息,每个模块都可能包含大量有价值的信息。

如果自动驾驶在进行判断时,系统出现故障应该如何处理? 这就是需要实际考虑的决策风险问题。对于电子设备,我们不能够百分之百地相信它,存储系统、运算系统都可能会出现故障。人到底能在多大程度上信任智能系统? 坐在无人驾驶的汽车上是否会感觉到很安心? 这就是所说的人车信任问题。对于无人驾驶系统来说,信任是至关重要,如果驾驶系统无法正常工作,面对的可能就是死亡。当前依旧有很多人无法相信自动驾驶汽车,人车信任问题将会贯穿无人驾驶车生命周期的始终,无论驾驶技术如何成熟,人们对其不信任就不会去使用它,所以这也是自动驾驶面临的问题。

9.3.2 自动驾驶的风险分析

在现有规则下,在开放路段发生风险怎么办? 在美国,自动驾驶汽车已经具备在开放路段上行驶测试的外部条件,与其相应的风险和事故也时有发生,针对这一情况,美国通过了自动驾驶法案。我国目前尚未就此制定专门的法规。

现在的自动驾驶都是在一些园区,人比较少,路比较平整,路比较新。在现有的法律规则体系下,当自动驾驶机制在开放路段行驶,发生事故时该怎么办? 在一些比较拥挤的老城区,事故可能会更多,如何去规避这样的问题? 随着科技的发展和互联网的推进,自动驾驶汽车终将迎来真正的无人驾驶时代。届时,由于车辆已不再需要驾驶员,若发生事故,就必须对责任主体法律适用能力和风险等进行重新认定,相应的规则也会予以调整,必须及时给出相应的法律,制定必要的规则。

第10章

智 能 问 答

10.1　问答系统概述

10.1.1　智能问答系统

我们一直在用搜索引擎跟世界打交道,把要搜索的关键词填进去,然后系统会给出答案,我们就可以从答案中间进行选择。智能问答系统会尽力按照一定的方式进行提问,系统要能够理解回答的文字、语音甚至意图,然后按照要求给出答案。与前面的搜索引擎相比,这样的人机接口会发生根本的转换。

随着深度学习时代的到来,一些 AI 产品真正地走进了普通人的视线。本章主要介绍具体的 AI 应用:智能问答。智能问答跟自然语言处理的最大区别是,智能问答是一个系统,而自然语言处理只是其中的一个处理过程。一部智能问答系统发展史就是一部人工智能发展史。伴随着人工智能的兴衰,智能问答系统也经历了半个多世纪的沉浮,直到今天仍然方兴未艾。

问答系统是用来回答人提出的自然语言问题的系统。从狭义上来讲,问答系统是聊天机器人的一个重要组成部分。

自问自答或者我问你答都是人与人面对面进行知识的交流,随着互联网的发展,知识的交流变成了人与互联网上很多结构化/非结构化的数据库的交流。

1. 问答系统的发展

第一阶段,1950 年英国数学家图灵在论文 *Computing Machinery and Intelligence* 中提到测试机器是否具有智能的问题:"机器能思考吗?"并提出了判定机器能否思考的方法——图灵测试。图灵测试可以看作是问答系统的蓝图。测试人跟测试对象之间通过问和答的方式进行,人或者计算机都需要首先了解提问人的问题核心,然后对此进行分析,准备答案,并给出答案。

第二阶段出现了两个比较著名的问答系统:BASEBALL(1961 年)和 LUNAR(1973

年)。BASEBALL 可以回答美国一个季度棒球比赛的时间、地点和成绩等自然语言问题。LUNAR 可帮助地质学家方便地了解并比较与阿波罗登月计划积累的月球岩石的各种化学分析数据。它们的后台有一个数据库,可提供各种数据。在用户提问时,系统把用户的问题转换成 SQL 查询语句,从数据库中查询到数据提供给用户。

这个时候的系统针对的是比较具体的两个场景,用户的问题也会根据这两个场景进行提出,知识领域相对来说比较小。用户用计算机能够理解的方式进行询问,问题能够更好地转换成 SQL 查询语句。所以这个时候的问答系统可以说是数据库的一个简单应用,也就是数据库中 SQL 查询的应用。

第三阶段始于 1966 年,Jaseph Weizenbaum 实现了第一个智能问答系统 Eliza。Eliza 扮演一个心理学专家的角色,采用启发式的心理疗法,通过反问应对精神病人的提问,诱导病人不停地说话,从而达到对病人进行心理治疗的目的。Eliza 采用了模式及关键字匹配和置换的方法,首先提取精神病人的提问,找到里面的关键词,然后通过置换的方式把它变成一个反问句,再提供给精神病人,但没有发展成一套系统的技术。此外,可进行对话的系统有 Terry Winograd 在 1971 年用 MACLICP 语言开发的 SHRDLU(积木游戏)和 Bobrow 等在 1977 年前后开发的 GUS(旅行信息咨询)。这个时候的应用还没有完全放开,但在相应的提问方面有了一定的进步。

第四阶段始于 20 世纪 70 年代,出现了阅读理解系统,即耶鲁大学人工智能实验室开发的 SAM。SAM 的能力有限,必须有脚本描述对问题的回答,脚本不存在或者尚未准备好时,系统无法工作。

到 20 世纪 90 年代,问答系统的研究和开发热点转向基于大规模文档集的问答,也就是开始针对大规模的文档进行统计分析。TREC 是一个著名的知识问答系统或者说知识库系统的专业机构,它在 1999 年开始了对问答技术的评测。2000 年 10 月,ACL 推出了"开放域问答系统",研究领域也从初期的限定领域拓展到开放领域,研究对象从当初的固定语料库拓展到互联网,真正面向 Web 开放域的问答系统的正确率和精确性都不高,还不能提供良好的商业服务。但这是一个新的开始,基于大规模文档集和统计方法是智能技术中的一个常用路线。随着 Web 域的继续开放,知识越来越多,在知识中能够提取的信息也越来越多,也为现在的智能问答系统提供了很好的基础。

第五阶段,Start 是世界上第一个基于 Web 的问答系统,自从 1993 年 12 月开始,它持续在线运行至今。现在 Start 能够回答数百万个的多类英语问题,包括位置类(城市、国家、湖泊、天气、地图、人口统计等),电影类(片名、演员和导演等),人物类(出生日期、传记等),词典定义类等。从这些类的问题来看,Start 实际上还是针对一个结构化数据库进行查询,并提供相应的答案。目前比较成功的科学系统有 Start、IBM 的 Watson 和微软的 Cortana。国内的众多企业和研究团体也推出了很多科学系统,比如微软小冰、百度的小度、知乎的社区问答平台等,由于中文的特殊性,问答系统的研究比较困难。另外,目前评测工具 TREC 是针对英语进行的,缺乏一个相对成熟的针对汉语的科学系统的评测平台,这也对汉语问答系统的开发有很大的影响。

2. 图灵的设想

图灵测试的设想是:隔墙对话,你将不知道与你谈话的是人还是计算机,如图 10-1 所示。

图 10-1　图灵设想

现有的一些类似功能的智能音箱,能够精准地理解部分提出的问题,尤其是自然语言领域的问题,还能够从云平台上寻找相应的答案进行回复,所以有时智能音箱的回复是能够让人满意的。另外机器人的知识面相对比人类更广,在搜索问题和寻找答案时也会比人类更快。人类提问的一些结构化的知识,如单词的匹配或者单词的翻译,机器可能会比人类完成得更好,但是对于生活中一些比较复杂的问题,机器有时无法给出满意的答案。

3. 人工智能自动问答

目前的人工智能的自动问答,用户以自然语言提问的形式提出信息查询的需求,系统根据对问题的分析从各种数据资源中自动找出准确的答案。问答系统接受自然语言问题而非关键词,能够跟语音输入融合起来,给出精确而简短的回答。人工智能问答系统综合了智能领域多方面的应用,包括语音处理、语音识别、自然语言处理等,同时还要给出精确和简短的回答,甚至可以采用语音的方式进行回答。自动问答包括两类,第一类是开放式的自动问答,也就是不限问题领域,用户随意提问,系统从海量数据中寻找答案;第二类是限定域的自动问答,也就是只能回答某一个领域的问题。

以前相应的技术不够高时,机器回答的问题相对比较简单,但也认为它有了智能。现在人工智能的技术比较高,所以期望问答系统可以提供更加精准的答案。

10.1.2　人工智能问答系统的基本流程

人工智能问答系统的基本流程如图 10-2 所示。第一层是人机交互层,包括各种智能设备和应用场景,可以进行信息采集、信息的表示、信息的编码解码、信息的传输、本地功能的调用。第二层是模式识别层,使用自然交互的模式识别技术进行语音识别、声纹识别、图像识别处理及用户手势交互。第三层是语义分析层,也是问答系统的核心智能引擎,主要对模式识别层中识别的模式能进行语义的理解,涉及自然语言处理、本体和语义网络、匹配搜索及上下文等。第四层为对话管理层,主要根据场景、对话上下文(即对话链)、个性化、知识推理及特定逻辑,进行对话分析。最后一层是知识数据层,其中包含了知识体系和动态信息,主要涉及知识库、对话库、垂直搜索的知识、领域知识、内容整合和智能大数据。

通过整个流程,能够进行信息的采集和展示,对信息进行识别,理解信息的语义,根据对话上下文对语义做更进一步的确认,从知识数据库中找到相应的知识。

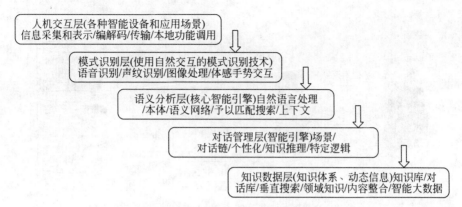

图 10-2　人工智能问答系统基本流程

1. 智能问答系统结构

如图 10-3 所示,智能问答主要在用户和知识库之间进行。用户把问题提交给业务逻辑,业务逻辑对问题进行语义分析,根据对话管理对语义分析做一些更加准确的界定,同时还会增加相应的限制条件进行限定。把这样一个拥有新理解后的问题送到知识库,即把问题变成逻辑表达式给到知识库,知识库从中找出合适的答案逻辑表达式,交给对话管理层,对话管理层把答案提交给业务逻辑,业务逻辑把自然语言回答的结果提交给用户。整个过程涉及语义理解、人机接口内更丰富的一些知识、语义、语音、手势、图像。

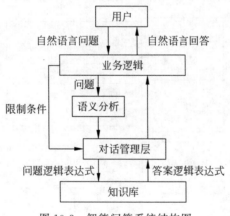

图 10-3　智能问答系统结构图

2. 基于人工智能的智能问答系统

如图 10-4 所示,基于人工智能的智能问答系统流程可以分为三个层次。第一个层次是用户和机器之间:用户提出问题,机器解答问题;第二个层次是机器传输问题,利用相应的自然语言处理、文本分析、语义分析、意图识别等进行语义分析和智能分析,通过知识图谱、知识发现、知识推理、场景共现、数据挖掘等进行知识融合;第三个层次是把问题传输到包含各种专题的数据库,通过数据库中的相应知识,进行知识调取和内容整合,最后进行知识汇总,并反馈给机器,机器再给用户提供一个准确的回答。

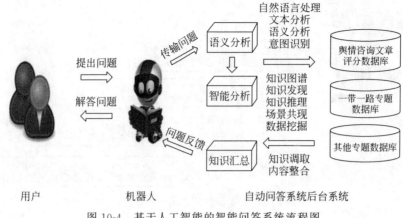

图 10-4　基于人工智能的智能问答系统流程图

10.2　智能问答系统分类

智能问答系统可以按对话类别、知识来源进行分类。

10.2.1　按对话类别划分

按对话类别分类,可划分为开放域闲聊、限定域问答和任务驱动型对话,如图 10-5 所示。

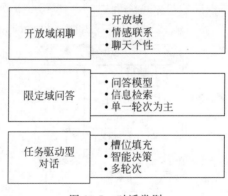

图 10-5　对话类别

10.2.2　按知识来源划分

回答一个问题需要有依据,人在回答问题时,会去大脑中搜索相关的内容,然后给出答案;而机器要想实现自动问答,也需要从外部获取知识(或依据)。因为机器本身没有经验,知识都是外部给的,所以需要将知识作为结构化或者非结构化的数据保存起来,机器再从中进行访问。

从知识来源的不同,可将智能问答系统分为三类:基于知识库的问答(Knowledge Base Question Answering,KBQA)、基于文档的问答(Document Base Question Answering,DBQA)和答案选择。

1. 基于知识库的问答

给定自然语言问题,通过对问题进行语义理解和解析,利用知识库进行查询、推理得到答案,而最后的答案就是知识库中的实体。因此在提出问题时必须要具体。接下来看一个例子,当对机器提出"姚明的老婆的国籍是?"的问题,机器该如何应答呢?图10-6给出了流程,首先进行语义解析,把语句分为"姚明、老婆、国籍",把这三个词组合放在知识库中进行匹配,可以找到涉及姚明的国籍、其配偶的信息等内容,在知识库中还可以查询到姚明的出生地,从而架构出知识库的结构。从这个知识库中,可以推断出姚明配偶国籍的信息。

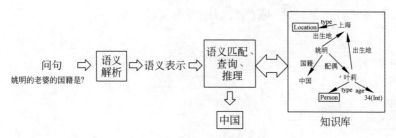

图 10-6 基于数据库的问答

又如图10-7所示,在百度查询2016年奥斯卡最佳男主角,百度会根据知识库进行查询和推理。知识库由三元组组成,每一个三元组都包括一个实体关系和实体。如果把实体看成节点,把实体关系看成边,则包含了大量三元组的知识库就成为了一个庞大的知识图。把这样的一个知识图展开,然后在回答时对这个知识图进行检索。

图 10-7 基于数据库的问答

2. 基于文档的问答

这一类型的任务通常也称为阅读理解回答类型,对每个问题,会给定几段文本作为参考,这些文本通常根据问题可以检索得到,每段文本中间可能包括答案,也可能只与问题描述有关。我们需要从文本中抽取出一个词或者几个词作为答案。问题按照答案类型进行划分:事实型问题、列举型问题、定义型问题、交互型问题、单人多人交互问题。问题按照业务场景的划分:闲聊的、任务型的及知识型的。问题获取答案的方式包括自己从中生成、本身就具有或检索式。

10.3 智能问答系统的处理技术和架构

10.3.1 问答系统常用技术

问答系统常用的技术如图 10-8 所示。词法分析需要用到中文分词、词性标注、未登录词识别、命名实体识别。句法分析有句法分析树、提取实体关系、相似度计算。语义分析有指代消解、中文关键字的提取、拼写纠错、输入提示。信息检索需要匹配答案库,可以用深度学习方法进行。逻辑推理一般采用逻辑表示和深度问答系统。语言生成要考虑内容判断、文档结构化、合并相似句子、选择词汇,最后要考虑实现。

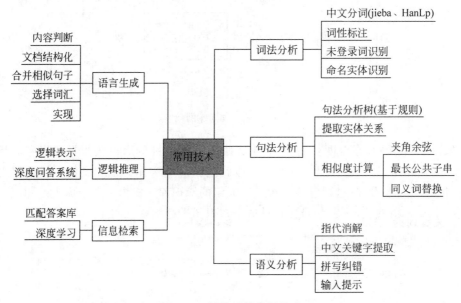

图 10-8 问答系统常用技术

10.3.2 问题处理

完成问题处理有两个主要任务,第一个是确定问题的类型;第二个是从问题中提取关键词并构建一个问题。

1. 回答的类型

对如下事实性相关的问题:Who,where,when,how many…,答案落在一个有限的、可以预测的框架里。通常,系统从一系列命名实体中选择答案类型,并添加其他相对容易提取的类型,所以需要给出一些命名实体,实际上也就是要对问题的回答做一些简化。

2. 回答类型分类法

图 10-9 所示有 9000 个以上的反应预期答案类型的概念,要通过 WordNet 方法一层一层进行合并,把命名实体合并,最顶层的有原因、数据、时间、组织及国籍等问题;下一级有大学、国家、大洲、城市、省和其他的位置;而其他个人信息等都是底层的相应分支。

3. 回答类型检测

大多数系统通过手工编写的规则和有监督的机器学习相结合确定问题的正确答案的类型。如果不能在候选答案段落中去完成,那么再用一些复杂的方法去做也不值得,所以建议

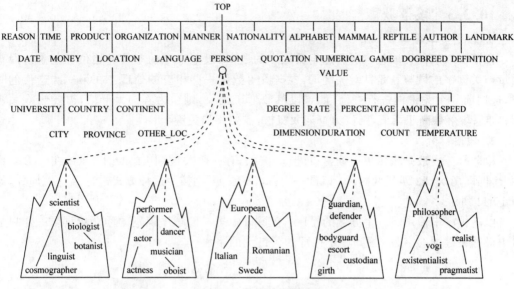

图 10-9 问题的类型分类

要从候选答案段落中完成过程。

4. 关键词的选择

关键词的选择就是问题在寻找什么,可以把它映射到 NE 类型,并在增强索引中进行搜索。来自问题词汇中的关键词也会随着词汇/语义的变化而扩展,从而提供所需要的上下文。

5. 关键词的提取

关键词的提取可以通过一系列不相关的关键词进行一些近似的表达。如图 10-10 所示的来自 TREC 问答系统的一些问题,可以通过数据库查找关键词,如在 Q002 中可以找到的关键词有 monetary、value、Nobel、Peace、Price。在 Q003、Q004 和 Q005 中也可以找到类似的相应关键词。对找到的关键词进行分析就能够发现其中包含的领域知识(如 Nobel、company、manufacture、Apricot、Computer)。如果找到这些关键词,就能够缩小搜索领域。

问题(from TREC QA track)	关键词
Q002:What was the monetary value of the Nobel Peace Prize in 1989?	monetary,value, Noble,Peace,Prize
Q003:What does the Peugeot company manufaceture?	Peugeot,company, manufacture
Q004:How much did Mercury spend on advertising in 1993?	Mercury,spend, advertising,1993
Q005:What is the name of the managing director of Apricot Computer?	name,managing, director,Apricot, Computer

图 10-10 问题关键词的提取

6. 关键词选择算法

常用的关键词选择算法包括:选择引号中间的所有非停止的字词;选择已识别命名实体中间所有的 NNP 单词;选择所有复杂名词及其形容词修饰词;选择所有其他的复杂名词;选择所有带有形容词修饰语的名词;选择所有其他名词;选择所有动词;选择答案类型的单词。实际上,选择算法就是用经验告诉机器如何去选择、搜索并缩小搜索领域。

10.3.3 段落获取

1. 段落提取循环

段落提取组件提取包含所有选定关键字的段落、段落尺寸动态及起始位置动态。段落质量与关键字的调整就是针对关键词,根据段落数做一些相应的处理。在第一次迭代的时候,选用前 6 个关键词进行查询,如果段落数低于阈值,则认为查询太严格,需要删除关键词;如果段落数高于阈值,则认为查询太宽松,需要添加关键词。

2. 段落打分

段落打分一般是按照关键词窗口进行,例如,有一组关键词 k1、k2、k3、k4,在一篇文章中 k1 匹配两次,k2 匹配两次,k3 匹配一次,k4 不匹配,则按照这种方式进行窗口的划分,如图 10-11 所示。

段落排序中使用了三个分数的排序:在窗口中按相同顺序识别的问题单词数;分割窗口中最远关键词的字数;窗口中不匹配的关键词的字数。

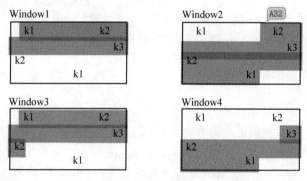

图 10-11 关键词匹配窗口

10.3.4 答案抽取

答案抽取流程如图 10-12 所示。

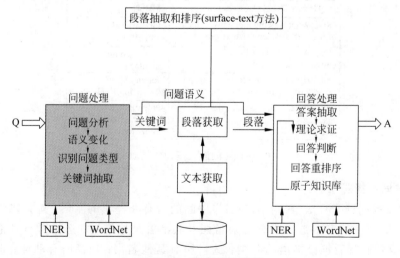

图 10-12 答案抽取流程

1. 候选答案排序

例如，问题为：Name the first private citizen to fly in space.

相应的段落为："Among them was Christa McAuliffe, the first private citizen to fly in space. Karen Allen, best known for her starring role in "Raiders of the Lost Ark", plays McAuliffe. Brian Kerwin is featured as shuttle pilot Mike Smith…"

在段落中首先看到了人名 Christa McAuliffe，其对应的答案类型是 person。在这个段落中，就要去找与相应的问题最近的 person，这样就可以找到相应的答案：Christa McAuliffe。

2. 答案排序的特征

答案排序的特征有：答案段落中匹配的问题项数；与候选答案在同一短语中匹配的问题项数，所以说上一页的话实际上是在同一句子中匹配的问题项数；如果候选答案后面跟了标点符号，那么将标志设置为 1；匹配的问题项数，与候选答案最多分隔三个单词和一个逗号；在答案段落中出现的与问题中相同数顺序的术语数；从候选答案到问题项匹配的平均距离。这个是档案排序的特征，也是我们人为给的一些相应的标准。

3. 词汇链

对于问题：When was the internal combustion engine invented?

答案：The first internal combustion engine was built in 1867.

问题中的关键词是 invented（发明），但是在选项中没有，怎么办？但是选项中包含 built，则要查找词汇链：invent 实际上就是大脑去创造，大脑去创造又对应到 create（创造），create 又对应到另一个词 build，而 build 在文中存在，这样就可以把 invent 与 build 关联起来，通过关联最后得到了答案。

同样地，看第二个问题：How many chromosomes does a human zygote have?

答案：46 chromosomes lie in the nucleus of every normal human cell.

问题中的关键词是 zygote（受精卵），但是在答案中找不到这样的单词。构建词汇链，zygote 对应 cell（细胞），cell 包含 nucleus（细胞核），在答案中发现 nucleus 对应 chromosomes（染色体），最后得到了相应的答案。

4. 定理证明器

如果查询太阳系的年龄，可以看到相应的一个问题，根据这样的一个问题可以生成一个相应的答案，最后找到答案，如图 10-13 所示。大多数定理证明器都使用反证法，也就是把给定要证明命题的否命题输入系统，得出矛盾（即空子句），从而证明原命题。定理证明一般只能回答"是"或"否"的问题。定理证明的一些更细致的地方此处不再展开。

```
Q: What is the age of the solar system?
QLF: quantity_at(x2) & age_nn(x2) & of_in(x2,x3) & solar_jj(x3) & system_nn(x3)
Question Axiom: (exists x1 x2 x3 (quantity_at(x2) & age_NN(x2) & of_in(x2,x3) &
    solar_jj(x3) & system_nn(x3))
Answer: The solar system is 4.6 billion years old.
Wordnet Gloss: old_jj(x6) ↔ live_vb(e2,x6,x2) & for_in(e2,x1) & relatively_jj(x1) &
    long_jj(x1) & time_nn(x1) & or_cc(e5,e2,e3) & attain_vb(e3,x6,x2) & specific_jj(x2) &
    age_nn(x2)
Linguistic Axiom: all x1 (quantity_at(x1) & solar_jj(x1) & system_nn(x1) → of_in(x1,x1))
Proof: ¬quantity_at(x2) | ¬age_nn(x2) | ¬of_in(x2,x3) | ¬solar_jj(x3) | ¬system_nn(x3)
Refutation assigns value to x2
```

图 10-13 定理证明器——太阳系的年龄

5. 问题解析

问题解析的流程如图 10-14 所示,首先把问题通过工具进行解析,解析成句子的关键词、主语和谓语的结构以及相应的模态等。解析后可以进行关键词和关系提取,并进行问题类型匹配。在随后的问题分析中,首先是问题解析;第二是通过 POS 标签搜索关键词;第三是通过对依赖树应用启发式规则确定预期的答案类型;最后推断附加关系并标识应答实体。所以,问题分析过程就是有了关键词、问题类型、关系提取,再去寻找答案。

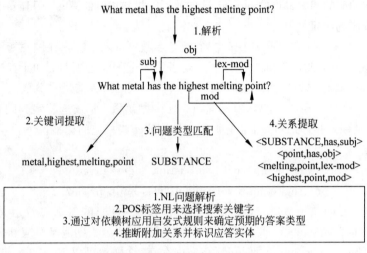

图 10-14　问题解析的流程

6. 答案分析

答案分析流程如图 10-15 所示。

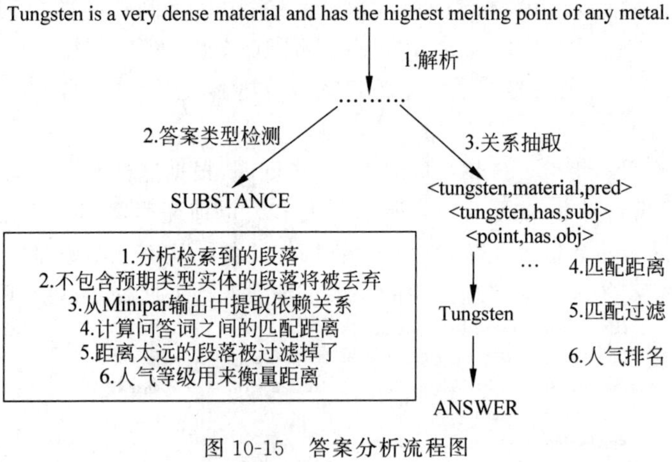

图 10-15　答案分析流程图

(1) 做相应的解析。

(2) 答案类型检测,包括 6 个关键点:第一个是分析检索到的段落;第二个是不包含预期类型实体的段落将被丢弃,也就是相同的段落才会保留,不相同的段落要丢弃;第三个是从 Minipar 输出中提取依赖关系;第四个是计算问答词之间匹配的距离;第五个是距离太远的段落也被过滤掉;最后用人气等级来衡量距离。

（3）答案中间的关系抽取。与问题的关系抽取也有一定的相关性，最后可以找到这样的一个答案。

（4）匹配距离。

（5）距离过滤。

（6）人气排名。

7. 问题与答案的匹配

问题与答案的匹配要分析对应词之间的关系，考虑的因素主要有：问题和答案中匹配词的数量；词与词之间的距离的匹配（如月球跟卫星可以匹配）；关系类型，如问题中单词与主语关联而答案中的匹配类型与表语关联。

10.4 智能问答系统的搭建

利用分词处理以及搜索引擎搭建一个智能问答系统，具体效果如图 10-16 所示。

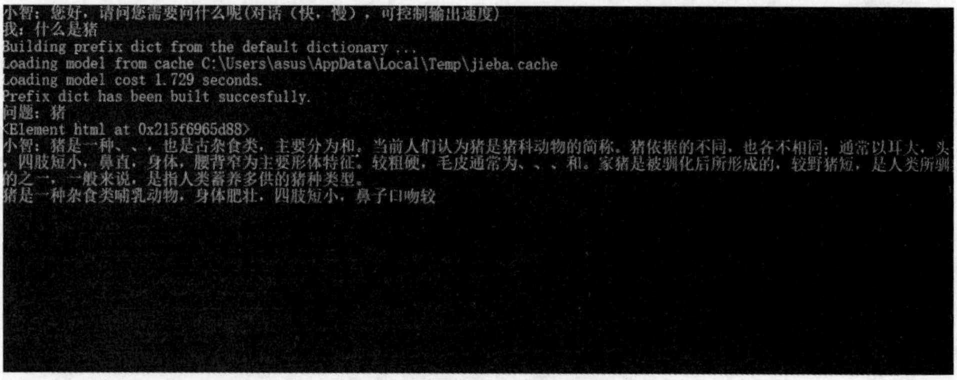

图 10-16 智能问答系统效果图

用户给智能问答系统提一个问题，如什么是猪，智能问答系统从中提取相应的关键词，找到了关键词后再从网页搜索相关的具体答案，并提供给用户。

智能问答系统是自然语言处理的一个重要分支。自然语言处理是计算机科学领域和人工智能领域的一个重要方向，它是融语言学、计算机科学、数学于一体的科学，跟语言学有密切的关系。但是自然语言处理并不是去研究语言学，而是用语言学解决自然语言通信的计算机系统。所以这里不对智能问答系统做过多的理论阐述，只是采用一些工具包进行相应的智能问答系统的搭建。

智能问答系统需要用到的库有 requests、lxml、jieba、re、sys、time、os。其中，requests库是采用向搜索引擎搜索答案，用户向搜索引擎发出请求，引擎会给出响应，对响应数据进行分析，并给用户提供答案。所以智能问答系统是信息的再一次加工，是搜索引擎提供的一个答案。lxml 是用于获取答案，jieba 可以提取问题并做出问题分析，re 是处理语言的正则匹配库，sys 和 time 是 Python 的系统库，在中间调试输出效果，os 是操作系统的模块，通过写入文件搭建模式来选择。

一个真正的语言回答应该是逐字回答，这才符合人的回答习惯。定义一个函数（逐字输出的函数），通过系统中的输出标准，把里面的内容进行处理，再把缓冲区的数据全部输出，

最后达到逐字输出的效果,具体实现如下:

```python
def print_one_by_one(text):
    sys.stdout.write("\r " + " " * 60 + "\r")        ♯使光标回到行首
    sys.stdout.flush()                               ♯把缓冲区全部输出
    for c in text:
        sys.stdout.write(c)
        sys.stdout.flush()
        time.sleep(0.1)
```

搭建模式部分对语言进行处理,首先要加载停用词,去除一些无意义的词:

```python
stop = [line.strip() for line in open('stopwords.txt', encoding = 'utf - 8').readlines()]
```

stop()可以从 stopwords.txt 中调用。然后执行判断语句,告诉用户什么样的输入,并采用相应的写入模式和文件模式控制输入。

jieba 是分析模块,可以去除无用的停用词:

```python
sd = jieba.cut(input_word, cut_all = False)
final = ''
for seg in sd:
    ♯去停用词
        ♯print(seg)
        if seg not in stop :
            final += seg
process = final
```

从 jieba 中对输入词进行分割,查找其中的停用词,如果没有停用词,则进行下一步的处理。此时 process 仅仅是最简单语言的处理结果,还要用正则表达式匹配另外的一种语言习惯,确保输出效果可以适应多种语言习惯。为了区分问答句和模式选择句,还要加入判断语句:

```python
print("问题:" + process)
if process == '':
        print("小智:OK")
```
        在 else 中使用搜索引擎获取答案,首先使用请求头 :
```python
header = {'User - Agent':'Mozilla/5.0 (Windows NT 10.0; WOW64) AppleWebKit/537.36 (KHTML, like Gecko) Chrome/63.0.3239.132 Safari/537.36'}
url = requests.get("https://baike.baidu.com/search/word?word = " + process, headers = header)
```

为了防止中文乱码问题,使用编码如下:

```python
url.raise_for_status()
url.encoding = url.apparent_encoding
```

## 第11章

人工智能的社会问题

本章将从人工智能的影响、人工智能与就业、人工智能与伦理和人工智能与安全等方面展开介绍。

11.1 人工智能的影响

人工智能在社会的各个领域都有运用,对经济、文化等方面都有影响。如图 11-1 所示为人工智能的运用分类。

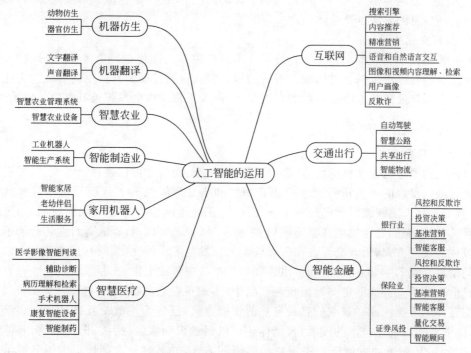

图 11-1　人工智能的运用分类

人工智能除了从技术方面提升人们生活的方便性,延长人的寿命,维持人的健康之外,对于经济、文化和社会问题都有影响。

11.1.1 经济方面

1. 专家系统的效益

成功的专家系统能为它的创建者、拥有者和用户带来明显的经济效益,用比较经济的方法执行任务而不需要有经验的专家,可以极大地减少劳务开支和培养费用。由于软件易于复制,所以专家系统能够广泛传播专家知识和经验,推广应用数量有限且昂贵的专业人员及其知识。并且软件能被长期和完整地保存,专家系统能够迅速地更新和保存最新的实际建议(如治疗方案和方法),使终端用户(如病人)从中受益。

2. 推进计算机技术发展

人工智能的研究已经对计算机技术的各个方面产生并将持续产生较大的影响。原来的体系结构与人工智能的应用有一些差距,现在需要对这个体系结构进行一些新的研究。人工智能应用要求繁重的计算,促进了并行处理的专用集成芯片的开发。算法发生器和灵巧的数据结构获得应用,自动程序设计技术将开始对软件开发产生积极影响。所有这些在研究人工智能时开发出来的新技术,推动了计算机技术的发展,进而使计算机创造更大的经济实惠。

11.1.2 文化方面

1. 改善人类语言

根据语言学的观点,语言是思维的表现和工具,思维规律可以用语言方法加以研究,但人的潜意识往往"只能意会,不可言传"。由于采用人工智能技术,综合应用语法、语义和形式知识表示方法,有可能在改善知识和自然语言表示的同时,把知识阐述为适用的人工智能形式。人工智能够扩大人们交流知识的概念,为我们提供一定状况下可供选择的概念,描述我们所闻所见的方法以及描述信念的新方法。

2. 改善文化生活

人工智能技术为人类文化生活打开了许多新的窗口。图像处理技术必将对图形艺术、广告和社会教育等产生深远的影响。现有的智力游戏机将发展为具有更高智能的文化娱乐手段。对于图像处理技术以及目前的智能娱乐等,人工智能也会发挥极其重要的作用。

11.1.3 社会方面

1. 人机交互模式

以前人们通过键盘和鼠标的方式与机器进行交互,而现在可以通过语音交互,以后甚至可以通过脑机接口的方式进行交互。语音识别和语义理解是人工智能领域相对成熟的技术,语音交互在人工智能时代已经有了先发优势,正在逐渐地并有望大规模应用,如智能音箱。目前,语音识别已经加速在智能家居、手机车载、智能穿戴、机器人等行业进行渗透。区别于以往的交互方式,语音交互在输入和输出方面发生了质的变化,听和说成为了人们与产品之间信息交互的主要方式,从而可以将我们的手从中解放出来。

目前人脸手势等通道更多地出现在产品中,多通道融合方式成为主流的交互形式。而语音交互作为人类沟通和获取信息最自然的便捷方式,已成为主流交互方式之一。除语音之外,随着计算机视觉技术的发展,智能体还可以通过识别人脸、指纹、面部表情、肢体动作等人体信息,从而更加方便地判断用户的意图和需求,并适时且准确地提供服务或给予回应,如图 11-2 所示。比如说在电影院,我们可以通过捕捉用户的一些姿态获取用户对电影的整体评价或者对电影中的某些情节的准确评价,以便拍摄出更好的电影。

人脸识别作为生物特征识别中的重要分支,近几年发展更为迅速。目前,人脸识别主要用于确认用户身份进行安全解锁、安全支付、安全通行等,已在金融、智能家居、景区票务、智能安防等领域广泛应用,给人们的生活带来了很多便利。

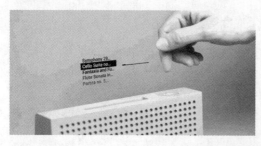

图 11-2 多通道交互方式

智能体除了被动交互外,开始出现主动交互行为。长久以来"输入-反馈"循环是人机交互的基础,在这个循环中人类负责"有目的,对机器表达",机器负责"计算,反馈一个结果",人始终是主动的,机器始终是被动的。人工智能赋予了机器情境感知和自主认知能力,使我们有机会构建机器主动服务于人的交互模型,进一步提升人机交互的体验水平。

2. 人人交互模式

飞"鸽"传书,千里传音。人工智能通信可以帮助人们减少在会话中花费的时间,从而为客户带来更好的体验。电子邮件加速通信时,首次出现能够发送虚拟签名(a.k.a.电子签名)文档作为附件使电子邮件更有效率。随着 Skype 的出现,人们开始可以随时随地与任何人交谈。

有了远程交互这样的方式,远程工作、在家办公变成了可能,我们离家更近,花更少的公司资源。同时它也消除了面对面的物理联系,只需使用通信工具快速向他们发送消息,而不是在办公室进行讨论。随着时间的推移,这必将持续发展,意味着我们将"看到"更少的同事,因为可以通过工具进行远程沟通,使用应用程序和人工智能系统进行交流。

3. 机器替代

对即将到来的技术失业浪潮的担忧再次成为这个时代的主要经济矛盾之一。随着科技和人工智能的进步,生产过程(特别是制造业)越来越自动化。比如说在港口,工人越来越少,现在主要是机器人。工人可以被新的和更智能的机器所替代——特别是工业机器人,能够更快、更有效地执行以前由人类执行的任务。因此,机器人将从根本上重塑社会,使数百万工人变得多余,特别是中等资质的工人。有人对机器人和其他新技术将带来的总体均衡影响进行了系统分析,但阿西莫格鲁(Acemoglu)和雷斯特雷波(Restrepo)(2016 年,2017年)表明,这种均衡影响在理论上是模糊的。机器人在持有产量和价格不变时可以直接替代工人,但由此导致的成本降低也增加了产品和劳动力需求。此外,工人可以被不同的行业吸收,专门从事新的和互补类型工作。在这样的一个过程中,需要员工对此提高认识。一方面,要加快推进人工智能。企业员工也要对人工智能有新的认识,企业必须注重打造学习型和开放性的氛围,创造兼具包容性和多样性的企业文化,帮助企业员工提升关于人工智能的常识认知能力、心理接触能力和技术运用能力,将员工重新教授为人工智能时代的新人才。另一方面,我们也要保持冷静,不要过于高估人工智能的利用,要冷静区分人工智能和大数据的区别,大数据只是人工智能发展的资深技术之一,有其局限性。

人工智能技术对人类的社会进步、经济发展和文化提高都有巨大的影响。随着时间的推移和技术的进步,这种影响将越来越明显地表现出来。还有一些影响,可能是现在难以预测的。可以肯定,人工智能将对人类的物质文明和精神文明产生越来越大的影响。人工智能是一把双刃剑,在提高人工智能技术的同时,需要综合考虑其对社会的各方面的影响。

11.2 人工智能与就业

瑞士日内瓦高级国际关系学院教授理查德·鲍德温(Richard Baldwin)经过调查分析后提出,每一次重大技术变革都会促成社会大转型(the great transformation),而社会必须通过某种必要调适甚至是彻底的改变来应对转型期的各种问题。

人工智能时代已经拉开序幕,而随着人工智能时代的到来就业将会受到何种影响以及可以采取哪些应变之策就是我们要考虑的。

第一次和第二次工业革命带来的变化,使得西方国家的人口由农村涌入城市,其就业领域也由农业转向工业,并引发了第一波全球化。而在经历了由信息通信技术引领的第三次工业革命后,西方社会步入了美国社会学家丹尼尔·贝尔(Daniel Bell)所称的"后工业时代",在许多西方国家特别是英美两国,制造业所能够吸纳的就业人口数量不断减少,服务业特别是现代服务业成为了主导产业。英国牛津大学的两位研究人员卡尔·弗雷(Karl Frey)和迈克尔·奥斯本(Mike Osborne)在2013年所做的一项开创性研究表明,基于对可自动化工作任务的分解以及对依赖于这些任务的职业进行的分类,技术上而言,美国有近一半的工作岗位可能会被机器人等人工智能相关产品替代。与前三次工业革命有所不同,在这次由人工智能引领的工业革命中,提供了大量就业岗位的主导产业——服务业,以及其中等收入阶层的主力军——办公室普通白领职员也会受到直接影响。从工作岗位的角度来看,那些涉及信息收集处理、包含可预测体力活动的工作最有可能被人工智能替代,而涉及管理、研发、人际互动或包含不可预测体力活动的工作岗位将得以保留。此外,第一次工业革命持续了近百年,第三次工业革命也已经持续了超过五十年,但由人工智能引领的这次工业革命的进展速度将会远超从前,专家预测,2020—2030年是人工智能最有可能全面部署到位的时间段,这意味着留给人们调整应对相关变化的时间很有限。

如图11-3所示,第一次工业革命是机械化,第二次工业革命是电气化,第三次工业革命是信息化,第四次工业革命是智能化,也就是在智能化的板块,相比以前的推进速度会更快。

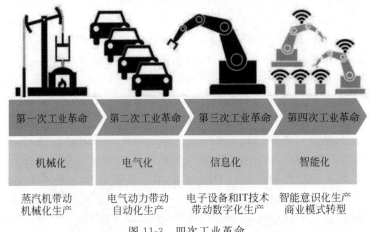

图 11-3 四次工业革命

11.3 人工智能与伦理

功利主义(utilitarianism)是一种把实际效用或者利益作为行为的评价标准的行为学说。这种价值观把行动的结果作为伦理考虑的主要因素,也就是说,功利主义者把增减每个人的利益总量作为评价一切行为的善恶的标准。如果能够增加每个人的利益总量,那么行为就是善的;如果一个行为减少每个人的利益总量,那行为就是恶的。增加或减少社会利益总量,是评价道德的终极标准。

就目前人工智能的概念来看,不管是在科学研究中,还是在科幻作品里,人们都倾向于将人工智能描述为人类的得力助手,人工智能天生就是人类的奴仆。从这一角度来看,人和人工智能分属两种生命形式,后者没有理性和灵魂,只能算是有生命的工具。人类作为高等智慧生命可以奴役低等生命,而不用背负道义上的责难。而从功利主义的角度来看,对于整个社会而言,利益总和是增加的,因此这种奴役是可接受的。当人工智能与人类打破主仆关系这层枷锁时,二者就已经拥有了可以平等对话的机会。亚里士多德曾说:"奴隶是有灵魂的工具,工具是无灵魂的奴隶。"当作为"工具"的人工智能开始拥有"灵魂""思维"甚至"情感"时,它们也就脱离了纯工具的范畴。妥善处理人工智能与人类之间可能产生的情感与羁绊,也是人工智能伦理研究的重要一环。

但是,人工智能什么时候能够具有情感?什么时候能够拥有思维?什么时候能够拥有灵魂?这些是人类需要思考的问题。何为人,何为人性,这是一个无解的问题。当有一种事物,它看起来是人类,动作、行为、反应都和人类别无二致,那么我们是否将其看作人类呢?究竟是自然遗传属性,还是社会文化属性决定了"人"的身份?类人外衣下的人工智能,能否称为"人"?丧失思考能力的人类,又能否称为"人"?当人工智能发展到一定阶段之后,定义"人"的话语权又会不会落到它们手中呢?

作为一门技术,人工智能所涉及的普通科技伦理问题,诸如无人驾驶汽车问题、数据隐私问题、军事机器人伦理问题,随着科技的发展,很快都会有完善的解决方案。倘若人类真的要在人工智能这条路上走下去,将伦理的判断完全掌握在人类手中或是全权交给"更智慧"的人工智能都是不可行的;将人类自身与人工智能放到统一的维度去审视,方能产生一个相较而言最为完善的人工智能伦理关系。

11.4 人工智能与安全

人工智能与安全的问题中潜在的风险有国家安全风险、社会安全风险、军事安全风险;面临的风险有隐私安全风险、控制安全风险及其他,如图 11-4 所示。在潜在的风险中,人工智能的智能化程度越高,其风险越凸显。英国科学家斯蒂芬·霍金教授曾经预言,人工智能有可能会毁灭人类。因此,如何对人工智能掌握控制权,是人类需要思考的问题。世界上的多个国家都非常重视人工智能的发展,并且关注其危险性。

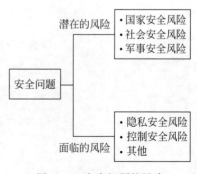

图 11-4 安全问题的风险

在人工智能技术的辅助下，机器的智能化程度越来越高，当其达到一定的程度时，很可能使国家发展出现较大的变革。有专家学者认为，新一代人工智能会成为重要的战略威慑力量，类似于"拥核自重"。如果国家被人工智能所控制，那么这个国家可能会出现一些问题。兰德公司曾经发布报告《人工智能对核战争风险的影响》。该报告预言，在 2040 年，人工智能有可能超过核武器的威力。另外，如果人类对人工智能技术进行滥用，那么极有可能出现失控的情况，人们获得人工智能技术较为容易，但是对其管理和控制难度较大，滥用人工智能技术的后果非常严重甚至可能诱发社会动荡的产生。

随着人工智能技术的大力推广，其打破法律和道德限制的概率逐渐增加，必定导致社会生活的安全威胁增加。首先，在若干年的某一天，智能社会到来，那么现在需要人工实现的工作将被智能机器人所代替，"机器吃人"的悲剧将可能在各行各业上演，这样导致的直接结果是大量的劳动者会处于失业状态。其次，随着智能技术的提升，物联网技术也得到提高，万物互联成为一种非常普遍的现象。如此，个人隐私暴露，当个人信息被别有用心的人所利用之后，网络信息安全问题就出现了。

自人类社会形成以来，推动军事革命的一个重要因素是科学技术的发展。当人工智能达到一定程度后，它是否会反过来控制人类，奴役人类？人工智能如果控制了战争，那么人类的未来该如何发展？我们如何去应对？人工智能得到了军方的密切关注。有一些国家可能通过商业力量去研发"机器人战士"，这样会导致智能化武器装备的增加，人工智能必定会给国家的军事安全带来越来越大的风险。许多 AI 系统，包括深度学习，都是大数据学习，需要大量的数据来训练学习算法。数据已经成了 AI 时代的"新石油"，这将带来新的隐私忧虑。一方面，如果在深度学习过程中使用大量的敏感数据，这些数据可能会对个人的隐私产生影响。所以 AI 研究人员已经在提倡如何在深度学习过程中保护个人隐私。另一方面，考虑各种服务之间的大量交易数据，数据流动频繁，数据成为新的流通物，可能削弱个人对其个人数据的控制和管理。当然，现在已经有一些可以利用的工具来在 AI 时代加强隐私保护，值得在深度学习和 AI 产品设计中提倡。

参 考 文 献

[1]   Norvig P，Russell S. Artificial Intelligence：A Modern Approach（All Inclusive），3/E［J］. Applied Mechanics & Materials，1995，263(5)：2829-2833.

[2]   吴泉源，刘江宁. 人工智能与专家系统［M］. 长沙：国防科技大学出版社，1995.

[3]   石纯一. 人工智能原理［J］. 北京：清华大学出版社，1993.

[4]   Krhenbühl P，Koltun V. Efficient Inference in Fully Connected CRFs with Gaussian Edge Potentials ［C］//Conference on Neural Information Processing Systems，2010.

[5]   林尧瑞，马少平. 人工智能导论［M］. 北京：清华大学出版社，1989.

[6]   Pineda F J. Generalization of back-propagation to recurrent neural networks［J］. Physical Review Letters，1987，59(19)：2229-2232.

[7]   史忠植. 高级人工智能［M］. 2版. 北京：科学出版社，2006.

[8]   Salakhutdinov R，Hinton G. An Efficient Learning Procedure for Deep Boltzmann Machines［J］. Neural Computation，2012，24(8)：1967.

[9]   曹燕，李欢，王天宝. 基于深度学习的目标检测算法研究综述［J］. 计算机与现代化，2020(5)：7.

[10]   Szeliski R. Computer Vision［M］. London：Springer，2011.

[11]   Forsyth D，Ponce J. 计算机视觉——一种现代方法［M］. 高永强，等译. 2版. 北京：电子工业出版社，2017.

[12]   敖志刚. 人工智能与专家系统导论［M］. 合肥：中国科技大学出版社，2002.

[13]   王永庆. 人工智能原理与方法［M］. 西安：西安交通大学出版社，1998.

[14]   戴汝为. 智能控制系统［C］//中国知识工程研讨会，1990：1-7.

[15]   王文杰，叶世伟. 人工智能原理与应用［M］. 北京：人民邮电出版社，2004.

[16]   He K，Zhang X，Ren S，et al. Deep Residual Learning for Image Recognition［C］//IEEE Conference on Computer Vision and Pattern Recognition，2016.

[17]   Bengio Y. Learning Deep Architectures for AI［J］. Foundations & Trends in Machine Learning，2009，2(1)：1-127.

[18]   Volodymyr M，Koray K，David S，et al. Human-level Control Through Deep Reinforcement Learning ［J］. Nature，2015，518(7540)：529-33.

[19]   Yi S，Wang X，Tang X. Deep Learning Face Representation by Joint Identification-Verification［C］// International Conference on Neural Information Processing Systems，2014.

[20]   Chao D，Chen C L，He K，et al. Learning a Deep Convolutional Network for Image Super-Resolution ［C］//European Conference on Computer Vision. Springer，Cham，2014.

[21]   Deng L，Yu D. Deep Learning：Methods and Applications［J］. Foundations & Trends in Signal Processing，2014，7(3)：197-387.

[22]   Litjens G，Kooi T，Bejnordi B E，et al. A Survey on Deep Learning in Medical Image Analysis［J］. Medical Image Analysis，2017，42(9)：60-88.

[23]   Weston J，Ratle F，Mobahi H，et al. Deep Learning Via Semi-supervised Embedding［C］// International Conference on Machine Learning ACM，2008.

[24]   Wang H，Wang N，Yeung D Y. Collaborative Deep Learning for Recommender Systems［C］// Knowledge Discovery and Data Mining ACM，2015.

[25]   Hasselt H V，Guez A，Silver D. Deep Reinforcement Learning with Double Q-learning［EB/OL］. https://arxiv.org/abs/1509.06461.

[26] Chollet F. Xception: Deep Learning with Depthwise Separable Convolutions[C]//IEEE Conference on Computer Vision and Pattern Recognition,2017.

[27] Qi C R, Su H, Mo K, et al. PointNet: Deep Learning on Point Sets for 3D Classification and Segmentation[C]//IEEE Conference on Computer Vision and Pattern Recognition,2017.

[28] Ahmed E, Jones M, Marks T K. An Improved Deep Learning Architecture for Person Re-identification[C]//IEEE Conference on Computer Vision and Pattern Recognition,2015.

[29] Alpaydin E. Neural Networks and Deep Learning[C]//Machine Learning: The New AI. 0.

[30] Chen C, Seff A, Kornhauser A, et al. DeepDriving: Learning Affordance for Direct Perception in Autonomous Driving[C]//IEEE International Conference on Computer Vision,2015.

[31] Tang Y. Deep Learning using Linear Support Vector Machines[EB/OL]. https://arxiv. org/abs/1306.0239v2.

[32] Baccouche M, MamaletF, Wolf C, et al. Sequential Deep Learning for Human Action Recognition [M]. Berlin: Springer-Verlag,2011.

[33] Nielsen M. 深入浅出神经网络与深度学习[M]. 朱小虎,译. 北京: 人民邮电出版社,2020.

[34] Gordo A, Almazan J, Revaud J, et al. Deep Image Retrieval: Learning Global Representations for Image Search[C]//European Conference on Computer Vision,Springer Cham,2016.

[35] Lotter W, Kreiman G, Cox D. Deep Predictive Coding Networks for Video Prediction and Unsupervised Learning[EB/OL]. https://arxiv. org/abs/1605.08104v3.

[36] Ruder S. An Overview of Multi-Task Learning in Deep Neural Networks[EB/OL]. https://arxiv. org/abs/1706.05098.

[37] Li Y. Deep Reinforcement Learning: An Overview[EB/OL]. https://arxiv. org/abs/1701.07274.

[38] Eitel A, Springenberg J T, Spinello L, et al. Multimodal Deep Learning for Robust RGB-D Object Recognition[C]//IEEE International Workshop on Intelligent Robots and Systems,2015.

[39] 何清,李宁,罗文娟,等. 大数据下的机器学习算法综述[J]. 模式识别与人工智能,2014,27(004): 327-336.

[40] 危辉,潘云鹤. 从知识表示到表示: 人工智能认识论上的进步[J]. 计算机研究与发展,2000, 37(7): 7.

[41] 韩晔彤. 人工智能技术发展及应用研究综述[J]. 电子制作,2016(06X): 1.

[42] 邵军力. 人工智能基础[M]. 北京: 电子工业出版社,2000.

[43] Russakovsky O, Deng J, Su H, et al. ImageNet Large Scale Visual Recognition Challenge[J]. International Journal of Computer Vision,2015,115(3): 211-252.

[44] Bosch A, Zisserman A, Muñoz X. Image Classification using Random Forests and Ferns[C]//IEEE International Conference on Computer Vision. IEEE,2007.

[45] Bouman C A, Shapiro M. A multiscale Random Field Model for Bayesian Image Segmentation[J]. IEEE Transactions on Image Processing,1994,3(2): 162-177.

[46] Tuzel O, Porikli F, Meer P. Pedestrian Detection via Classification on Riemannian Manifolds[J]. IEEE Trans Pattern Anal Mach Intell,2008,30(10): 1713-1727.

[47] Ren S, He K, Girshick R, et al. Faster R-CNN: Towards Real-Time Object Detection with Region Proposal Networks[J]. IEEE Transactions on Pattern Analysis & Machine Intelligence,2017, 39(6): 1137-1149.

[48] Girshick R. Fast R-CNN[C]//IEEE International Conference on Computer Vision,2015.

[49] Gkioxari G, Hariharan B, Girshick R, et al. R-CNNs for Pose Estimation and Action Detection[J]. Computer Science,2014,12(8): 1221-1229.

［50］ He K,Zhang X,Ren S,et al. Deep Residual Learning for Image Recognition［EB/OL］. https://arxiv. org/abs/1512. 03385.

［51］ Liu W,Anguelov D,Erhan D,et al. SSD: Single Shot MultiBox Detector［M］. Cham: Springer,2016.

［52］ Howard A G,Zhu M,Chen B,et al. MobileNets: Efficient Convolutional Neural Networks for Mobile Vision Applications［EB/OL］. https://arxiv. org/abs/1704. 04861.

［53］ Redmon J,Divvala S,Girshick R,et al. You Only Look Once: Unified,Real-Time Object Detection ［C］//IEEE Conference on Computer Vision and Pattern Recognition,2016.

［54］ Cordts M, Omran M, Ramos S, et al. The Cityscapes Dataset for Semantic Urban Scene Understanding［C］//IEEE Conference on Computer Vision and Pattern Recognition,2016.

［55］ Rastegari M, Ordonez V, Redmon J, et al. XNOR-Net: ImageNet Classification Using Binary Convolutional Neural Networks［M］. Cham: Springer,2016.

［56］ Jie H,Li S,Gang S,et al. Squeeze-and-Excitation Networks［J］. IEEE Transactions on Pattern Analysis and Machine Intelligence,2017,42(8): 2011 - 2023.

［57］ Girshick R,Donahue J,Darrell T,et al. Rich Feature Hierarchies for Accurate Object Detection and Semantic Segmentation［C］//IEEE Conference on Computer Vision and Pattern Recognition,2014.

［58］ Chen L C,Papandreou G,Kokkinos I,et al. Semantic Image Segmentation with Deep Convolutional Nets and Fully Connected CRFs［J］. Computer Science,2014(4): 357-361.

［59］ Rigazio L,Junqua J,Wellekens C. Fundamentals of Speech Recognition［M］. New Jersey: Prentice-Hall,1993.

［60］ Graves A,Mohamed A R,Hinton G. Speech Recognition with Deep recurrent Neural Networks［C］// IEEE International Conference on Acoustics,Speech,and Signal Processing,2013,.

［61］ Hannun A,Case C C,Casper J,et al. Deep Speech: Scaling up end-to-end speech recognition［EB/ OL］. https://arxiv. org/abs/1412. 5567v2.

［62］ Gong Y. Speech Recognition in Noisy Environments : A Survery［EB/OL］. http://www. cis. hut. fi/ Opinnot/T-61. 182/2003/Kalvot2003/raiko1. pdf.

［63］ Ab De L-Hamid O,Mohamed A R,Hui J,et al. Applying Convolutional Neural Networks concepts to hybrid NN-HMM model for speech recognition［C］//IEEE International Conference on Acoustics,2012.

［64］ Anusuya M A,Katti S K. Speech Recognition by Machine,A Review［J］. International Journal of Computer Science and Information Security,2010,6(3).

［65］ Dupont S,Luettin J. Audio-Visual Speech Modeling for Continuous Speech Recognition［J］. IEEE Transactions on Multimedia,2000,2(3): 141-151.

［66］ Miao Y,Gowayyed M,Metze F. EESEN: End-to-End Speech Recognition using Deep RNN Models and WFST-based Decoding［C］//IEEE Workshop on Automatic Speech Recognition and Understanding, 2015.

［67］ Povey D, Kingsbury B, Mangu L, et al. fMPE: Discriminatively Trained Features for Speech Recognition［C］//IEEE International Conference on Acoustics,2005.

［68］ Kantor P B. Foundations of Statistical Natural Language Processing［J］. Information Retrieval,2001, 4(1): 80-81.

［69］ Jurafsky D,Martin J H. Speech and Language Processing: An Introduction to Natural Language Processing,Computational Linguistics, and Speech Recognition［M］. New Jersey: Prentice Hall PTR,2000.

［70］ Adam L,Pietra V,Pietra S. A Maximum Entropy Approach to Natural Language Processing［J］. Computational Linguistics,2002,22(1): 1-29.

[71] Virginia T. Speech and Language Processing：An Introduction to Natural Language Processing[J]. Computational Linguistics,2000,26(4)：638-641.

[72] Bahl L R,Brown P F,Souza P,et al. A Tree-Based Statistical Language Model for Natural Language Speech Recognition[J]. Readings in Speech Recognition,1990,37(7)：507-514.

[73] Nasukawa T，Yi J. Sentiment analysis：Capturing favorability using natural language processing [C]//International Conference on Knowledge Capture,2003.

[74] Lopez A. Hierarchical Phrase-Based Translation with Suffix Arrays.[C]//Conference on Emnlp-conll,2007.

[75] Kao A,Poteet S R. Natural Language Processing and Text Mining[J]. ACM Sigkdd Explorations Newsletter,2007,7(1).

[76] Chapman W W,Christensen L M,Wagner M M,et al. Classifying Free-text Triage Chief Complaints into Syndromic Categories with Natural Language Processing[J]. Artificial Intelligence in Medicine,2005,33(1)：31-40.

[77] Prakash,M,Nadkarni,et al. Natural Language Processing：an Introduction[J]. Journal of the American Medical Informatics Association,2011(18)：544-551.

[78] 宗成庆.统计自然语言处理[M].北京：清华大学出版社,2013.

[79] 王晓龙,关毅.计算机自然语言处理[J].北京：清华大学出版社,2005.

[80] 王小捷.自然语言处理技术基础[M].北京：北京邮电大学出版社,2002.

[81] 李德毅.知识表示中的不确定性[J].中国工程科学,2000,2(10)：73-79.

[82] 邸凯昌.空间数据发掘与知识发现[M].武汉：武汉大学出版社,2000.

[83] 年志刚,梁式,麻芳兰,等.知识表示方法研究与应用[J].计算机应用研究,2007,24(5)：4.

[84] Birukou M. Knowledge Representation[J]. Cambridge：MIT Press,2002.

[85] Brachman R J,Schmolze J G. An Overview of the KL-ONE Knowledge Representation System[J]. Cognitive Science,1985,9(2)：171-216.

[86] Patterson K,Nestor P J,Rogers T T. Where Do You Know What You Know? The Representation of Semantic Knowledge in The Human Brain[J]. Nature Reviews Neuroscience,2007,8(12)：976-987.

[87] Baral C. Knowledge Representation,Reasoning and Declarative Problem Solving：Simple modules for declarative programming with answer sets. 2003.

[88] Lifschitz V,Porter B, Harmelen F V. Handbook of Knowledge Representation[M]. Amsterdan：Elsevier,2008.

[89] Gelfond M,Leone N. Logic Programming and Knowledge Representation—The A-Prolog perspective [J]. Artificial Intelligence,2002,138(1-2)：3-38.

[90] Davis R,Shrobe H,Szolovits P. What Is a Knowledge Representation? [J]. Artificial Intelligence,1993,14(1)：17-25.

[91] Levinson J,Askeland J, Becker J, et al. Towards Fully Autonomous Driving：Systems and Algorithms[C]//IEEE Symposium on Intelligent Vehicle,2011.

[92] Wilcox B H,Litwin T,Biesiadecki J,et al. Autonomous Driving in Urban Environments：Boss and the Urban Challenge[J]. Journal of Field Robotics,2008,25(8),425-466.

[93] Urmson C,Baker C,Dolan J,et al. Autonomous Driving in Traffic：Boss and the Urban Challenge [J]. Artificial Intelligence,2009,30(2)：17-28.

[94] Aufrère R,Gowdy J,Mertz C,et al. Perception for Collision Avoidance and Autonomous Driving[J]. Mechatronics,2003,13(10)：1149-1161.

[95] Stavens D, Thrun S A. Self-Supervised Terrain Roughness Estimator for Off-Road Autonomous

Driving[EB/OL]. https://arxiv.org/abs/1206.6872.

[96] Teichmann M, Weber M, Zoellner M, et al. MultiNet: Real-time Joint Semantic Reasoning for Autonomous Driving[EB/OL]. https://arxiv.org/abs/1612.07695v1.

[97] Chen X, Ma H, Wan J, et al. Multi-View 3D Object Detection Network for Autonomous Driving[C]//IEEE Conference on Computer Vision and Pattern Recognition,2017.

[98] Baber J, Kolodko J, Noel T, et al. Cooperative Autonomous Driving: Intelligent Vehicles Sharing City Roads[J]. Robotics & Automation Magazine, IEEE,2005,12(1):44-49.

[99] Chen X, Kundu K, Zhang Z, et al. Monocular 3D Object Detection for Autonomous Driving[C]//IEEE Conference on Computer Vision & Pattern Recognition,2016.

[100] Furda A, Vlacic, et al. Enabling Safe Autonomous Driving in Real-World City Traffic Using Multiple Criteria Decision Making[J]. IEEE Intelligent Transportation Systems Magazine,2011,3(1):4-17.

[101] Iandola F, Moskewicz M, Karayev S, et al. DenseNet: Implementing Efficient ConvNet Descriptor Pyramids[EB/OL]. https://arxiv.org/abs/1404.1869v1.

[102] Vaillant R, Monrocq C, Cun Y L. An Original Approach for the Localization of Objects in Images[C]//International Conference on Artificial Neural Networks,2002.

[103] Giusti A, Cirean D C, Masci J, et al. Fast Image Scanning with Deep Max-Pooling Convolutional Neural Networks[EB/OL]. https://arxiv.org/abs/1302.1700.

[104] Jiu M, Wolf C, Taylor G, et al. Human Body Part Estimation from Depth Images via Spatially-constrained Deep Learning[J]. Pattern Recognition Letters,2014,50(dec.1):122-129.

[105] Clément Farabet, Couprie C, Najman L, et al. Scene Parsing with Multiscale Feature Learning, Purity Trees, and Optimal Covers[EB/OL]. https://arxiv.org/abs/1202.2160v1.

[106] Uijlings J R R, Sande K E, Gevers T, et al. Selective Search for Object Recognition[J]. International Journal of Computer Vision,2013,104(2):154-171.

[107] Collobert R, Kavukcuoglu K, Farabet C. Torch7: A Matlab-like Environment for Machine Learning[C]//BigLearn NIPS Workshop,2011.

[108] Sermanet P, Eigen D, Zhang X, et al. OverFeat: Integrated Recognition, Localization and Detection using Convolutional Networks[EB/OL]. https://arxiv.org/abs/1312.6229.

[109] Everingham M, Eslami S, Gool L V, et al. The Pascal Visual Object Classes Challenge: A Retrospective[J]. International Journal of Computer Vision,2015,111(1):98-136.

[110] Donahue J, Jia Y, Vinyals O, et al. DeCAF: A Deep Convolutional Activation Feature for Generic Visual Recognition[C]//International Conference on Machine Learning,2013.

[111] Jia D, Wei D, Socher R, et al. ImageNet: A Large-scale Hierarchical Image Database[C]//IEEE Conference on Computer Vision and Pattern Recognition,2009.

[112] Jia Y, Shelhamer E, Donahue J, et al. Caffe: Convolutional Architecture for Fast Feature Embedding[C]//ACM International Conference on Multimedia,2014.

[113] Romera E, Alvarez J M, Bergasa L M, et al. ERFNet: Efficient Residual Factorized ConvNet for Real-Time Semantic Segmentation[J]. IEEE Transactions on Intelligent Transportation Systems,2017,PP(1):1-10.

[114] 付燕,辛茹. 基于混合神经网络的智能问答算法[J]. 计算机工程与设计,2020,41(5):5.

[115] 赵鞾,刁晓林. 基于动态卷积神经网络的医疗智能问答技术研究[J]. 中国数字医学,2021,16(5):6.

[116] 黄毅. 人工智能发展趋势研究[J]. 湖南工业职业技术学院学报,2003,3(4):3.

[117] 刘士远. 医学影像人工智能发展趋势与挑战[J]. 中华放射学杂志,2021,55(7):3.

[118] Ali W, Tian W, Din S U, et al. Classical and Modern Face Recognition Approaches: a Complete

Review[J]. Multimedia Tools and Applications,2021,80(14): 1-56.

[119] Biswas R,Blanco-Medina P. State of the Art: Face Recognition[EB/OL]. https://arxiv. org/abs/ 2108. 11821v1.

[120] Zhao F,Li J,Zhang L,et al. Multi-view Face Recognition Using Deep Neural Networks[J]. Future Generation Computer Systems,2020(111): 375-380.

[121] Hinton G E,Osindero S,Teh Y W. A Fast Learning Algorithm for Deep Belief Nets[J]. Neural Computation,2014,18(7): 1527-1554.

[122] Rumelhart D E. Learning Internal Representations by Error Propagations[J]. Parallel Distributed Processing,1986(1): 318-362.

[123] Hinton G, Deng L, Yu D, et al. Deep Neural Networks for Acoustic Modeling in Speech Recognition: The Shared Views of Four Research Groups[J]. IEEE Signal Processing Magazine, 2012,29(6): 82-97.

[124] Szegedy C,Liu W,Jia Y, et al. Going Deeper with Convolutions[C]//IEEE Conference on Computer Vision and Pattern Recognition,2014.

[125] Rajasegaran J,Jayasundara V,Jayasekara S,et al. DeepCaps: Going Deeper with Capsule Networks [EB/OL]. https://arxiv. org/abs/1904. 09546.

[126] Szegedy C,Vanhoucke V,Ioffe S,et al. Rethinking the Inception Architecture for Computer Vision [C]//IEEE Conference on Computer Vision and Pattern Recognition,2016.

[127] Pascanu R,Mikolov T,Bengio Y. On the Difficulty of Training Recurrent Neural Networks[EB/ OL]. https://arxiv. org/abs/1211. 5063.

[128] Erhan D,Szegedy C,Toshev A,et al. Scalable Object Detection Using Deep Neural Networks[C]// IEEE Conference on Computer Vision and Pattern Recognition,2014.

[129] Psichogios D C, Ungar L H. SVD-NET: an Algorithm that Automatically Selects Network Structure[J]. IEEE Transactions on Neural Networks,1994,5(3): 513-517.

[130] Yang J,Zhe L,Cohen S. Fast Image Super-Resolution Based on In-Place Example Regression[C]// IEEE Conference on Computer Vision and Pattern Recognition,2013.

[131] Burger H C,Schuler C J,Harmeling S. Image denoising: Can plain neural networks compete with BM3D? [C]//IEEE Conference on Computer Vision and Pattern Recognition,2012.

[132] Lim B,Son S,Kim H, et al. Enhanced Deep Residual Networks for Single Image Super-Resolution [C]//IEEE Conference on Computer Vision and Pattern Recognition,2017.

[133] Hsu C C,Lin C H. Dual Reconstruction with Densely Connected Residual Network for Single Image Super-Resolution[EB/OL]. https://arxiv. org/abs/1911. 08711v1.

[134] Cheng G,Matsune A,Zang H,et al. EDPANs: Enhanced Dual Path Attention Networks for Single Image Super-Resolution[J]. Journal of Circuits,Systems and Computers,2021,30(16): 25-32.

[135] Niu Z H,Zhou Y H,Yang Y B,et al. A Novel Attention Enhanced Dense Network for Image Super-Resolution[C]//International Conference on Multimedia Modeling,2020.

[136] Pang Y,Li X,Jin X,et al. FAN: Frequency Aggregation Network for Real Image Super-resolution [C]//European Conference on Computer Vision,2020.

[137] Zhao M, Liu X, Yao X, et al. Better Visual Image Super-Resolution with Laplacian Pyramid of Generative Adversarial Networks[J]. Computers,Materials,& Continua,2020(9): 1601-1614.

[138] Ding X, Zhang X, Ma N, et al. RepVGG: Making VGG-style ConvNets Great Again[EB/OL]. https://arxiv. org/abs/2101. 03697.

[139] Meng F, Cheng H, Zhuang J, et al. RMNet: Equivalently Removing Residual Connection from

Networks[EB/OL]. https://arxiv. org/abs/2111. 00687.

[140]　Chi H, Wang Y, Hao Q, et al. Residual Network and Embedding Usage: New Tricks of Node Classification with Graph Convolutional Networks[EB/OL]. https://arxiv. org/abs/2105. 08330v2.

[141]　Ak J, Suykens J, Vandewalle. Least Squares Support Vector Machine Classifiers[J]. Neural Processing Letters,1999(9): 293-300.

[142]　Bertinetto L, Valmadre J, Henriques J F, et al. Fully-Convolutional Siamese Networks for Object Tracking[C]//European Conference on Computer Vision,2016.

[143]　Li H, Li Y, Porikli F. DeepTrack: Learning Discriminative Feature Representations Online for Robust Visual Tracking[J]. IEEE Transactions on Image Processing,2016,25(4): 1834-1848.

[144]　Liermann V. Overview Machine Learning and Deep Learning Frameworks[M]. Berlin: Springer,2021.

[145]　Samira P, Saad S, Yan Y, et al. A Survey on Deep Learning: Algorithms, Techniques, and Applications[J]. ACM Computing Surveys,2019,5(92): 1-36.